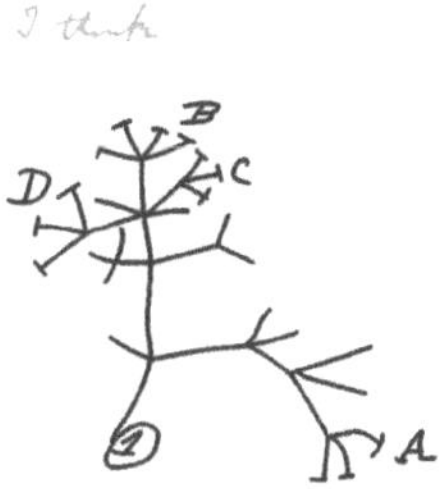

Scienza
e filosofia

collana diretta
da *Armando Massarenti*

Gilberto Corbellini
Elisabetta Sirgiovanni

Tutta colpa del cervello

Un'introduzione alla neuroetica

MONDADORI
UNIVERSITÀ

Il Sistema Qualità di Mondadori Education S.p.A. è certificato da Bureau Veritas Italia S.p.A. secondo la Norma UNI EN ISO 9001:2008 per le attività di: progettazione, realizzazione di testi scolastici e universitari, strumenti didattici multimediali e dizionari.

Prima edizione Mondadori Università: dicembre 2013
www.mondadorieducation.it

Edizioni

1 2	3 4	5 6	7 8	9 10
2013	2014	2015	2016	2017

Linea Grafica - Città di Castello (Perugia)
Stampato in Italia - Printed in Italy - dicembre 2013

Progetto di copertina: Alfredo La Posta

In copertina: *Doctor untangle brain knot*, collezione iStock © Thinkstock

Indice

Introduzione

E tirato dalla mia bramosa voglia, vago di vedere
la gran copia delle varie e strane forma fatte dalla artificiosa natura,
raggiratomi alquanto infra gli ombrosi scogli,
pervenni all'entrata di una gran caverna, dinanzi alla quale,
restando alquanto stupefatto e ignorante di tal cosa,
piegato le mie reni in arco, e ferma la mano stanca sopra il ginocchio, e
colla destra mi feci tenebre alle abbassate e chiuse ciglia,
e spesso piegandomi in qua e in là per veder se dentro vi discernessi
alcuna cosa, e questo vietatomi per la grande oscurità
che là entro era. E stato alquanto, subito valsero in me due cose:
paura e desiderio; paura per la minacciante e scura spelonca, desiderio
per vedere se là entro fusse alcuna miracolosa cosa.
Leonardo da Vinci, *Pensieri e scritti letterari*

E ora non parlarmi dell'imperativo categorico, amico mio!
Questa parola mi fa il solletico all'orecchio e non posso fare a meno
di ridere nonostante la tua presenza tanto seria: mi vien fatto di pensare
al vecchio Kant che a titolo di punizione per essersi sgraffinato
la «cosa in sé» – ridicolissima cosa pure questa! –
fu accalappiato dall'imperativo categorico, e con quello in cuore
rifece il cammino all'indietro smarrendosi in «Dio», «anima»,
«libertà», «immortalità», come una volpe che, smarritasi,
ritorna nella sua gabbia – ed era stata la sua forza
e accortezza a forzare questa gabbia!
Friederich Nietzsche, *La gaia scienza*, af. 335

Questo libro discute l'impatto che le ricerche sul cervello stanno avendo in diversi ambiti, che non sono solo quelli biologici e medico-sanitari, ma anche, più in generale, sociali. Lo studio del cervello e di come esso produce i comportamenti affronta, infatti, sempre più direttamente, sul piano teorico e pratico, problemi generali e specifici riguardanti le dimensioni individuali e sociali delle scelte e delle azioni umane: sia nelle apparenze per così dire normali, sia in quelle giudicate disturbate e/o devianti. Da un decennio il monitoraggio e l'analisi del processo di espansione scientifica e culturale in genere delle neuroscienze e delle neurotecnologie hanno dato vita a un ambito di studi chiamato «neuroetica». Con questo termine ci si riferisce sia all'indagine sulle implicazioni etiche della ricerca e della pratica clinica in ambito neuroscientifico, sia alla possibilità, offerta dagli avanzamenti concettuali e tecnologici delle neuroscienze, di comprendere meglio in che modo il cervello elabora i giudizi morali e, quindi, di capire a livello empirico i processi nervosi che governano la logica (o la non logica) che sottende le valutazioni e le scelte studiate nell'ambito dell'etica (Roskies, 2002).

C'è chi parla ormai – talvolta in modo eccessivamente fiducioso, talvolta in modo frettolosamente disfattista (cfr. Legrenzi e Umiltà, 2009) – della diffusione di una «neurocultura» (Frazzetto e Anker, 2009), cioè della costruzione di un insieme di veri e propri valori e concetti di riferimento a cui la divulgazione delle teorie sul cervello avrebbe dato origine. È fuori di dubbio che i fatti concernenti le neuroscienze e le neurotecnologie costituiscano utili elementi per l'analisi sistematica delle forze storiche, culturali e politico-economiche che determinano le strutture sociali all'interno dell'Occidente (Vrecko, 2010). Il benessere sociale ed economico delle nazioni e delle comunità sembra dipendere – ma come potrebbe non essere? – in buona parte proprio dallo sviluppo del settore della salute mentale (Beddigton *et al.*, 2006).

Tuttavia, un report commissionato dall'International Bioethics Committee dell'UNESCO nel 1995 (Vincent, 1995) aveva evidenziato difficoltà nella diffusione e comprensione dei risultati delle neuroscienze da parte della popolazione generale. Sebbene, infatti, la conoscenza si diffonda all'interno della comunità scientifica attraverso articoli di riviste accademiche con revisione paritaria (*peer review*), l'informazione sui dati e sulle teorie scientifiche per il resto della società avviene prevalentemente attraverso i mass media. Le notizie riguardanti le scienze biomediche, peraltro, sono diventate dominanti negli ultimi decenni all'interno degli articoli a carattere scientifico sui media di tutti i paesi. Ciò riflette la tendenza di chi vive nei paesi sviluppati a interessarsi anche un po' ossessivamente dei benefici fisici e psicologici che possono scaturire dalla ricerca medica: un tipo di aspettativa assecondata per evidenti motivi di convenienza dalle politiche istituzionali o dagli interessi commerciali nel settore farmaceutico e in quello della salute in generale. Il tipo di informazioni sulle scienze che appare nella stampa popolare, in TV o sui siti internet è, tuttavia, molto diversa da quella che emerge nei contesti educativi scientifici. Non solo per stile, ma, spesso, anche riguardo al significato autentico di un'informazione.

Questo vale anche – e con forte evidenza – nel nostro Paese (Bucchi e Mazzolini, 2003). Non a caso gli scienziati si lamentano spesso del fatto che l'immagine della scienza presentata dai giornalisti sia falsata e che passi per lo più dall'estremo dell'esagerazione entusiastica a quello opposto dell'allarmismo negativista (Schnabel, 2003). Giornalisti e scienziati tendono a entrare in conflitto, per diverse ragioni, e questo non giova a nessuna delle due categorie (Corbellini, 2009). Eppure, per quanto riguarda il nostro Paese, gli italiani non sono affatto ostili alla scienza, ma seguono con interesse e aspettative gli sviluppi della ricerca e della tecnologia, come gli studi dell'Eurobarometro evidenziano[1].

Gli studi sulla comunicazione attestano che l'immagine offerta dai mass media ha effetti sul pubblico. È dimostrato che la frequenza e la modalità con cui gli eventi vengono riportati sui media può influenzare la percezione pubblica del rischio, soprattutto nel campo della medicina. Le malattie e i dati riportati con alta frequenza sono ritenuti più seri e ricevono maggiore attenzione da parte della popolazione, evidenziando *bias* di percezione della malattia e del rischio (Young *et al.*, 2008). Alcuni casi storici continuano a essere di insegnamento. Si pensi a quanto è emerso dall'analisi della lobotomia nella stampa popolare nel periodo a cavallo tra il 1935 e il 1960 (Diefenbach *et al.*, 1995). Se la

[1] EU, 2005a, 2005b, 2010.

presentazione positiva e sensazionalistica da parte dei giornalisti dell'epoca di questa pratica aveva all'inizio influenzato l'adozione rapida del trattamento neuropsichiatrico, la presentazione negativizzante successiva ne ha accresciuto la ferrea contestazione a partire dagli anni Sessanta. Le cose non sono andate in modi troppo diversi per la terapia elettroconvulsivante (*elettroshock*). Per quanto riguarda le neuroscienze, ci si domanda se oggi vengano divulgate in modo adeguato. Viene comunicato chiaramente al pubblico ciò che tecniche e conoscenze neuroscientifiche sono realmente in grado di fare? I loro limiti sono compresi da chi ne parla e le usa?

Oggi, la presenza sulla carta stampata statunitense di notizie riguardanti la risonanza magnetica funzionale (fMRI), presenza cresciuta vertiginosamente dal 1991 al 2004, si è mostrata in grado di modellare la comprensione sociale di fondamentali aspetti della realtà (Racine *et al.*, 2005), sollevando quesiti etici sulla comunicazione scientifica e sul coinvolgimento pubblico verso le neuroscienze. La comunicazione relativa agli avanzamenti nelle neuroscienze e alle potenzialità delle neurotecnologie nella stampa nord-americana fa riferimento prevalentemente ad adulti (84%), non offre alcuna spiegazione delle capacità effettive e dei limiti dell'fMRI (67%), presenta le notizie con tono ottimistico (79%) e si concentra su temi come la validità scientifica (18%) più che su temi di carattere etico (2%). Gli autori ipotizzano tre tendenze nella presentazione delle notizie, che possono riflettersi sui lettori. Innanzitutto, una tendenza al *neuro-realismo*, cioè a presentare i dati in modo acritico, come se l'fMRI costituisse una «prova visiva» dell'attività del cervello. In secondo luogo, una tendenza al *neuro-essenzialismo*, per cui il cervello viene implicitamente utilizzato per coprire concetti globali come persona o io, quest'ultimo usato, in molti casi, come soggetto grammaticale. Infine, si rilevano derive *neuro-politiche* (*neuro-policy*), cioè tentativi di utilizzare i risultati dell'fMRI per promuovere agende personali e sociali, come la ricerca su problemi sanitari o difficoltà sociopsicologiche di particolari gruppi di interesse.

Due degli autori di questo studio sull'fMRI nei media hanno condotto uno studio più recente e più ampio (Racine *et al.*,

2010), attraverso il database accademico LexisNexis che raccoglie informazioni relative a USA e Regno Unito. Lo studio è stato dedicato alla ricerca di ricorrenze rilevanti per il settore delle neuroscienze su carta stampata in lingua inglese, in particolare *news articles*, pubblicati nel periodo 1994-2005. I ricercatori si sono concentrati su un gruppo di una quindicina di parole chiave (tra cui, gene, cervello, elettroencefalogramma, PET, SPECT, fMRI, stimolazione cerebrale profonda, interfaccia uomo-macchina, protesi neurale ecc.), analizzate sulla base di 14 strutture di codifica, tra cui tono utilizzato, livello di attenzione, motivazioni cliniche o non cliniche, fonti delle citazioni e così via. Lo studio ha confermato la presenza delle categorizzazioni nella relazione tra neuroscienze contemporanee e media nei paesi esaminati già anticipata: *neuro-essenzialismo*, la corrispondenza tra il cervello e l'essenza della persona; *neuro-realismo*, nell'interpretazione dei dati provenienti dalla ricerca su neuroimmagini; *neuro-politiche*, la promozione di politiche sociali sulla base delle neuroscienze. Inoltre, si constata che la trasmissione dei dati provenienti dalla ricerca neuroscientifica risulta rapida e spesso più efficace nel caso in cui le neuroscienze vengano descritte in termini neuro-essenzialisti e neuro-realisti. Qualcuno ha sostenuto che le spiegazioni appaiono più credibili quando le informazioni contengono il prefisso «neuro», anche nei casi in cui tale prefisso risulta completamente irrilevante rispetto al contesto argomentativo (Skolnick Weisberg *et al.*, 2008). Tuttavia, lo studio in questione presenta alcuni limiti metodologici, e l'effetto non è verosimilmente dovuto tanto alla dimensione *neuro-* del discorso, quanto all'impianto essenzialista delle argomentazioni. Peraltro, a contribuire a questa componente è la costruzione di un immaginario per cui le neuroscienze sembrano coincidere con le *neuroimmagini*, mentre per fortuna sono qualcosa di metodologicamente assai più articolato.

Se per alcuni la sostituzione delle categorie tradizionali di senso comune con categorie ricostruite sulla base delle scoperte provenienti dalle neuroscienze è auspicabile[2], data la preminen-

[2] Questa è la posizione dei coniugi Paul e Patricia Churchland, un ap-

te falsità delle concezioni che emergono dalle teorie ingenue e ascientifiche, per altri questa direzione è ritenuta potenzialmente pericolosa, soprattutto da un punto di vista etico. Una sorta di svilimento dell'essere umano. Di certo, il processo di riformulazione del nostro modo di percepirci come esseri umani, grazie alle scoperte delle neuroscienze, acquista sempre più rilevanza per le vite di ognuno di noi e può essere determinante per la percezione delle nostre identità, della nostra immagine di fronte agli altri e della valutazione delle nostre condotte sociali.

Le ragioni che ci hanno indotto ad aggiungere un ulteriore punto di vista sulla neuroetica è, se vogliamo, la speranza di riuscire a dimostrare che le derive «neuromaniacali» e «neurofobiche» – cioè, da un lato, l'idea che le neuroscienze possano già ora spiegare riduzionisticamente ogni aspetto del comportamento e, dall'altro, la paura che le neuroscienze sottraggano potere (anche accademico) alla psicologia e agli approcci più intuitivi nell'esame del comportamento umano – sono il frutto di fraintendimenti storico-filosofici, che dipendono da un difetto di contestualizzazione dei temi affrontati sotto l'ombrello semantico di questo nuovo punto di vista interdisciplinare. Una prima necessaria contestualizzazione riguarda l'inserimento della neuroetica nel quadro più generale delle istanze etico-filosofiche che hanno caratterizzato l'evoluzione della bioetica. Alla transizione dall'etica medica alla bioetica e alla neuroetica sarà dedicato il primo capitolo, ma, già a scopo introduttivo, può essere utile inquadrare il problema per illustrare l'ispirazione di fondo del libro.

Stephen Toulmin, uno dei più influenti filosofi nordamericani del Novecento e tra i protagonisti della commissione statunitense che contribuì al *Rapporto Belmont*, con cui nel 1979 veniva sancita la rifondazione dell'etica medica occidentale, vedeva lontano quando, nel 1982, scrisse il famoso saggio intitolato *How medicine saved the life of ethics* (*Come la medicina ha salvato la vita*

proccio epistemologico al problema mente-cervello chiamato eliminativismo, di cui si illustreranno sommariamente le caratteristiche nel settimo capitolo.

all'etica). Nel decennio precedente, i problemi e i temi della bioetica, sollevati soprattutto da abusi nell'ambito della sperimentazione clinica e degli studi sul comportamento umano, entravano nell'agenda politica statunitense. Numerosi filosofi si lanciavano quindi nell'esplorazione delle frontiere che si aprivano sulla sconfinata e controversa articolazione dei rapporti tra gli avanzamenti della ricerca biomedica e comportamentale sull'uomo e le istanze etico-politiche diffuse nella società. Mentre Toulmin scriveva, quella del «bioeticista» stava diventando una *professionalità* sempre più richiesta, per esempio per far funzionare i comitati etici istituzionalizzati formalmente da metà degli anni Settanta circa, come presidi per proteggere da abusi le persone arruolate nelle ricerche cliniche e psicologiche. Conseguentemente premiava, soprattutto nel mondo anglosassone, chi vi si dedicava, in termini sia di avanzamenti accademici sia di visibilità pubblica. Anche se, come ebbe a dire uno dei più quotati bioeticisti statunitensi, Arthur Caplan, i bioeticisti «sono molto influenti ma non hanno alcun potere».

La storia della bioetica non ha avuto lo stesso iter in tutti i paesi. In Italia, per esempio, si è trattato di una vicenda tortuosa, caratterizzata dalla polarizzazione ideologica «bioetica laica *vs.* bioetica cattolica», che ha alimentato una confusa rissa tra sordi, producendo, sul piano pratico, gravi danni per noi cittadini. Di fatto, la linea del confronto è stata dettata, almeno dopo la caduta della cosiddetta Prima Repubblica, dal Vaticano e dai bioeticisti cattolici che, con l'aiuto esplicito o implicito della maggioranza del mondo politico, hanno avuto quale principale obiettivo quello di impedire che la pluralità di valori morali, presente per fortuna anche in una società con uno scarso indice di senso civico come quella italiana, rendesse possibili scelte davvero rispettose dei diritti civili delle persone. In altre parole, in Italia è in corso, da oltre un decennio, una vera e propria deriva verso una dittatura etica, promossa da una presunta maggioranza di «biomoralisti». Che non si tratti di paranoie lo dimostrano la legge 40/2004 sulla procreazione medicalmente assistita e l'efficacia con cui viene impedita la legalizzazione di direttive anticipate di trattamento (il cosiddetto testamento biologico).

Al di là di quello che è accaduto in Italia, che è a conti fatti una periferia del mondo, qualche decennio di dibattiti e sviluppi normativi ispirati dalle controversie bioetiche hanno prodotto riflessioni alquanto critiche, anche su un piano generale, in merito al ruolo sociale e culturale svolto dalla diffusione dei temi e delle discussioni di bioetica.

Nell'ottobre del 1999 Albert Jonsen, uno dei protagonisti dell'istituzionalizzazione della bioetica negli Stati Uniti e autore di una storia della bioetica (Jonsen, 1998), teneva una conferenza in occasione della cerimonia di consegna del premio alla carriera conferitogli dall'American Society for Bioethics and the Humanities, provocatoriamente intitolata *Why has bioethics become so boring?* (*Perché la bioetica è diventata così noiosa?*) (Jonsen, 2000). Per Jonsen la bioetica aveva smarrito gli stimoli intellettuali e il coraggio morale delle prime battaglie contro il paternalismo medico e in difesa del riconoscimento dell'autonomia decisionale dei pazienti; ovvero, che si sarebbe troppo addomesticata, diventando una disciplina autoreferenziale e concentrata sulla realtà locale (ovviamente egli si riferiva agli Stati Uniti, ma il fenomeno si è verificato un po' ovunque). Il decano dei bioeticisti statunitensi invitava i colleghi a esplorare al di fuori, in senso disciplinare e geografico, delle dimensioni etico-politiche, economico-sociali e giuridiche in cui apparivano racchiuse, un po' provincialisticamente, le discussioni bioetiche. Per esempio, rivolgendo più attenzione agli sviluppi degli studi evoluzionistici ed ecologici e lavorando sulla base di un'idea di etica più calata nella realtà delle scienze empiriche della vita. Proprio Jonsen ha salutato l'emergere della «neuroetica» come il nuovo contesto per discutere sia i problemi morali peculiari delle neuroscienze sia la ricerca sulle basi neurobiologiche dell'agire morale (vedi il primo capitolo). Ovvero come strategia per riavvicinare la comunità degli scienziati e dei filosofi, i quali hanno lavorato con scarsa collaborazione rispetto alle modalità per discutere e governare le emergenti controversie etiche sollevate dagli avanzamenti della biomedicina, nonché riguardo agli obiettivi da perseguire.

Infatti, si può dire che l'etica non ha restituito il favore alla medicina. Cioè non ha concorso a salvarne la credibilità pubblica guadagnata sviluppando conoscenze e metodi efficaci per la cura e la prevenzione delle malattie, né ha la discussione bioetica concorso a potenziare le ricadute positive della medicina scientifica, operando per ridurre gli effetti collaterali indesiderati degli avanzamenti scientifici e tecnologici in ambito biomedico. Anzi.

Secondo Jonathan Baron, uno dei più importanti studiosi di psicologia morale e che ha *servito* in diversi comitati etici negli Stati Uniti, la bioetica ha creato un sistema decisionale che favorisce scelte irragionevoli. In un libro provocatoriamente intitolato *Contro la bioetica*, Baron sostiene che lungi dal ridurre i rischi di abusi della ricerca e della pratica medica, la bioetica ne ha creato di nuovi. Senza contare le censure e manipolazioni politiche della medicina e della scienza, che utilizzano ragionamenti incoerenti prodotti dai bioeticisti per condannare gli avanzamenti scientifici e tecnologici, usando il principio di precauzione, o gli argomenti della disuguaglianza e dello spreco, o definendo impropriamente in chiave morale termini come embrione o cellula staminale, al solo scopo di condannare come innaturali e quindi immorali le procedure che rientrano nella definizione. I bioeticisti sono diventati dei «preti secolari, a cui i governi e le istituzioni» guardano come a delle guide morali. In realtà sono quasi sempre privi di qualsiasi autorevolezza e autorità, e «si permettono di giudicare tutto sulla base di mere intuizioni o ragionamenti» che quando diventano regole producono più danni che benefici (Baron, 2006).

Baron sostiene che le conseguenze perverse prodotte dalla bioetica sono dipese dall'impostazione deontologica che è prevalsa nel momento storico in cui il dibattito si istituzionalizzava. I famosi principi della bioetica – rispetto dell'autonomia, beneficialità e giustizia – sono, infatti, regole troppo grossolane e troppo spesso in contraddizione tra loro, o addirittura al loro interno, per provvedere un'euristica decisionale efficace. Il «principialismo» di fatto ha cercato una sintesi tra teorie deontologiche e utilitaristiche (con qualche guarnimento di etica basata sulle virtù), trasfigurando in chiave deontologica alcune intuizioni che, di fatto, hanno una valenza utilitaristica in quanto massimizzano, benché grossolanamente, l'utilità. I consigli dei bioeticisti producono talvolta esiti buoni. Ma si fondano essenzialmente su giudizi intuitivi e sulla tradizione. Essi non tengono in alcun conto le conseguenze delle azioni, né che la bioetica rischia di sostituire la medicina come fonte di un nuovo paternalismo. Per esempio, i comitati etici possono assumere, pur con le migliori intenzioni, orientamenti del tutto irragionevoli, che impediscono la ricerca clinica, per esempio sui bambini, costringendo a sperimentare i farmaci per bambini su adulti: di conseguenza, gli adulti corrono rischi eccessivi e possono anche morire, come è accaduto al diciottenne Jesse Gelsinger nel 1999, quattro mesi dopo essersi sottoposto a una sperimentazione clinica di una terapia genica, prevista per infanti. Diversi rapporti sull'attività e le ricadute dei comitati etici hanno rilevato che questi comitati stanno producendo certamente intoppi di natura prevalentemente burocratica alla ricerca, senza garantire più protezione ai soggetti arruolati nelle sperimentazioni cliniche (cfr. Warner Report, 2005).

Baron parla avendo una posizione filosofica ben definita. Per lui, l'alternativa alla deontologia, quella che suggerisce e di cui difende il fondamento filosofico e le conseguenze operative, è un utilitarismo basato sull'analisi matematica delle decisioni. L'analisi decisionale comporta delle difficoltà, dovute soprattutto alla quantificazione dei danni e alle dimensioni soggettive implicate nella stima dei valori e delle probabilità, dove operano comunque euristiche intuitive che sono fonte di errori ben descritti dalla psicologia cognitiva. Tuttavia, osserva Baron, adottando delle regole generali del tutto arbitrarie o affidandosi direttamente alle intuizioni, il rischio di sbagliare è ancora più grande. Curiosamente, Baron non accetta la tesi, anzi la scoperta, che le intuizioni morali hanno una base innata. Così propone un'articolata e abbastanza razionale forma di utilitarismo che a suo giudizio potrebbe funzionare come teoria normativa senza far ricorso alle intuizioni. Il problema è che si tratta di una teoria controintuitiva. In altre parole, assume come data una modalità di giudicare che non si sviluppa spontaneamente nelle persone: l'utilitarismo richiede, come vedremo nel quinto capitolo, un controllo completo delle aree cerebrali prefrontali e frontali su quelle deputate alle risposte emotive. Nel senso che proprio gli studi sperimentali su quali aree cerebrali sono implicate nei giudizi deontologici e in quelli utilitaristici hanno mostrato che vi sono delle ragioni biologiche profonde che rendono le regole deontologiche più intuitive; almeno rispetto al calcolo utilitaristico. Nel senso che, pace di Kant, la deontologia fa leva anche su risposte emotive innate, non certo sulla ragione. Per questo ha così fortuna. Lo aveva in qualche senso capito Nietzsche quando, in *La Gaia Scienza*, scriveva che la filosofia critica di Kant è un'apologia dei pregiudizi popolari, cioè del senso comune, esposta in modo da essere incomprensibile per le persone comuni.

Forse la neuroetica non è solo una dimensione speciale della riflessione bioetica, ma anche lo sbocco inevitabile che ha intrapreso il processo di rinnovamento della bioetica stessa. L'idea degli autori di questo libro è che la neuroetica rappresenti un rilancio di istanze etico-filosofiche di natura sia applicata sia metaetica, che possono rinnovare la discussione e favorire dopo un lungo e tortuoso iter un riavvicinamento tra dimensioni scientifiche e filosofiche degli studi sulla natura umana e sulle definizioni di modi attraverso cui il governo politico delle società umane possa ottenere i migliori risultati. Dati i limiti e le incertezze imposte dal «legno storto» (sempre Kant) da cui prendiamo forma.

Questo libro si snoda attraverso una serie di capitoli, a iniziare da una ricostruzione storica delle origini dei temi che caratterizzano la neuroetica intesa come etica della ricerca neuroscientifica, vale a dire con le controversie sollevate dalle sperimentazioni sul comportamento umano e sui pazienti affetti da malattie neurologiche e mentali, nonché dall'ingresso delle neuroscienze e delle neurotecnologiche nelle cliniche e nei laboratori.

Nel secondo capitolo sono illustrati i problemi metodologici ed etici riguardanti la diffusione della neurotecnologia che più di ogni altra rappresenta nell'immaginario pubblico gli avanzamenti conoscitivi e le ricadute applicative delle neuroscienze, le neuroimmagini. A seguire, un capitolo è dedicato alle nuove sfide etiche delle neuroscienze cliniche, cioè all'impatto che le conoscenze e le tecnologie neuroscientifiche stanno avendo per lo studio e il trattamento delle malattie psichiatriche e neurologiche, tra cui i disturbi della coscienza.

Il quarto capitolo discute il controverso argomento del potenziamento delle capacità cognitive, cioè la possibilità di utilizzare procedure farmacologiche o neurotecnologiche per agire sul cervello al fine di migliorarne alcune performance. Nel quinto capitolo sono illustrati i risultati delle ricerche sulle basi neurobiologiche della morale, cioè i temi della neuroetica che vengono connotati come «neuroscienze dell'etica».

Le ricadute dell'applicazione delle neurotecnologie per produrre le prove di imputabilità e, in prospettiva, per stabilire la veridicità delle testimonianze sono oggetto del sesto capitolo, nel quale partendo da alcune sentenze di tribunali italiani si ricostruiscono i termini della discussione in merito alla rilevanza e alla percezione dell'uso di dati e di argomenti neuroscientifici all'interno delle procedure giudiziarie.

Il settimo capitolo tratta dei diversi modi di intendere, anche filosoficamente, i metodi e gli scopi della ricerca e delle riflessioni neuroetiche, esplicitando un'ipotesi teorica di cui possono scorgersi le applicazioni pratiche e metodologiche nei capitoli precedenti. Ovvero: si proverà ad arricchire l'analisi dei temi in discussione e di contenere la frammentazione del discorso mediante l'adozione di una chiave euristica di impianto naturalistico-evoluzionistico.

L'ambizione che ha ispirato la stesura di questo lavoro è duplice. Da un lato fornire informazioni comprensibili e illustrare i contenuti delle ricerche e delle riflessioni che ricadono nell'ambito della cosiddetta neuroetica. Allo stesso tempo, però, cercare di introdurre elementi di analisi che sinora non sono stati utilizzati e che riguardano fondamentalmente una contestualizzazione evolutivo-cognitiva dei problemi. Nel senso che sinora la neuroetica è rimasta abbastanza appiattita o compressa all'interno di un discorso frammentato e condizionato da preesistenti arcipelaghi teorici e disciplinari tendenzialmente isolati che non trovano (né cercano) modi per valorizzare la portata euristica di premesse comuni di fondo. In qualche modo è come se rischiasse di accadere quel che è successo per la bioetica, ovvero che ognuno discuta le questioni con un proprio background e personali preferenze filosofiche o sociologico-politiche o giuridiche o tecnico-scientifiche, concorrendo, di fatto, in ogni situazione, a una collezione di monologhi o a contrapposizioni che verosimilmente oscurano i termini più concreti, ma anche quelli più generali dei problemi.

Se volessimo anticipare in che termini pensiamo di aver provato a fornire un punto di vista originale, potremmo dire che abbiamo cercato elementi fattuali e prospettive teoretiche sottese o implicite nei diversi problemi riguardanti l'analisi del comportamento morale umano, cercando di trovare le radici tematiche comuni alle molteplici novità che sono scaturite dalla ricerca e dai ragionamenti sulle dimensioni morali degli studi neuroscientifici relativi al funzionamento della moralità umana.

Ci fa piacere ringraziare diverse persone, che hanno stimolato criticamente le riflessioni sui temi trattati in questo libro e, quindi, indirettamente ci hanno aiutato a scriverlo, speriamo, meglio. Per le discussioni e le occasioni di confronto siamo riconoscenti a Cinzia Caporale, Mario De Caro, Massimo Marraffa e Adina Roskies. Ringraziamo Salvatore Maria Aglioti, Fiorenzo Conti, Mario De Caro, Ombretta Di Giovine, Stefano Ferracuti, Massimo Marraffa, Alessandro Pajewski e Pietro Pietrini per i commenti e suggerimenti relativi al testo o ad alcuni capitoli. Non abbiamo seguito tutti i consigli e qualunque inesattezza o insensatezza dipende da limiti solo nostri. G.C. ringrazia inoltre Simone Gozzano, Armando Massarenti, Francesco Orzi, Amedeo Santosuosso e Piergiorgio Strata. E.S. esprime la sua personale riconoscenza a Cinzia Caporale per le opportunità offerte e per il costante supporto, ai Direttori dell'ISGI-CNR Proff. Sergio Marchisio e Giuseppe Palmisano, ai componenti della Commissione di Etica della Ricerca e la Bioetica del CNR, agli studiosi che hanno preso parte al Convegno «Neuroetica e Tribunali» presso il CNR nel dicembre 2011, ai colleghi Elena Mancini, Ilja Pavone e Alessandro Frandi, a coloro che l'hanno motivata e consigliata nel corso degli studi, Carlo Cellucci, Sandro Nannini, Massimo Marraffa e Massimiliano Aragona, al Circolo Romano di Psicopatologia e ai suoi seminari, al progetto BID della SISSA di Trieste, a Alessandro Pagnini e

Stefano Canali, oltre a tutti coloro che in ambito privato si sono appassionati a offrire spunti sul tema o su questioni affini.

La stesura preliminare dei capitoli, progettati e in seguito discussi, integrati, rivisti e uniformati in collaborazione, è stata così suddivisa: G.C. ha scritto l'introduzione e i capitoli 1 e 4; E.S. ha scritto i capitoli 2, 3, 5, 6, 7 e le conclusioni.

1
Dalla bioetica alla neuroetica

L'atto di nascita della neuroetica può essere considerato il convegno organizzato al Presidio National Park di San Franscisco nei giorni 13 e 14 maggio 2002 dalle Università di Stanford e California, con il supporto della Dana Foundation, a cui presenziarono oltre 150 studiosi e il cui titolo era *Neuroethics: Mapping the Field* (Marcus, 2002). L'evento è stato descritto, retrospettivamente, come una sorta di naturale sbocco dell'attività di ricerca e del confronto interdisciplinare che era stato promosso durante il «Decennio del Cervello» (1990-2000), lanciato dall'allora Presidente degli Stati Uniti George W. Bush l'anno successivo all'inizio del suo mandato. Un'attività che ha contagiato la maggior parte dei paesi occidentali, e non solo[1], attraverso un'accentuazione di iniziative divulgative, in particolare mostre e convegni, volta a catalizzare l'attenzione dell'opinione pubblica e i finanziamenti verso le neuroscienze. In un clima culturale influenzato dal ruolo influente assunto dalla bioetica nella discussione pubblica sulle scienze biomediche, era nelle cose l'affermarsi di un interesse anche per le istanze etiche sollevate dagli avanzamenti applicativi delle neuroscienze[2].

[1] Nel 2005, a pochi anni dalla prima iniziativa ufficialmente rivolta alla neuroetica, in un articolo dal titolo *International perspectives on engaging the public in neuroethics* (*Prospettive internazionali per coinvolgere il pubblico sulla neuroetica*), Judy Illes e colleghi elencano i paesi che hanno in quegli anni dedicato attenzione al tema. In particolare, gli Stati Uniti, il Canada, il Regno Unito, l'Italia e la Svezia, ma anche il Giappone o paesi dell'America Latina come il Venezuela.

[2] Il simposio organizzato dalla Dana Foundation con il primo incon-

I temi trattati al convegno del 2002 dai più importanti neuroscienziati, neurologi e filosofi della scienza, oltre a personalità di spicco del mondo intellettuale statunitense, prefiguravano in buona parte gli argomenti e gli indirizzi che sarebbero diventati oggetto di riflessione e ricerca neuroetica. Aprendo la conferenza, il decano dei bioeticisti statunitensi, Albert Jonsen, ne spiegava il senso, affermando che la riflessione filosofica sull'etica e la ricerca scientifica sul cervello rappresentano «due popolose spiagge di un continente inesplorato» (Jonsen, 2002). Le popolazioni, cioè gli umanisti da una parte e gli scienziati dall'altra, che abitano questi due territori avevano fino a quel momento parlato linguaggi diversi, pur trovandosi a studiare, in ultima istanza, la stessa cosa: «la natura e funzione dell'uomo, come organismo neuronale e come agente di comportamento». Per Jonsen era arrivato il momento di farsi delle domande utili ad avviare un'esplorazione sistematica del continente che divide le due spiagge.

Scorrendo il programma e la pubblicazione che ne è scaturita (Marcus, 2002), è possibile riconoscere quelli che sarebbero diventati temi salienti della riflessione neuroetica: le basi neurali della moralità, la neurobiologia del comportamento sociale, la genetica del comportamento, le lesioni cerebrali e la responsabilità giuridica, le implicazioni sociali della ricerca neuroscientifica,

tro dedicato ai risvolti etici della ricerca neuroscientifica. Tra gli eventi *preneuroetici*, eventi che cioè trattavano temi analoghi a quelli raccolti sotto il neologismo «neuroetica», ma senza far uso di questo termine, si possono ricordare: un incontro di tre giorni al Laboratorio di Cold Spring Harbor a New York nel 1992, organizzato da James D. Watson (premio Nobel nel 1962, con F. Crick e M. Wilkins, per la scoperta della struttura del DNA), a cui seguiva la nascita della Dana Alliance for Brain Initiatives (cit. in Illes *et al.*, 2005); la Conferenza *Cerveau et psychisme humains: quelle éthique*, tenutasi a Parigi nel 1996 in occasione del 50° Anniversario dell'UNESCO (cfr. Huber, 1996); il Simposio *Perils and prospects of the new brain sciences* a settembre del 2001 presso il Wenner-Gren Center di Stoccolma (Rees e Rose, 2003); il Simposio *Understanding the neural basis of complex behaviours: the implications for science and society*, sponsorizzato dalla rivista *Neuron* e dalla American Association for the Advancement of Science (AAAS) (Roskies, 2002); e, nel marzo del 2002, la Conferenza *Neuroscience future*, sponsorizzata dalla Royal Institution a Londra (Roskies, 2002).

le basi neurofisiologiche del libero arbitrio, l'impatto delle neurotecnologie sulla percezione di sé stessi, le dimensioni etiche del trattamento dei disturbi cognitivi ed emotivi, le basi psichiatriche e neurobiologiche del comportamento criminale ecc.

1.1 Le origini e i significati di un termine

Il termine *neuroetica*, usato come titolo del convegno, non era, tuttavia, nuovo. Il neologismo era stato creato, ben trent'anni prima e con un significato molto specifico, da Anneliese A. Pontius, neuropsichiatra ad Harvard, nel titolo di un articolo pubblicato dalla rivista *Perceptual and Motor Skills* in cui discuteva le conseguenze negative della precocità del «camminare» dei neonati (Pontius, 1973). Nel titolo di altri lavori, la ricercatrice riutilizzava il termine (cfr. Pontius, 1993, 2000), che nel frattempo aveva iniziato ad assumere contorni semantici nuovi. Nel 1989 il neurologo Ronald Cranford lo usava per riferirsi ai risvolti etici della neurologia clinica, relativamente alla morte cerebrale, agli stati vegetativi e alle malattie neurologiche in generale: per Cranford, la neuroetica non era che l'etica o la bioetica applicata alla neurologia clinica (Cranford, 1989). Nel 1991 Patricia Churchland definiva invece «neuroetica» l'approccio naturalistico o biologico alla moralità umana, ovvero utilizzava il termine pensando a un'«etica naturalizzata» in chiave riduzionistica (Churchland, 1991)[3].

Le ricerche sul cervello avevano del resto sollevato interrogativi etici ben prima del 2002. Anche se, sempre in quell'anno, il giornalista del *New York Times* William Safire (cfr. 2002, 2003) informava il largo pubblico sull'esistenza di questo termine con marcate connotazioni filosofiche della materia, per indicare un'area di studi ancora concepita come un sottosettore della bioetica. Il problema della condotta responsabile nella ricerca e nella clinica, in questo caso collegate agli sviluppi della neurologia prima e delle neuroscienze dagli anni Sessanta, era un tema affrontato anche nell'ambito della bioetica, sebbene non si usasse il

[3] Cfr. anche Illes e Raffin, 2002; Illes, 2003.

termine poi proposto da Cranford. Ma l'etica della pratica e delle implicazioni delle neuroscienze è solo un aspetto delle riflessioni a cui oggi si fa riferimento con il termine «neuroetica». Termine che, sempre nel 2002, in un articolo di commento all'iniziativa di San Francisco, Adina Roskies aveva definito sì come «etica delle neuroscienze», segnalando però che, oltre a indicare questa dimensione della riflessione, esso veniva usato in ambito filosofico («neurofilosofico», per la precisione) anche con il significato di «neuroscienza dell'etica» (Roskies, 2002). Gli avanzamenti teorici e tecnici delle neuroscienze, come vedremo, avevano effettivamente reso possibile studiare le basi neurobiologiche della moralità umana, avevano cioè permesso di spiegare come le strutture nervose e le dinamiche psicologiche danno luogo a scelte e giudizi morali.

La neuroetica include argomenti che sono allo stesso tempo sia parte sia a monte della bioetica, ma identifica anche problemi diversi da quelli che caratterizzano la discussione bioetica in generale (Levy, 2007). Per esempio, affronta la questione della validità empirica delle premesse filosofiche che istruiscono le dottrine morali, dottrine a cui attinge anche la discussione bioetica. Sul piano storico, comunque, la neuroetica condivide con la bioetica diversi episodi che ne hanno istruito i contenuti.

1.2 Le radici storiche dell'etica delle neuroscienze

In occasione dell'incontro annuale della Society for Neuroscience (SfN), nel 2005, il premio Nobel per la fisiologia e la medicina Eric Kandel ricordava agli scienziati che il rispetto di alcuni valori etici condivisi, come sperimentare o intervenire su un paziente solo se questi ha espresso un consenso libero e volontario, sembra oggi quasi un'ovvietà, ma vi è stato un tempo in cui non era così[4]. Kandel, che fuggì dall'Austria dopo l'occupazione nazista e ha spesso ricordato e stigmatizzato l'antisemitismo de-

[4] Cfr. Illes e Bird, 2006.

gli austriaci, ha identificato soprattutto in quegli anni bui uno dei momenti più critici per l'etica della scienza e della medicina.

Nella Germania guidata da Hitler, il cervello costituiva un oggetto di interesse tale da produrre, nelle menti dei medici e dei politici, annebbiate da inverosimili teorie bioantropologiche, una «coesistenza barbara»[5] tra ricerca neurologico-comportamentale e uccisione di pazienti e prigionieri, tra cura e annientamento, di cui si è venuti a conoscenza in modo attendibile solo dopo la sconfitta del nazismo[6]. La politica nazista sulla salute mentale, per esempio, era imperniata su tre pilastri fondamentali e complementari[7]: *eugenica negativa*, cioè sterilizzazione di tutti coloro che fossero ritenuti ereditariamente suscettibili alle malattie neurologiche e psichiatriche, e quindi a rischio di trasmetterle; *eutanasia*, ovvero eliminazione dei malati di mente cronici che non rispondevano ad alcuna delle terapie tentate; *terapia*, da fornire solo ai pazienti che non rientravano nelle due precedenti categorie. Due istituti intitolati al Kaiser Wilhem, il primo di psichiatria, con sede a Monaco, e il secondo di neuropatologia, con sede a Berlino, erano deputati alla ricerca sul cervello. Qui venivano inviati, per studiarne l'anatomia e la morfologia, i cervelli delle vittime di esperimenti di ricerca condotti in altri istituti e dipartimenti sparsi sul territorio germanico e nelle province occupate. Il programma di eutanasia dei «casi interessanti» sotto il profilo neurologico riguardava, come noto, non solo i malati di mente,

[5] Karenberg, 2006, p. 169.

[6] Nel 2006, il *Journal of the History of Neuroscience* ha dedicato parte di un suo volume (vol. 15, n. 3), con i citati quattro saggi, al tema neuroscienze e nazismo: cfr. Karenberg, 2006; Peiffer, 2006; Schmaltz, 2006; Steger, 2006.

[7] Sulla base di questi pilastri i nazisti condussero cinque campagne di «uccisioni psichiatriche» (Suess, 2000, 2003, cit. in Steger, 2006): (1) l'eutanasia infantile; (2) 1939-1940, l'uccisione da parte delle S.S. di pazienti psichiatrici dalle province della Prussia Est e Ovest; (3) 1940-1941, la «campagna T4» di uccisione di pazienti psichiatrici per mezzo di gas; (4) 1941-1943, il «Trattamento Speciale 14f13», l'uccisione per gas di prigionieri dei campi impossibilitati al lavoro; (5) estate 1942, fine della guerra, l'uccisione per mezzo della privazione di cibo o di iniezioni letali in istituti di cura a lunga degenza nei territori occupati.

ma spesso anche bambini (Steger, 2006). I cervelli venivano inviati anche dai lager dove alcuni prigionieri, in particolare i gemelli, erano selezionati per essere sottoposti a esperimenti o direttamente uccisi allo scopo di esaminarne il cervello.

La scoperta dei crimini perpetrati da scienziati e medici tedeschi, soprattutto nei campi di concentramento, diede luogo a un processo tenutosi a Norimberga dal 9 dicembre 1946 al 20 agosto 1947. Il processo si concluse con 7 assoluzioni, 7 condanne a morte, 9 detenzioni e un codice etico, il «codice di Norimberga», da cui ebbe inizio la radicale trasformazione dell'etica medica, sulla base del principio che solo il «consenso volontario» del soggetto legittima una sperimentazione clinica. Un fatto importante, che accadde durante il processo, fu la scoperta che anche nei paesi alleati, e in particolare negli Stati Uniti, paese che si stava ergendo a giudice del comportamento dei medici tedeschi, erano stati condotti durante la guerra esperimenti che mettevano a rischio o danneggiavano persone senza il loro consenso. Senza dimenticare che sempre negli Stati Uniti migliaia di persone erano state sterilizzate contro la loro volontà sulla base di legislazioni eugeniche, promulgate sull'onda di un movimento di propaganda razzista e pseudoscientifico i cui argomenti avrebbero continuato a produrre conseguenze nefaste anche dopo la messa al bando dell'eugenica. Ma al di là degli abusi motivati da istanze eugeniche, prima, durante e dopo la guerra, negli Stati Uniti, furono effettuate sperimentazioni pericolose, dolorose e in diversi casi mortali su pazienti e carcerati. Nel 1946 la Commissione per l'Energia Atomica statunitense (Atomic Energy Commission, AEC) pubblicava un report ufficiale che descriveva gli effetti di iniezioni di plutonio, a scopo di ricerca, effettuate nei maggiori ospedali americani su un gruppo di ignare cavie umane[8]. In quel contesto gli ufficiali dell'AEC proposero di far firmare ai soggetti degli esperimenti un documento in cui si parlava di «consenso», per togliere il governo americano dall'imbarazzo dello scandalo[9], e le sperimentazioni con materiale radioattivo proseguirono per

[8] Moreno, 2006, pp. 26-30.

[9] *Ibidem*.

un paio di decenni. A ciò vanno aggiunti diversi esperimenti in cui si infettavano persone sane con agenti patogeni o non si curavano pazienti colpiti da infezioni, sperimentazioni di farmaci e vaccini o dagli effetti di sostanze chimiche. Senza dimenticare le manipolazioni fisiologiche, gli interventi chirurgici sperimentali e le sperimentazioni sul comportamento, di cui si dirà nel merito più avanti, condotti in ambito governativo (dai servizi segreti, ovvero dalla CIA) ma anche in ambito universitario. A essere spietati e crudeli sulle cavie umane, però, non erano soltanto gli Stati Uniti. In Giappone, Svezia, Israele, Gran Bretagna, Italia e un po' in tutto il mondo, per un paio di decenni dopo la fine della seconda guerra mondiale, numerosi medici e ricercatori continuarono a comportarsi come prima del codice di Norimberga: pazienti terminali, malati o ritardati di mente, prigionieri e bambini correvano il rischio di subire – e in molti subirono – pericolosi e dannosi interventi con la giustificazione di contribuire a migliorare le conoscenze e le capacità di curare malattie nell'interesse della scienza e della società.

Gli anni che seguirono il processo di Norimberga furono quindi caratterizzati da tendenze contrastanti e, al loro interno, in parte contraddittorie. Di fatto, il Codice di Norimberga non aveva alcun valore giuridico e, nonostante avesse ispirato la Dichiarazione di Ginevra, adottata dall'Associazione Medica Mondiale (in particolare, nel punto in cui il medico giura che non utilizzerà mai le sue conoscenze «in modo contrario alle leggi dell'umanità»), i vincoli rigidissimi che esso imponeva alla sperimentazione su soggetti umani rischiavano di compromettere gli avanzamenti della medicina. Peraltro, proprio in un momento in cui la sperimentazione clinica si era dotata di una metodologia induttiva valida (i trial clinici randomizzati e in cieco) per stabilire o confrontare l'efficacia delle terapie e degli interventi medici. L'Associazione Medica Mondiale, nel redigere un codice internazionale di etica medica, da cui nel 1964 scaturì la Dichiarazione di Helsinki, cercò quindi di mediare tra l'affermazione del vincolo morale di non intraprendere mai una sperimentazione senza il consenso del soggetto e l'esigenza di evitare che un'eccessiva protezione impedisse la ricerca clinica e quindi utili avanzamenti terapeutici e sanitari. E un po' anche nell'interesse delle imprese farmaceutiche che in quegli anni stavano investendo ingenti somme nella ricerca di trattamenti efficaci su diversi fronti della clinica. Le sei revisioni a cui è andata incontro la Dichiarazione di Helsinki (l'ultima nel 2008) sono state tutte orientate ad assicurare, da un lato, maggiore trasparenza dei protocolli sperimentali sul piano dei controlli, dei metodi e degli obiettivi e, dall'altro, un adeguamento alla variabilità e complessità delle situazioni clinico-sperimentali.

Dalla metà degli anni Sessanta, nel mondo occidentale, cioè nei paesi dove la ricerca biomedica stava avanzando rapidamente sia sul piano dell'acquisizione delle conoscenze di base, sia sul piano delle innovazioni tecnologiche applicabili al trattamento delle malattie, si sviluppò un dibattito a diversi livelli. Nel senso che da un lato questi cambiamenti mettevano in discussione diversi valori tradizionali e modi naturali di nascere, morire e curarsi, nei confronti dei quali la comunità scientifica e medica avvertiva sia il dovere di dimostrarsi responsabile e in grado di governare i processi che aveva messo in moto, sia di trasmettere all'opinione pubblica informazioni più adeguate per capirne le implicazioni, anche sul piano delle maggiori opportunità di scelta e delle potenzialità di sviluppo nell'ambito delle scienze biomediche di base e applicate. D'altro canto, vennero alla luce anche abusi molto gravi a livello di sperimentazioni sull'uomo. Queste discussioni pubbliche hanno trovato una parziale, benché semplificata, sintesi nell'affermarsi della bioetica come contesto specializzato di discussione sulle implicazioni della ricerca e della pratica biomedica.

1.3 Gli scenari, i drammi e la svolta

Per ricostruire il contesto, va ricordato che nel corso degli anni Sessanta si scoprivano e spiegavano i meccanismi molecolari della vita (il completamento della decifrazione del codice genetico è del 1968), nonché alcune delle più importanti caratteristiche fisiologiche del cervello umano (in quel decennio ben quattro premi Nobel furono assegnati per ricerche neurofisiologiche). Queste scoperte mettevano in crisi le tradizionali visioni antropocentriche e di senso comune sulla natura umana, ovvero anche le assunzioni politiche e religiose che su tali visioni costruivano la capacità di conquistare democraticamente, cioè attraverso una propaganda che faceva leva soprattutto su paure e aspettative poco razionali, un consenso per governare i problemi sociali ed economici emergenti. In quegli anni si discuteva di crescita demografica e si presagiva, per esempio negli studi realizzati dal Club di Roma, una catastrofe planetaria, se non si fosse intervenuti per ridurre le nascite e lo sfruttamento delle risorse ambientali. Progrediva la chirurgia dei trapianti, che sfociava nel primo spettacolare trapianto di cuore, coronato da successo nel 1967 in Sudafrica (trapianti di rene, fegato e pancreas erano già stati praticati), e nel 1968 veniva stabilito il protocollo per definire la morte cerebrale come criterio di morte in generale, da sostituire al criterio dell'arresto cardiorespiratorio sino a quel momento utilizzato. Per non parlare del fatto che lo sviluppo di tecnologie per creare embrioni umani *in vitro*, a cui si stava lavorando a livello sperimentale e con obiettivi clinici, prefigurava evidenti prospettive di successo, che avrebbero condotto a una tecnica medica di supporto alla fecondazione: la riproduzione artificiale. Infine, di lì a pochi anni, cioè fra il 1973 e il 1975, l'ingegneria genetica avrebbe consentito di ricombinare il DNA e di creare organismi geneticamente modificati (gli OGM) per diversi scopi: sperimentali, per la produzione di farmaci o agroalimentari. Tra le prospettive discusse non c'era solo quella di curare le malattie ereditarie, ma anche quella di migliorare geneticamente ed epigeneticamente l'uomo, dotandolo di talenti e capacità ritenuti superiori, e quindi desiderabili. Non erano soltanto questi fatti a mettere in discussione i modi tradizionali di pensare la riproduzione e la morte, perché, al contempo, gli avanzamenti delle tecnologie di rianimazione e ventilazione meccanica consentivano di tenere in vita persone che prima non sopravvivevano, e che in numero crescente si sarebbero trovate a vivere nella condizione del tutto innaturale di uno stato vegetativo.

Tutto ciò costituiva una vera e propria sfida al modo di pensare comune e dava luogo ad almeno due diversi atteggiamenti generali. Da un lato, alcuni scienziati, che riflettevano sull'impatto sociale della nuova scienza e sulle sue ricadute (le biotecnologie), invitavano a creare un patto tra scienza e società, mostrando ai cittadini che la scienza non era una minaccia, anche se metteva in crisi credenze e valori tradizionali. Anzi, secondo importanti figure della scienza del tempo come Joshua Lederberg, Francis Crick, Salvador Luria, Jacques Monod, Frank Macfarlane Burnet o Jonas Salk, proprio *la scienza* poteva fornire gli strumenti in grado di chiarire l'entità dei propri problemi e rischi e, allo stesso tempo, regolare la ricerca in modo etico, attraverso il controllo, che gli scienziati fanno per deontologia, sull'oggettività dei dati prodotti e utilizzati per prendere decisioni a livello delle applicazioni. È significativo che il termine «bioetica» sia stato reinventato nel 1970 da uno scienziato, l'oncologo Van Rensselaer Potter, con l'idea di dar vita a una nuova disciplina, dove, attraverso l'aiuto delle conoscenze scientifiche, si sarebbero analizzate le conseguenze dei diversi valori morali praticati dalle società, al fine di dar luogo a un vero e proprio miglioramento della «saggezza umana» nell'affrontare le emergenze planetarie. Un'analisi bioetica[10] secondo i criteri di Potter, per esempio, doveva portare le società ad abbandonare quei sistemi di valori che vietavano la contraccezione, perché avevano come conseguenza una crescita demografica incontrollata e quindi non favorivano un'etica più saggia.

Al di là del fatto che questa visione, promossa da alcuni scienziati illuminati, risultasse tremendamente ingenua alla luce di quello che sappiamo oggi su come funziona la moralità umana, l'idea potteriana della bioetica non avrebbe avuto particolare successo, nemmeno nei suoi elementi cardine. Uno fra questi era il

[10] Storicamente il primo a inventare la parola "bioetica" (Bio-Ethik) fu, nel 1926, il teologo protestante tedesco Fritz Jahr, che però con questo termine intendeva l'estensione dell'etica kantiana a tutto il mondo della vita, e in modo particolare agli animali utilizzati per la sperimentazione. La radice filosofica del termine in Potter è invece l'etica ambientalista di Aldo Leopold.

tentativo di considerare le norme etiche come qualcosa di «ponderato» e non di eternamente dato, e di mettere in discussione, quindi, la concezione per cui la natura è sempre la fonte dei valori morali migliori, anche a dispetto di quei valori coltivati dalle moderne filosofie illuministe ispirate dalla concezione scientifica del mondo. L'altro atteggiamento, che sarebbe stato infine quello vincente, fu la scelta di affidarsi ai sistemi di valori tradizionali, che, nella costruzione delle coordinate morali, interpretavano i cambiamenti in corso più come minacce che come opportunità. Peraltro, in alcuni casi, gli stessi scienziati contribuirono ad alimentare la paura della società nei riguardi della scienza. Ciò accadde, per esempio, quando, nel 1974, i biologi molecolari lanciarono una moratoria sull'uso della tecnologia del DNA ricombinante, paventando dei rischi per la biosicurezza dovuti al possibile rilascio di nuovi pericolosi microrganismi nell'ambiente. La moratoria portò all'organizzazione della Conferenza di Asilomar, nel 1975, durante la quale i biologi si resero conto di aver lanciato un allarme ingiustificato. La società, però, era ormai sull'allerta: si era creata la percezione che l'ingegneria genetica fosse una minaccia e i biologi che lavoravano col DNA i moderni apprendisti stregoni. Insomma, ciò che a quegli scienziati era parso un esempio di responsabilità sociale si rivelò nella percezione pubblica qualcosa di ben diverso.

Questo atteggiamento fu favorito dal susseguirsi, dai primi anni Sessanta negli Stati Uniti, di una serie fatti e scoperte riguardanti sperimentazioni biomediche e comportamentali, finanziate dal governo o da università, che sfidavano l'etica del Codice di Norimberga o sollevavano sconcerto morale per i risultati che ne scaturivano. La prima decisa denuncia veniva pubblicata sulle pagine del *New England Medical Journal* il 16 giugno 1966. L'anestesiologo di Harvard, Henry K. Beecher, analizzava 22 studi clinici pubblicati negli anni precedenti in cui i pazienti erano stati sottoposti a esperimenti che non apportavano loro alcun beneficio e che erano direttamente dannosi (Beecher, 1966). L'intento di Beecher era anche di dimostrare che il consenso informato, di cui si stava discutendo, non proteggeva comunque carcerati, militari e soggetti mentalmente malati o ritardati. L'anno successivo, il medico inglese Maurice Henry Pappworth pubblicava, dopo un primo rifiuto da parte di un editore, *Human Guinea Pigs: Experimentation on Man*, in cui descriveva 78 casi di sperimentazioni cliniche pericolose, soprattutto in ambito cardiochirurgico, su pazienti ricoverati negli ospedali del National Health Service, ai quali non era stato richiesto il consenso. Poiché Pappworth, diversamente da Beecher, faceva nomi e indicava luoghi, la comunità medica inglese lo criticò duramente e di fatto lo mise al bando.

Per quanto riguarda l'ambito delle ricerche sul comportamento, gli episodi che influenzarono il dibattito etico, contribuendo alla rifondazione dei principi guida dell'etica biomedica, furono gli esperimenti di Stanley Milgram sull'obbedienza, quello di Philip Zimbardo sui cambiamenti psicologici indotti dalla condizione di prigioniero o carceriere, e la scoperta degli esperimenti finanziati dalla CIA per manipolare la mente e indebolire la resistenza dei soggetti sottoposti a interrogatorio. I primi due esperimenti sono famosi e hanno dimostrato che persone del tutto comuni e senza alcun precedente di violenza possono subire l'influenza del contesto e diventare degli aguzzini pericolosissimi. Gli esperimenti di Milgram, effettuati all'università di Yale nel 1961, prevedevano l'arruolamento di persone a cui veniva chiesto di assumere il ruolo di docenti e di punire con scariche elettriche di voltaggio crescente gli errori di discenti, che essi non vedevano ma di cui sentivano i lamenti. Si trattava di un inganno, poiché non venivano somministrate scariche elettriche e i discenti erano attori; quello che si voleva studiare era l'effetto degli ordini impartiti a quei partecipanti che a un certo punto volevano abbandonare l'esperimento, colpiti dai lamenti. Ebbene, il 65%, a seguito di un esplicito ordine degli sperimentatori, non abbandonava il teatro dell'esperimento ma obbediva, continuando a somministrare scariche che, nella finzione, potevano essere mortali. L'esperimento di Zimbardo, condotto esattamente dieci anni dopo a Stanford, andava oltre i dati di Milgram, e dimostrava che, in un ambiente disorientante e spersonalizzante, dei soggetti senza precedenti di violenza, istruiti ad assumere il ruolo di prigionieri e carcerieri, nel volgere di un paio di giorni entravano già nel ruolo: i carcerieri applicavano misure estremamente restrittive e torture psicologiche sui prigionieri, mentre questi ultimi accettavano gli abusi psicologici. Zimbardo, sensibilizzato da una studentessa che poi sarebbe diventata sua moglie, si accorse di aver perso egli stesso l'autocontrollo lasciando correre abusi espressamente vietati dal protocollo, per cui interruppe bruscamente l'esperimento dopo sei giorni.

Entrambi questi esperimenti furono duramente criticati sotto il profilo etico. Quello di Zimbardo, che era stato finanziato dall'US Office of Naval Research, fu riconosciuto già allora contrario al codice etico dell'American Psychological Association. Nondimeno, lo studio di Zimbardo fu utilizzato per analizzare e spiegare diversi fenomeni che si manifestavano nel contesto carcerario, e più recentemente, nel 2004, lo psicologo di Stanford ha fatto riferimento a quei risultati svolgendo il ruolo di perito nella difesa di uno dei militari processati dalla corte marziale statunitense per le torture praticate ai danni di prigionieri irakeni nella prigione di Abu Ghraib (Zimbardo, 2008). Gli argomenti di critica morale contro questi esperimenti riguardavano soprattutto lo stress emotivo a cui erano sottoposti i partecipanti e, in particolare, il fatto che il protocollo portava i soggetti, attraverso un inganno nel caso dell'esperimento di Milgram, ad acquisire un'autoconsapevolezza della propria capacità di commettere atti di estrema violenza nei riguardi di altre persone. Va ricordato che l'84% di coloro che parteciparono all'esperimento di Milgram si dichiararono contenti di aver fatto quell'esperienza.

Nel 1974, in concomitanza con il varo della legge che avrebbe cambiato le regole della sperimentazione clinica e comportamentale negli Stati Uniti, di cui si dirà tra poco, veniva alla luce che dagli inizi degli anni Cinquanta la Central Intelligence Agency (CIA) aveva condotto esperimenti psicologici in un progetto segreto chiamato Project MKULTRA. Gli studi avevano come scopo la messa a punto di metodi di controllo delle menti o di «lavaggio del cervello», per superare le resistenze dei soggetti sottoposti a interrogatori a rivelare informazioni. Gli esperimenti furono condotti utilizzando soprattutto farmaci, in particolare LSD, barbiturici, pentothal ecc., ma anche l'ipnosi. Poiché la maggior parte dei documenti è stata distrutta, non è possibile sapere se e quanti morirono o subirono gravi danni tra le migliaia di soggetti arruolati nei protocolli. I cittadini americani e il Congresso vennero a sapere di questi esperimenti prima dai mezzi di informazione, e poi dai lavori della Commissione Rockefeller, istituita dalla presidenza USA nel 1975 proprio per indagare sulle attività illegali della CIA.

La reazione iniziale della comunità medica, in particolare verso le prime circostanziate denunce e discussioni, fu di insofferenza: vennero proposte alcune leggi ed emanati documenti da parte delle associazioni mediche, volti a tranquillizzare l'opinione pubblica. Ma nel 1972 si consumò uno dei più intensi psicodrammi per la sanità pubblica e la medicina statunitense, che impresse a tutto il processo un'accelerazione improvvisa. Venne alla luce che in una contea dell'Alabama, Tuskegee, era in corso dalla metà degli anni Trenta uno studio su circa 400 persone di colore affette da sifilide, che non erano mai state curate allo scopo di studiare l'evoluzione «naturale» della malattia. Il fatto era particolarmente grave in quanto, per portare avanti l'esperimento anche dopo la seconda guerra mondiale, erano stati falsificati documenti, ma soprattutto era stata loro sottratta una cura efficace, esistente appunto dall'immediato secondo dopoguerra, cioè la penicillina. Il caso scoppiò sui mezzi di informazione, venne istituita una commissione di indagine e vi furono audizioni al Congresso, il parlamento degli Stati Uniti d'America. La conseguenza finale fu la Legge sulla Ricerca nazionale, promulgata il 12 luglio 1974, che istituiva una Commissione nazionale per la protezione dei soggetti umani nella ricerca biomedica e comportamentale (National Commission for the Protection of Human Subjects of Biomedical and Behavioral Research), la quale aveva il compito di stabilire quali principi morali dovevano governare la ricerca sperimentale in ambito biomedico. La Commissione concluse i lavori quattro anni dopo, licenziando una serie di rapporti e raccomandazioni riguardanti la ricerca su feti, carcerati, bambini, malati di mente. Inoltre, discusse di psicochirurgia, di protezione dei dati personali acquisiti attraverso le ricerche, dell'etica dei servizi sanitari e dell'organizzazione e funzionamento dei comitati etici (*Institutio-*

nal Review Boards). Uno dei documenti è noto come «Rapporto Belmont: principi etici e linee guida per la protezione dei soggetti umani nella ricerca comportamentale e biomedica» (1979) ed enuncia i nuovi principi morali a cui deve far riferimento l'etica biomedica. Si tratta di principi che tentano una sintesi degli argomenti fondamentali che attraversano le principali dottrine etiche, soprattutto quelle deontologiche, consequenzialiste e della virtù. In primo luogo i ricercatori e i medici devono rispettare l'autonomia dei pazienti e proteggere quelli fra loro meno capaci di autodeterminarsi (bambini e malati di mente); nel proporre trattamenti già in uso o trattamenti sperimentali, devono inoltre farsi guidare dal principio di beneficialità e di non maleficità (evitare di far del male e agire per ottenere il migliore risultato). Infine, la sperimentazione medica e, più in generale, l'accesso dei cittadini ai trattamenti medici devono essere governati da criteri di giustizia, ovvero vanno condannate sul piano morale le discriminazioni, a qualunque livello e di qualunque genere, che siano ispirate da pregiudizi o dovute a diseguaglianze sociali ed economiche.

Nel frattempo, nel 1976, la Corte Suprema del New Jersey aveva riconosciuto a una paziente, Karen Quinlan, il diritto di rifiutare un trattamento medico, in quel caso la ventilazione assistita. Quattrordici anni dopo, un'altra paziente, Nancy Cruzan, si vedeva riconosciuto dalla Corte Suprema il diritto a rifiutare anche alimentazione e idratazione artificiali, in quanto trattamenti medici e dal 1° dicembre 1991 negli Stati Uniti entrava in vigore il *Patient Self-Determination Act*, che stabiliva il diritto dei pazienti di rifiutare o accettare i trattamenti medici e di decidere in anticipo quali trattamenti non consentire in caso di perdita di coscienza.

I fatti venuti alla luce e discussi pubblicamente soprattutto negli Stati Uniti hanno dettato l'agenda delle negoziazioni tra mondo medico e società un po' in tutto il mondo occidentale, dove la millenaria tradizione del paternalismo medico è entrata in crisi, almeno sul piano formale, e forse anche troppo velocemente, senza che venissero valorizzate alcune componenti psicologiche comunque importanti per realizzare la cosiddetta alleanza terapeutica tra medico e paziente. Ogni paese ha vissuto questi cambiamenti secondo tempi e modi imposti dalle condizioni e pratiche locali. Quel che va tenuto presente è che la conquista di una nuova concezione del rapporto tra medico e paziente, non più ispirata dal paternalismo di tradizione ippocratica, ma fondata sul riconoscimento del principio liberale del diritto all'autodeterminazione, fu il risultato dell'ingresso nel dibattito sui rapporti tra medicina e società di figure di fatto estranee al mondo della medicina e della scienza: teologi e filosofi in primo luogo. La bioetica si è affermata nel contesto della discussione pubblica sui diritti dei malati e i doveri dei medici come forma di etica applicata, ovvero come sedimentazione di un confronto tra le diverse etiche normative evolutesi culturalmente in diversi contesti antropologico-culturali, che alla fine ha visto attestarsi un primato dell'etica filosofica e delle scienze sociali rispetto alla scienza e alla medicina.

1.4 Bioetica e neuroscienze

In che modo i problemi sollevati dagli sviluppi della neurologia, della psichiatria e in generale gli avanzamenti neuroscientifici rientravano nel processo di nascita della bioetica? Abbiamo già visto alcune sperimentazioni comportamentali su soggetti umani, in particolare quelle condotte dalla CIA, che furono oggetto di dibattito agli inizi degli anni Settanta e che indussero il Congresso degli Stati Uniti a far riferimento appunto alla sperimentazione sul comportamento nella denominazione della Commissione nazionale istituita nel 1974.

Per quanto riguarda le neuroscienze, sarebbe forse anacronistico tirarle in ballo in relazione alla nascita della bioetica. Va ricordato che il termine neuroscienze (*neuroscience*) venne usato per la prima volta come nome di un programma di ricerca, il *Neurosciences Research Program*, lanciato nel 1962 al Massachusetts Institute of Technology (MIT), per favorire la contaminazione tra diversi ambiti di ricerca sperimentale e riflessione teorica con lo scopo di promuovere un rinnovamento del tradizionale modo di pensare e studiare il cervello nell'ambito della neurofisiologia e della neurologia. Questo modo di pensare innovativo, consolidatosi in quegli anni, vedeva il coinvolgimento integrato di più discipline alla soluzione del problema «mente-cervello», problema a cui faceva riferimento il gruppo che era al lavoro al MIT, e che varò il programma neuroscientifico (Adelman, 2010). Di qui, la scelta della denominazione plurale del programma (neuroscienze e non neuroscienza), conservata in lingua italiana, per identificare questo settore interdisciplinare di ricerca, il quale comprendeva soprattutto scienziati a vari livelli di indagine (dal biologico molecolare a quello neurofisiologico a quello dei comportamenti), ma anche non scienziati e generalisti. L'obiettivo era il superamento dei modelli meccanicistici tradizionali o degli approcci ingenuamente riduzionistici, e l'apertura verso le nuove idee biologiche stimolate dagli sviluppi della biologia evoluzionistica e molecolare, e dalla diffusione dei modelli informazionali e dinamici dell'organizzazione biologica.

Per quanto riguarda il versante neurologico, il dibattito in corso sull'etica medica faceva riferimento anche ad alcune pratiche cliniche che erano entrate in uso prima della seconda guerra mondiale e che avevano avuto una larga diffusione negli anni Cinquanta. In particolare la psicochirurgia e l'uso dell'elettroshock. Nel contesto della critica politico-sociologica sul ruolo della psichiatria e delle posizioni politico-filosofiche radicali che negavano alla psichiatria uno statuto di branca della medicina, la pratica della lobotomia, l'abuso della psicochirurgia, quello dell'elettroshock e la sperimentazione degli psicofarmaci entravano a far parte degli argomenti intorno ai quali si sviluppava la riflessione relativamente alle dimensioni etiche delle manipolazioni del cervello e del trattamento dei disturbi del comportamento. Di questi temi si parlerà nel capitolo sulla neuroetica clinica.

Negli anni Sessanta e nei primi anni Settanta l'attenzione dei media e la discussione etica riguardò anche gli esperimenti condotti dal fisiologo spagnolo José Delgado, che tramite impianti cerebrali radiocomandati intendeva ottenere il controllo del comportamento e delle emozioni negli animali e nell'uomo. Delgado realizzò alcuni esperimenti, tra cui il più celebre esibiva un toro radiocomandato nell'arena di Cordova, che divenne un classico dell'argomento. Il suo progetto non portò ad alcun risultato, se non quello di alimentare ulteriormente l'idea dello scienziato folle che aspira a ricondurre le persone sotto il proprio arbitrario potere.

In ogni caso, le società scientifiche che raccoglievano gli studiosi del cervello iniziarono presto a interrogarsi sulle implicazioni etiche, sociali e giuridiche degli avanzamenti neuroscientifici. Nel 1960 l'UNESCO fondava la International Brain Research Organization (IBRO) e nel 1969 nasceva negli USA la Società per le Neuroscienze (S*f*N). All'interno della S*f*N veniva istituito nel 1972 un Comitato sulla Responsabilità Sociale (poi Social Issues Commitee, SIC), dedicato alle implicazioni degli avanzamenti delle neuroscienze e che dal 1983 dava luogo a una tavola rotonda annuale. Nel 1992 era nata a New York, presso la Fondazione DANA, la DANA Alliance for Brain Initiatives (DABI, Alleanza per le iniziative sul cervello). Nel 1997 la DANA Foundation istituiva una succursale europea a Londra (European Dana Alliance for the Brain, EDAB) e nel 1998 veniva alla luce la Federazione delle Società Europee di Neuroscienze (FENS), un insieme di società la cui nascita nei vari paesi risaliva almeno al decennio precedente.

A conclusione di questa ricostruzione sull'evoluzione delle istanze etiche nell'ambito delle scienze biomediche, e di come i temi neurobiologici si sono inizialmente inseriti nel dibattito culturale, si può dire che la riflessione bioetica sulla ricerca scientifica, anche se in misura e forme diverse negli Stati Uniti e in Europa, ha dato luogo a una serie di conquiste fondamentali sul piano dei principi e delle regole che tutelano l'autonomia decisionale delle persone quando si trovano di fronte a opzioni che riguardano atti medici indicati per la loro condizione clinica. Il consenso informato, il diritto alla privacy e alla protezione dei dati e delle informazioni personali, l'assunto che la ricerca deve perseguire scopi benefici prima di tutto per il paziente e solo in seconda istanza e con l'accordo di questi anche in vista di aspettative sociali, il fatto che qualunque sperimentazione clinica deve essere preceduta da una preclinica che deve contemplare la sperimentazione su animali, la qualificazione del personale medico addetto alla ricerca, la responsabilità per la salute e il benessere arruolati nei protocolli clinici sperimentali, il diritto all'interruzione della ricerca in ogni momento da parte di tutti i soggetti coinvolti, la separazione della ricerca da interessi privati o economici, il rigore e la responsabilità nella pubblicazione di dati e risultati, la tutela dai conflitti di interessi dettati dal profitto e così via.

La ricerca e la riflessione nell'ambito della neuroetica parte proprio da queste conquiste di libertà, e quindi di civiltà, e dovrebbe fare in modo che vengano rafforzate. Una migliore comprensione del modo in cui funziona il nostro cervello quando costruisce giudizi morali a favore o contro taluni interventi medici, così come le possibilità di manipolazione dei comportamenti che possono aprirsi sulla base delle nuove conoscenze, dovrebbero evitare di mettere a rischio delle condizioni di convivenza civile che, pur essendo molto probabilmente fondate su autoillusioni, rappresentano un avanzamento formidabile sul piano della capacità umana di realizzare un maggior benessere, ridurre la sofferenza e mettere sotto controllo i pregiudizi che costantemente minacciano la qualità delle relazioni umane.

2
Neuroimmagini: motore della svolta neuroetica

Per quel che riguarda i temi che hanno portato all'emergere della neuroetica, intesa come etica delle neuroscienze, è alla fine degli anni Ottanta che hanno cominciato a verificarsi una crescente attenzione e un investimento economico ingente e diretto verso le ricerche sul cervello, che sono diventate centro d'interesse e talvolta di critiche per gli eccessivi entusiasmi o di preoccupazioni etico-politiche, travalicando i confini accademici. In quegli anni, il progresso tecnologico permetteva a questo genere di studi di dar luogo a quella che è stata definita la «rivoluzione delle neuroscienze»[1]. Una rivoluzione con un impatto tale da essere paragonabile a quella che ha interessato la genetica molecolare, iniziata con qualche decennio di anticipo, ma che sul piano tecnologico e della quantità di dati acquisiti manifesta caratteristiche simili. All'ampliamento delle conoscenze sul cervello e quindi all'interesse verso la ricerca che lo riguarda hanno contribuito negli ultimi anni l'innovazione sul piano delle tecniche radiologiche a carattere funzionale (le cosiddette neuroimmagini) e le simulazioni consentite dagli sviluppi dell'intelligenza artificiale e della robotica, che hanno reso possibile l'invenzione di tecniche neurochirurgiche di interfaccia uomo-macchina e di impianto neurale. Tutto ciò ha permesso di realizzare quanto fino a pochi anni prima sembrava pensabile solo come fantascienza, e per cui era prevalsa l'idea che la psicologia potesse e dovesse lavorare senza far riferimento alle conoscenze sulle strutture neurali sottostanti (Bechtel, Abrahamsen e Graham, 1998): da un lato l'elaborazio-

[1] Wolpe, 2002.

ne di sofisticate ipotesi anatomo-funzionali sul cervello e, dall'altro, la capacità di intervento clinico.

Le implicazioni etico-sociali delle innovazioni tecnologiche introdotte negli ultimi due decenni nella ricerca neuroscientifica riguardano sostanzialmente problemi di sicurezza e affidabilità collegati all'impiego delle nuove tecniche. La ricerca sul cervello, infatti, richiede misure cautelative, responsabilità e prudenza maggiori di quanto non accada già nel resto della ricerca biomedica, dato che può incidere, in maniera imprevedibile e spesso irreversibile, sulla vita psicologica delle persone che si sottopongono a trattamenti sperimentali. Inoltre, avendo prevalentemente a che fare con malati psichiatrici e neurologici, la cui menomazione cognitiva può rendere difficile il coinvolgimento in decisioni davvero informate, quest'ambito di ricerca solleva sospetti di coercizione o manipolazione. Tutto questo, e non solo, traduce la specificità delle questioni etiche riguardanti il cervello.

Nondimeno va riconosciuto che questo tipo di ricerche ha condotto a scoperte significative, che è il caso di analizzare in dettaglio e senza preconcetti. Ciò va fatto non solo per capire i problemi che sollevano e le loro incontestabili potenzialità, ma per evidenziare, soprattutto, l'imprescindibile binomio concettuale attraverso cui la condotta della scienza, perfino delle neuroscienze, andrebbe riconsiderata alla luce delle derive oscurantiste sempre incombenti, soprattutto nel nostro paese (si pensi agli ostacoli creati alle ricerche su cellule staminali ed embrioni, cfr. Corbellini e Sirgiovanni, 2012). Insomma, quello che andrebbe evitato è di intraprendere delle comode scorciatoie, eludendo il dibattito sui problemi della responsabilità e della libertà della ricerca.

2.1 Che cosa sono le neuroimmagini?

Le neuroimmagini sono oggi centrali per le neuroscienze contemporanee, anche se va continuamente ricordato che non esauriscono gli strumenti di studio del cervello a disposizione dei neuroscienziati, né, ancor meno, sono superiori ad altre tecnologie o rappresentano un traguardo definitivo. Di fondamentale rilevanza negli ultimi trent'anni è stata la messa a punto di macchine sempre più sofisticate nel campo della radiologia del cervello. A partire dal primo elettroencefalogramma (EEG) di Hans Berger del 1924, la svolta epocale è stata l'invenzione di macchine tomografiche che, dagli anni Trenta, quando Alessandro Vallebona inventò lo stratigrafo, hanno fatto passi avanti giganteschi e hanno permesso di produrre quelle che sono trattate come fossero vere e proprie «fotografie» cerebrali – per questo prendono il nome di neuro*immagini* – in grado di ricostruire gli aspetti sistemici del *funzionamento* del cervello. Per la verità, come ha mostrato Adina Roskies (2007), l'analogia tra neuroimmagine e fotografia può essere fuorviante, perché una neuroimmagine è vincolata a una serie di condizioni interpretative e non è possibile stabilire «rapporti causali o controfattuali tra le immagini e i dati che esse rappresentano», nella misura che ci è consentita da una comune fotografia.

A scavalcare le indagini morfologiche consentite dalla tomografia computerizzata (TAC), sviluppata negli anni Sessanta, e dalla risonanza magnetica (RM), introdotta in medicina negli anni Settanta, sono state soprattutto, dagli anni Ottanta, la tomografia a emissione di positroni (PET) e la risonanza magnetica funzionale (fMRI), ma anche la tomografia computerizzata a emissione di fotone singolo (SPECT), tutte macchine in grado di rilevare le aree cerebrali *attive*, nell'esecuzione di compiti molto specifici (come la visione, il linguaggio, la memoria, il ragionamento, le emozioni e perfino il giudizio morale o l'orientamento politico), e dunque di fornire informazioni di localizzazione funzionale complessa, attraverso tecniche sicure e non invasive.

Le odierne tecniche di immagini funzionali nascono alla fine degli anni Settanta (Gjedde, 2008), ma era almeno dalla fine dell'Ottocento che gli scienziati erano guidati da una folgorazione teorica: l'attività cellulare del cervello umano e animale è invariabilmente accompagnata da cambiamenti nel flusso sanguigno locale. Quest'idea fu del fisiologo italiano del XIX secolo, Angelo Mosso, che nel 1881 monitorava le pulsazioni cerebrali di pazienti adulti attraverso il cranio, durante l'esecuzione di compiti come i calcoli matematici (per una ricostruzione storica, cfr. Raichle, 2009)[2].

Ciò che accade è che, quando attive, le cellule neurali hanno bisogno di energia, ovvero di procurarsi riserve di glucosio e ossigeno: a questo scopo aumenta il flusso sanguigno nelle zone in attività. Questo è proprio ciò che misurano le neuroimmagini: i cambiamenti metabolici collegati all'attività cerebrale (nelle condizioni standard, le neuroimmagini evidenziano le aree più attive, ma non tutte le aree attive; le registrazioni da singoli neuroni con elettrodi multipli mostrano che le regioni corticali in cui varia l'attività neuronale sono più numerose di quelle evidenziate con l'fMRI). All'interno delle macchine, i soggetti vengono sottoposti a test psicologici di varia natura per indagare le funzioni cognitive: ascolto di suoni, visualizzazione di fotografie o di video e così via, attraverso uno schermo presente internamente. Lo scopo è localizzare specifici processi cognitivi od operazioni, identificando l'aumento di flusso sanguigno a essi associato e, soprattutto, determinare la relazione tra i diversi processi. Queste macchine hanno rappresentato una vera fortuna per gli psicologi a orientamento cognitivo che, a partire dagli anni Ottanta, si sono resi conto che l'imaging funzionale poteva coniugarsi ottimamente con la teoria dell'*information processing*, cioè l'idea cardine del cognitivismo, secondo cui le funzioni cognitive sono elaborazioni di informazioni da parte di strutture neurali deputate.

[2] Quest'ipotesi conobbe scarso successo a causa di alcuni eventi successivi. Nel 1890, Charles Roy e Charles Sherrington esplorarono in modo sistematico quest'intuizione, ma il suo sviluppo subì un arresto nel 1896, quando l'influente fisiologo inglese Leonard Hill intervenne, sostenendo che non vi era alcun rapporto tra funzioni nervose e circolazione cerebrale. Bisognerà aspettare il secondo dopoguerra e le ricerche di un gruppo di ricercatori dell'Università della Pennsylvania, guidati dallo psichiatra Seymour Kety, per una conclusiva dimostrazione del legame tra concentrazione di flusso sanguigno e aree impegnate nell'esecuzione di un compito.

2.2 Le neuroimmagini e le localizzazioni

Al di là del funzionamento di ogni singola tecnica, la questione importante riguarda il significato e l'apporto conoscitivo delle neuroimmagini funzionali (cfr. Bechtel e Stufflebeam, 2001). Studiare il cervello vuol dire renderne accessibile la struttura, ma soprattutto, come abbiamo già accennato, i processi, cioè quel che dà luogo a quell'insieme di facoltà che la tradizione filosofica e quella psicologica chiamano «mente» o «psiche». Un interrogativo cruciale è cercare di capire come i neuroni e i gruppi di neuroni sono connessi tra di loro.

Come funzionano la tomografia a emissione di positroni (PET) e la risonanza magnetica funzionale (fMRI)

La differenza tra le due tecniche maggiormente utilizzate, la tomografia a emissione di positroni (PET) e la risonanza magnetica funzionale (fMRI), è che la prima visualizza il flusso sanguigno, mentre la seconda il contenuto di ossigeno nel sangue. Quando sottoposti a un esperimento con macchine di questo tipo, i soggetti vengono introdotti distesi, tramite apposito lettino, nella macchina, che ha una forma cilindrica.

La PET è stata inventata nel 1975 e quantifica la distribuzione spaziale di tracce radioattive nel tessuto. In genere viene iniettato nel paziente, o viene inalato da questo, un isotopo legato a una molecola attiva a livello metabolico (per esempio, uno zucchero). L'attivazione metabolica della molecola permette di visualizzarne la concentrazione nell'area coinvolta nel compito. L'isotopo emette un positrone che, all'interno della macchina, produce fotoni rilevati dal dispositivo di scansione.

L'fMRI, invece, contiene al suo interno un potente elettromagnete e funziona in base al principio che l'emoglobina, cioè la proteina principale che costituisce i globuli rossi e che è deputata al trasporto di ossigeno nel sangue verso tutti i tessuti dell'organismo, quando ossigenata, manifesta, in presenza di campi magnetici, una forma di magnetizzazione che viene rilevata dalla macchina. Lo scanner dell'fMRI produce dei numeri, che sono poi trasposti sull'immagine, in genere una particolare sezione del cervello, in colori *caldi* (rossi e gialli), che indicano l'aumento di flusso sanguigno in alcune aree (corrispondente a un aumento del cosiddetto segnale BOLD, *Blood Oxygenation Level Dependent*) e colori *freddi* (tonalità del blu), che ne indicano la diminuzione (minore intensità del segnale BOLD). La semplicità nell'utilizzo di questa macchina – meno invasiva, perché non prevede l'assunzione di sostanze – e le sue potenzialità la rendono preferibile ad altre. Le colorazioni delle aree cerebrali, presenti oramai su pagine di quotidiani o nei documentari televisivi, sono diventate identificative delle neuroimmagini. I primi studi di fisiologia che utilizzano l'fMRI risalgono a metà degli anni Ottanta, ma è solo dagli anni Novanta che viene utilizzata su persone. Le immagini BOLD, in particolare, sono state introdotte nel 1992 da un gruppo del Massachusetts General Hospital interessato alla corteccia visiva primaria (V1) e motoria (M1) negli esseri umani (Kwong *et al.*, 1992). In un primo compito sperimentale, i soggetti venivano sottoposti a una successione continua di 80 immagini con la stessa cadenza tra riposo e stimolazione e veniva dimostrata la risposta temporale dell'intensità di segnale nell'area V1. Nel secondo compito sperimentale, relativo a M1, veniva richiesta una pressione della mano controlaterale a dati intervalli di tempo. Da questi primi studi si è poi sviluppata l'fMRI come la conosciamo oggi, che produce una quantità enorme di ricerche e risultati. Se inizialmente ci si concentrava su una singola porzione di cervello, ben presto ci si è dedicati all'attivazione di più regioni durante l'esecuzione dello stesso compito, per lo studio dei «circuiti» di funzionamento riguardanti compiti motori complessi, working memory, attenzione spaziale e così via.

Quando si dice questo, non ci si riferisce esclusivamente alla loro connessione strutturale, ma al modo complesso attraverso cui le strutture si scambiano segnali che, integrati funzionalmente, diventano informazioni elaborabili adattativamente, ovvero a quello che, in gergo tecnico, è definito l'aspetto «neuro-computazionale». Il collegamento tra aree del cervello e operazioni è detto, invece, *localizzazione*, poiché localizzare un'operazione significa assegnarla a una parte specifica; si parla però di varie forme di localizzazione (cfr. Bechtel e Richardson, 1993; Bechtel, 2008).

Prima dell'introduzione delle neuroimmagini, questo tipo di teorizzazione aveva luogo per mezzo degli studi neuropsicologici, che collegavano deficit cognitivi (per esempio, deficit linguistici come l'afasia o la dislessia, o deficit percettivi come il riconoscimento dei volti) con lesioni di specifiche aree cerebrali. Già la neuropsicologia degli esordi, a metà dell'Ottocento, era una metodologia di studio seria. Più seria dell'organologia, o «frenologia» nei termini di Spurzheim, una pratica dei primi decenni dell'Ottocento, basata sull'analisi della morfologia esterna del cranio, a cui le odierne localizzazioni neuroscientifiche sono spesso paragonate per essere liquidate superficialmente sulla base di pregiudizi epistemologici. Il medico tedesco Franz Josef Gall e il suo collaboratore Johann Gaspar Spurzheim, che diffuse questa corrente in Gran Bretagna e negli Stati Uniti, avevano scomposto la mente in facoltà discrete (27 «organi», per l'esattezza, distinti l'uno dall'altro), e le localizzazioni cerebrali venivano inferite dai solchi o dalle depressioni rilevabili dall'osservazione e dalla misurazione del cranio. Soprattutto, erano localizzazioni *dirette* e scomposizioni molto semplici, per esprimerci nella terminologia della teoria dei sistemi usata da Herbert Simon: a una componente (un'area delimitata da certi solchi del cranio) del sistema (il cervello) veniva attribuito un solo compito (il linguaggio o la memoria ecc.). La rudimentalità di questo tipo di localizzazione, priva di sufficienti vincoli empirici, ha finito col promuovere un'interpretazione caricaturale della frenologia, quasi una parodia, da parte dei detrattori del meccanicismo in generale e ha contribuito alla fortuna di concezioni vitalistiche e dualistiche.

I padri della neuropsicologia, Paul Pierre Broca, Karl Wernicke e Ludwig Lichtheim, con i loro studi sulle afasie (deficit del linguaggio), compivano raffronti tra deficit funzionali, cioè la mancanza di una certa funzione in alcuni soggetti, e la presenza di lesioni in specifiche aree. La teoria generale che ne derivava era però il frutto di localizzazioni *indirette*. A monte di questo tipo di localizzazione, vi era un'ipotesi psicologica di scomposizione della funzione (il linguaggio, in questo caso) in sottofunzioni, che possono così essere localizzate nel sistema fisico. Broca aveva diagnosticato a un paziente detto Tan[3], un'afasia *motoria*, o deficit selettivo di produzione del linguaggio, senza che vi fosse perdita né della capacità di comprensione linguistica né dell'intelligenza in generale. Grazie all'autopsia sul paziente dopo la morte, aveva collegato l'afasia a una lesione infartuale della terza circonvoluzione frontale dell'emisfero sinistro (oggi *area di Broca*). Si trattava sempre di una localizzazione diretta alla stregua di quelle effettuate da Gall, ma con un vincolo empirico più forte stabilito dalla prova fornita dalla lesione fisica.

A partire dagli studi di Wernicke, però, che sfruttano le prime intuizioni di Broca, è possibile confrontarsi con una forma di localizzazione più complessa: la scomposizione in due sottofunzioni distinte della capacità linguistica (comprensione ed espressione del linguaggio) e l'idea di un coordinamento tra queste. Wernicke ipotizzò che l'afasia *sensoriale*, o deficit di comprensione del linguaggio, speculare a quella identificata da Broca, fosse prodotta da una lesione al lobo temporale, in particolare a livello del temporale superiore nell'emisfero sinistro (oggi *area di Wernicke*[4]). La funzione linguistica veniva così scomposta in due sotto-elementi distinti, ma *connessi* tra loro: il centro articolatorio (C) e quello uditivo-verbale (A). I due approcci, quello di Broca e Wernicke, risentivano delle correnti psicologiche a cui questi due studiosi si riferivano: la psicologia delle facoltà il primo, la psicologia associazionistica il secondo.

[3] Il nomignolo deriva dall'unico fonema che il paziente era in grado di pronunciare, ma il paziente si chiamava Leborgne.

[4] Studi di *imaging* cerebrali hanno messo in dubbio la storica localizzazione dell'area di Wernicke. I risultati sono stati pubblicati recentemente sulla rivista *Proceedings of the National Academy of Sciences* da un gruppo di neurologi del Georgetown University Medical Center. Mentre il giro temporale mediosuperiore sinistro si attiva effettivamente per suoni temporalmente brevi (fonemi), nel caso dell'integrazione di fonemi in strutture temporalmente più complesse (parole) l'attività sembra localizzarsi nel fascio ventrale anteriore (DeWitt e Rauschecker, 2012), cioè circa tre centimetri più frontalmente e dalla parte opposta della corteccia uditiva. I risultati sono in accordo con osservazioni che testimonierebbero l'idea di una protoarea linguistica nei primati.

Lichtheim aggiunse un'ipotesi ulteriore a quelle scaturite da queste precedenti ricerche, e cioè che vi fosse un terzo centro collegato agli altri due, il centro dei concetti (B), per l'emissione di messaggi verbali capaci di comunicare idee. Il sistema del linguaggio venne dunque ritenuto a tre componenti, A-B-C, in cui l'output della prima costituiva l'input della successiva (sistema sequenziale), e quindi un sistema semi-scomponibile.

Queste prime localizzazioni si basavano sulle autopsie effettuate sui cervelli dei pazienti *post mortem*. In epoche più recenti, si sono aggiunte tecnologie radiografiche che hanno permesso di «fotografare» il cervello di un organismo vivente. Le tecniche classiche di radiografia, tuttavia, fornivano immagini statiche delle strutture lesionate. La relazione tra cognizione e flusso sanguigno, indagata dalle neuroimmagini funzionali, mette in luce due componenti della spiegazione del funzionamento del cervello: l'area in cui avvengono i cambiamenti nel flusso sanguigno e l'interpretazione cognitiva delle sue attività. In termini filosofici, la spiegazione ottenuta è di tipo *meccanicistico* perché identifica non solo l'area neuronale responsabile ma anche la sua organizzazione funzionale, e consente di fare ipotesi sul «meccanismo».

La particolarità di queste ricerche è di creare un ponte tra psicologia e neurologia, introducendo vincoli reciproci tra scomposizione funzionale (propria della prima) e localizzazione strutturale (propria della seconda). Esse tengono anche conto del fatto, però, che buona parte dei sistemi in natura, soprattutto quelli cognitivi, sono sistemi non-sequenziali, in cui una componente può influenzare o essere influenzata da molte altre, ed esistono significativi effetti di retroazione tra gli elementi del sistema. Questi sistemi, detti a interazione complessa[5] o *integrata*, sono «minimamente

[5] I sistemi complessi sono definiti come sistemi dinamici con capacità di auto-organizzazione, ovvero sono composti da un numero elevato di parti interagenti in modo non lineare che danno luogo a comportamenti globali che non possono essere spiegati scomponendoli semplicemente in sottosistemi o mediante una specifica legge fisica. Esempi di sistemi complessi possono essere il sistema immunitario, un bosco in fiamme, il cervello umano, una comunità di persone che interagiscono tra loro, un flusso di veicoli su una rete autostradale. Simon (1962) contesta l'utilizzo formale del termine

scomponibili»[6] perché le parti e l'attività delle parti agiscono in modo interdipendente. Le neuroimmagini funzionali hanno consentito di fare grandi passi avanti e formulare ipotesi che tenessero conto della natura integrata, *a rete* (cfr. Buckner e Logan, 2006), dei meccanismi cerebrali. Quello che queste tecniche permettono, infatti, è non solo di localizzare una funzione in una regione, ma di analizzare come l'attività di questa regione si correla, nei soggetti sperimentali, con l'attività del resto del cervello. Il lavoro concettuale rimane la fase più delicata, ma queste tecnologie consentono di lavorare con vincoli empirici importanti per controllare ipotesi prodotte a livello speculativo dalla psicologia. Il rapporto tra psicologia e neurologia è in questo caso bidirezionale (*top-down/bottom-up*), dalla psicologia alla neurologia e viceversa, e non unidirezionale (*top-down*), dalla psicologia alla neurologia, come per altri orientamenti, come la frenologia e la neuropsicologia, o per ipotesi cognitiviste più recenti, come l'assunzione di una organizzazione modulare della mente (Zawidski e Bechtel, 2004).

2.3 Esempi di localizzazioni complesse

Un esempio di localizzazione complessa è quella del meccanismo della visione[7]. Negli anni Novanta, la PET ha permesso di

«sistema complesso» e traccia le linee di ciò che rimarrà il significato di complessità nel dibattito filosofico sull'argomento. Per Simon, un sistema complesso è «composto da un largo numero di parti che interagiscono in un modo non semplice. In tali sistemi, il tutto è più della somma delle parti, non in un senso ultimo e metafisico, ma in un importante senso pragmatico per cui, date le proprietà delle parti e le leggi della loro interazione, non è una faccenda banale inferire le proprietà del tutto. Alla luce della complessità, un riduzionista in principio può essere allo stesso tempo un olista pragmatico» (p. 468). Sono due le caratteristiche che definiscono comunemente i sistemi complessi: l'emergenza, in questi termini non necessariamente antiriduzionistici, e l'imprevedibilità dei loro processi. Non sono sistemi del tutto imprevedibili, come il caos, ma sistemi che hanno bisogno di essere approssimati, poiché l'evoluzione dei loro processi non combacia con i modelli previsti.

[6] Bechtel e Richardson, 1993, p. 27.

[7] Cfr. Bechtel, 2008, cap. 3.

confermare un'ipotesi sugli umani (Haxby *et al.*, 1991) che era stata formulata dieci anni prima grazie a studi sulle lesioni nei macachi, ovvero che l'informazione visiva è elaborata attraverso due vie principali, successivamente denominate *what/where* (Mishkin *et al.*, 1983). Nello studio di Haxby e colleghi, i soggetti venivano sottoposti a due compiti sperimentali. In un caso, una discriminazione di volti: i soggetti dovevano dire quale tra due foto in due riquadri conteneva la fotografia della persona rappresentata nella terza. In un secondo compito, dovevano rispondere a un problema spaziale e indicare quale di due riquadri aveva un pallino nella stessa posizione del pallino rappresentato nel terzo riquadro modello. La via del «cosa» (*what*), o via *ventrale* della visione, poiché procede nella corteccia temporale posteriore, sembra analizzare le proprietà fisiche di un oggetto (grandezza, colore, struttura e forma); l'altra, *dorsale*, che procede nella corteccia parietale posteriore, è detta via del «dove» (*where*) e sembra occuparsi appunto della percezione delle relazioni spaziali tra oggetti, non delle loro qualità intrinseche. Oggi sappiamo che la visione è molto più complessa di quanto descritto dal modello a due vie. Studi incrociati sul macaco hanno permesso di identificare 32 aree coinvolte, ognuna con una media di dieci input e dieci output, spesso reciproci, nonché da e per altre aree (Van Essen e Gallant, 1994).

Un altro esempio importante di spiegazione sempre più specializzata, frutto degli sviluppi delle neurotecnologie, è quello della memoria[8]. Le neuroimmagini hanno svolto, negli ultimi trent'anni, un ruolo euristico importante nella spiegazione delle operazioni coinvolte nella memoria, poiché hanno permesso di identificare le strutture cerebrali attive quando le persone effettuano compiti di memorizzazione di vario tipo e di mettere alla prova le conoscenze acquisite fino ad allora.

Tutto è cominciato con la comparazione tra dati pre-imaging relativi a lesioni cerebrali e risultati imaging. Nel 1953 il chirurgo William Scoville aveva praticato, come trattamento dell'epilessia, un'ablazione del lobo temporale mediale (MTL) su un paziente epilettico farmaco-resistente, conosciuto poi come H.M.

[8] Cfr. Bechtel, 2008, cap. 2.

Vennero asportati, in particolare, buona parte di ippocampo, giro paraippocampale e amigdala. Dopo l'operazione, pur sollevato dall'epilessia, il paziente soffriva però di gravi problemi di memoria. In particolare, non riusciva a incamerare nuove informazioni o a ricordare eventi della vita a partire dall'operazione (amnesia anterograda), e per alcuni anni non riuscì a ricostruire la vita precedente all'operazione (amnesia retrograda). Tuttavia, se non veniva distratto, riusciva a conservare informazioni per alcuni minuti. La sua memoria a breve termine era dunque intatta. Si comprese allora che l'ippocampo giocava un ruolo fondamentale nella memoria[9]. Un'altra distinzione fondamentale, introdotta prima su basi comportamentali negli anni Settanta e poi confermata dieci anni dopo da studi su lesioni, fu quella dello psicologo Endel Tulving tra memoria semantica (riguardante il significato delle parole, conoscenze generali e fatti scientifici) e memoria episodica (eventi o episodi della propria vita, con specifiche informazioni su tempo e luoghi). Nel 1981, un paziente di Tulving chiamato K.M. perse completamente la memoria episodica (retrograda e anterograda), conservando però quella semantica (ricordava la sua data di nascita, il nome della scuola che aveva frequentato, il colore e la tipologia di una macchina che aveva posseduto e così via). Anni dopo tre pazienti, in cui era stato identificato un danno bilaterale all'ippocampo, manifestarono lo stesso tipo di deficit cognitivo (Vargha-Khadem *et al.*, 1997)[10].

[9] William Bechtel (2008, p. 55) cita studi successivi di neuroimmagini che hanno chiarito che l'asportazione di Scoville aveva risparmiato l'ippocampo vero e proprio, il quale però si era atrofizzato per mancanza di input dalle strutture corticali circostanti.

[10] Gli studi con PET e fMRI sulla memoria episodica sono ormai numerosi. I compiti più semplici a cui i soggetti vengono sottoposti sono o un compito di memorizzazione *intenzionale* in cui devono memorizzare le parole che compaiono sullo schermo, oppure un compito in cui la memorizzazione è incoraggiata *accidentalmente* attraverso decisioni basate sul significato di ogni parola. Uno studio prototipico su PET è stato condotto da Kapur e colleghi nel 1994. Ai soggetti venivano presentate una serie di 80 parole e dovevano decidere per ognuna di queste se rappresentava una cosa vivente (per esempio, un cane) o non vivente (per esempio, una macchina). In un al-

La memoria, però, ha anche altre specificazioni. A partire dalla distinzione del filosofo Gilbert Ryle tra *knowing that* (sapere che) e *knowing how* (sapere come), nel 1980 Neal Cohen e Larry Squire distinguevano tra *memoria dichiarativa* (o linguistica, di cui la «memoria semantica» e quella «episodica» erano sotto-specificazioni) e *memoria procedurale* (andare in bicicletta o risolvere le parole crociate); e così via per altre distinzioni. Le neuroimmagini hanno consentito un approccio alla memoria, per cui le varie distinzioni generate da studi su lesioni hanno potuto essere integrate attraverso una spiegazione complessa delle varie componenti e delle loro operazioni. Anni dopo lo studio del caso di H.M., fu chiarito che non solo l'ippocampo, ma anche altre aree, che andavano a formare il lobo temporale mediale, erano coinvolte nella codifica della memoria[11].

A metà anni Novanta, grazie soprattutto all'utilizzo di tecniche di neuroimmagini e all'ausilio della simulazione ingegneristica, è stato spiegato non solo il ruolo dell'ippocampo nel *consolidamento* cioè la capacità di trattenere memorie a lungo termine, ma, soprattutto, si è chiarita la particolare architettura integrata della struttura ippocampale, costituita da tre aree fondamentali (insieme dette formazione ippocampale)[12].

tro compito, i soggetti dovevano invece decidere quale parola conteneva la lettera «a». Gli studiosi hanno evidenziato che aree della corteccia prefrontale sinistra erano molto più attive nel secondo compito.

[11] Il lobo temporale mediale (MTL) riceve inoltre input da diverse regioni corticali e suborticali, che elaborano informazione sensoriale o emotiva, nonché la pianificazione o l'orientamento spaziale, e ciò testimonia la complessità dell'informazione prodotta in quest'area.

[12] A tutto questo si è aggiunta la tesi neurofisiologica della plasticità sinaptica, di cui Eric Kandel è stato pioniere e grazie al quale è stato insignito del premio Nobel nel 2000. La memoria, a livello più basso di spiegazione, si deve a vere e proprie micro-modificazioni fisiche delle sinapsi. Una decina di anni fa (cfr. Martin, Grimwood, Morris, 2000) si è rilevato che una forma di plasticità sinaptica singolare era particolarmente importante per le funzioni mnemoniche dell'ippocampo. Questo meccanismo è stato chiamato potenziamento a lungo termine (LTP).

2.4 Le neuroimmagini nella clinica

I dati provenienti dagli studi basati sulle neuroimmagini vengono usati non solo per spiegare il funzionamento normale del cervello, ma sono anche alla base della nuova *neuropsichiatria cognitiva*, cioè consentono di elaborare ipotesi sulle malattie neurologiche e mentali (dall'Alzheimer alla depressione, dalla schizofrenia all'autismo, alle dipendenze e così via), per lo più ancora largamente inspiegate. A essere evidenziata è la *sottrattività* osservabile nelle aree deputate alla funzione mancante. La strada per ipotesi definitive dei disturbi psichiatrici è ancora lunga, ma le neuroimmagini funzionali promettono, per il futuro, di migliorare le diagnosi cliniche per queste condizioni (cfr. Linden, 2012) e quindi anche di aiutare, grazie alla comprensione dei meccanismi, a migliorare le capacità di intervento. Per esempio, è stato dimostrato che la PET genera aspettative sulla possibilità di identificare l'Alzheimer anche a stadi pre-clinici, ovvero in cui la malattia non si è ancora conclamata nelle sue manifestazioni comportamentali (Mosconi *et al.*, 2010). Si tratta di un grande passo avanti. L'Alzheimer è una malattia neurodegenerativa che emerge prevalentemente in età avanzata, con deficit di memoria, attenzione e linguaggio, ed è caratterizzata da lesioni patologiche specifiche (placche e matasse a livello delle cellule cerebrali e perdite di sinapsi in specifiche regioni). La diagnosi avviene di solito quando la malattia è già in corso e si basa sulla storia clinica del paziente, su test neurologici o cognitivi e su neuroimmagini strutturali.

Mentre non vengono sollevati particolari problemi, dubbi o esitazioni sull'uso delle neuroimmagini per i disturbi ufficialmente relativi al cervello, come la malattia di Alzheimer o il morbo di Parkinson, un atteggiamento decisamente scettico caratterizza l'utilizzo delle neuroimmagini nello studio e nella diagnosi delle malattie mentali vere e proprie. Nel senso che sono diffusi i pregiudizi epistemologici o addirittura ideologici verso la concezione medica, cosiddetta *biologista*, in relazione a quelle condizioni cliniche che rientrano, a partire da un'obsoleta divisione di mente e corpo, nella sfera della psichiatria. Questo perché – a detta di molti – le persone con questi disturbi non manifesterebbero danni evidenti alla struttura cerebrale, ma oggi si sa che non è esattamente così.

Già nel 1978, per esempio, si scopriva che i pazienti schizofrenici hanno ventricoli cerebrali più larghi (Johnstone *et al.*, 1976). Questa osservazione strutturale fu fortemente contestata sulla base del fatto che anche molti non schizofrenici presentano questa caratteristica. Il fatto, però, che i parenti di pazienti con schizofrenia mostrassero questo segno ha consentito di associare l'allargamento ventricolare al rischio genetico di schizofrenia (McDonald *et al.*, 2006) in anni in cui si era già affermata un'ipotesi più sofisticata.

La prova concreta delle basi fisiche delle malattie mentali, dopo i dati neurofarmacologici, sta trovando conferme proprio con le neuroimmagini funzionali, che hanno dimostrato che, anche in assenza di macro-lesioni, è possibile riscontrare malfunzionamenti al livello delle attività di specifiche componenti all'interno dei meccanismi neurali (per esempio interruzioni o variazioni nell'attività sinaptica del meccanismo). In molti casi un elemento di un sistema smette di funzionare o c'è una variazione nel suo funzionamento: anche in assenza di lesioni strutturali, c'è un'interruzione o un'alterazione della normale attività.

In molti casi, si è preferito un approccio di ricerca alle malattie mentali volto a indagare in primo luogo il loro elemento base, cioè i singoli sintomi (deliri, allucinazioni ecc.), piuttosto che le sindromi nel loro complesso (per esempio, la schizofrenia). A partire dai primi studi effettuati negli anni Novanta del secolo scorso, si è ipotizzato che il delirio dell'illusione del sosia o delirio di Capgras, secondo cui un paziente crede che un suo familiare sia stato sostituito da un sosia, robot, golem o quant'altro, corrispondesse a un'interruzione della componente emotiva del riconoscimento dei volti (Ellis e Young, 1990), cioè alla capacità di attribuire a un volto significato emotivo e familiarità. La componente emotiva del riconoscimento è localizzata nella via dorsale della visione che va dalla corteccia visiva al sistema limbico, attraverso il solco temporale superiore, il lobo parietale inferiore e il giro del cingolo: è lì che l'fMRI ha individuato un'interruzione di attività nei pazienti affetti da delirio di

Capgras. Questi pazienti, di contro, conservano un'attività normale nella via visuo-semantica del riconoscimento, che codifica le caratteristiche fisiche del volto e coinvolge le strutture lungo il fascio longitudinale tra corteccia visiva e sistema limbico. L'ipotesi non è però esaustiva e successive ricerche stanno tentando di darne conto.

Un approfondimento sui risultati clinici

Un nuovo fronte di ricerca, che prende il nome di *imaging genetics* (cfr. Tairyan e Illes, 2009), lavora alla costruzione di modelli causali multilivello per esempio dell'Alzheimer, del disturbo da deficit di iperattività e attenzione, della depressione, del disturbo ossessivo-compulsivo e della schizofrenia.

Lo studio antesignano sull'Alzheimer, che risale al 2000, metteva in luce, tramite fMRI, che l'attivazione di certe regioni cerebrali variava a seconda del rischio genetico di Alzheimer (Bookheimer *et al.*, 2000) e i risultati sono stati confermati anche con MRI e PET nel 2001 e nel 2007 (Reiman *et al.*, 2001; Reiman, 2007). Alcune forme di malattia di Alzheimer hanno infatti una base genetica, in particolare la malattia di Alzheimer familiare a insorgenza precoce, che viene ereditata in modo autosomico (non è cioè legata al sesso) dominante. Anche le forme sporadiche che rappresentano la stragrande maggioranza dei casi possono avere una base genetica di rischio e il gene più studiato è l'allele E4 del gene che codifica per l'apolipoproteina E (APOE). La presenza di questa variante aumenta il rischio di ammalarsi di Alzheimer di 3 volte negli eterozigoti e di 15 volte negli omozigoti.

Per quanto riguarda la schizofrenia, è stata messa in evidenza la correlazione tra i polimorfismi del gene COMT e la regolazione della dopamina, il neurotrasmettitore collegato a questa condizione, soprattutto a livello delle regioni frontali durante un compito di memoria di lavoro (*working memory*) (Egan *et al.*, 2001). In uno studio condotto per mezzo dell'fMRI su ansia e risposta alla paura, è stato dimostrato che una ridotta efficienza di un allele del gene 5-HTT, collegato alla produzione di serotonina, il neurotrasmettitore implicato nel controllo dell'umore, provocherebbe una risposta maggiore agli stimoli minacciosi nelle regioni cerebrali, come l'amigdala, che producono la paura (Hariri *et al.*, 2005, 2006). Questo tipo di correlazioni che vanno dal gene alla molecola fino alle regioni cerebrali e al fenotipo clinico, sono utili strumenti anche per la ricerca di trattamenti, rivelando in che modo, a più livelli, i pazienti rispondono a un trattamento, sia esso farmacologico o psicoterapico, e quali sono gli effetti sul funzionamento dei meccanismi neurali (per esempio Vyas *et al.*, 2011). Inoltre, le neuroimmagini sono in grado di identificare specifici nodi o aree per gli interventi e sono un indispensabile ausilio alle tecniche di stimolazioni o impianti neurali.

Da questi primi studi sul delirio di Capgras, presto diventati paradigmatici, nasceva l'idea di una *neuropsichiatria cognitiva*, cioè una nuova direzione di ricerca volta a spiegare i fenomeni psichiatrici con mezzi precedentemente usati dalla sola neuropsicologia. Grazie ai dati ricavati da neuroimmagini e al dibattito su questi dati, gli studiosi stanno lavorando a nuovi e più ampi modelli multifattoriali del delirio (come deficit di percezione, *bias* di ragionamento, disturbi delle emozioni, e così via). Tali dati stanno portando, per esempio, a una revisione del concetto di schizofrenia, oggi messo largamente in discussione (per come è stato ereditato dalla tradizione nosologica che risale a Emil Kraepelin ed Eugen Bleuler). Lo stesso discorso vale per i disturbi dello spettro autistico, in particolare per quanto riguarda il deficit della capacità di mentalizzare, ovvero di attribuire stati mentali a sé e agli altri per spiegare e prevedere comportamenti. In questo caso, le ricerche si sono focalizzate sull'attività dei lobi frontali, deputati alle funzioni esecutive e alla cognizione sociale. I sintomi principali della depressione maggiore sono stati collegati, negli ultimi quindici anni, all'incapacità di inibire l'elaborazione degli input di informazione negativa ed è stato documentato come questa incapacità potrebbe dipendere da un disturbo del circuito emotivo che coinvolge il sistema limbico. Il correlato psiconeurale delle dipendenze sembra risiedere, invece, nel meccanismo della ricompensa e della gratificazione, le cui principali strutture sono l'area ventrale tegmentale (VTA), il nucleo *accumbens* e la corteccia prefrontale. Infine, nelle forme più gravi del disturbo post-traumatico da stress sono stati identificati danni neurologici mediante l'indagine radiologica.

Questi dati radiologici, nella misura in cui indicano delle variazioni nel funzionamento di particolari aree cerebrali, rappresentano un ponte di raccordo con le ricerche psicofarmacologiche e quelle genetiche che collegano il segno o il sintomo (un comportamento), ricorrente al livello più alto di descrizione, con il piano molecolare, cioè il più basso dei piani di descrizione rilevante per definire o spiegare anche a livello strutturale e biochimico l'eziologia dei fenotipi comportamentali che possono risultare adattativi o disadattativi.

L'impiego di queste nuove tecniche ha quindi dato nuova spinta alle scienze biomediche sul cervello, sia a livello teorico sia clinico, ma ha trovato applicazione, come vedremo più avanti, anche in campi come quello legale e negli studi sulle basi neurobiologiche della specificità e moralità umane. Tuttavia, le neuroimmagini sollevano spesso dubbi e timori, tanto che alcuni studiosi sono arrivati a chiedersi quanto di esse sia realmente «immagine» e quanto «immaginazione» (Illes e Racine, 2005). O, addirittura, a formulare un'etichetta di condanna per la tendenza emersa dai risultati di queste ricerche: c'è chi parla di «neuromania» (Legrenzi e Umiltà, 2009). La ricerca che sviluppa e utilizza neuroimmagini, e in particolare le interpretazioni dei dati provenienti da queste macchine, rappresenta una sfida sia sul piano epistemologico sia su quello etico (cfr. Corbellini e Sirgiovanni, 2011). Variabilità, trattamento statistico dei dati e difficoltà di interpretazione introducono certamente dei limiti epistemologici nell'uso conoscitivo e pratico delle immagini dinamiche che emergono da mezzi come la fMRI e le tecniche sorelle, e influenzano ovviamente il modo stesso in cui tali immagini dell'attività cerebrale vengono prodotte, elaborate o divulgate. È vero che diversi modelli del funzionamento del cervello sono stati proposti in passato e molti di essi sono risultati piuttosto il frutto dell'immaginazione di neurologi, psichiatri o neuroscienziati che una obiettiva spiegazione della realtà. La storia della scienza è piena di esempi di tal fatta. Un luogo comune sull'fMRI, come è stato detto, è che i dati siano sovrastimati, da critici ed entusiasti al contempo. Che le cose stiano in questo modo non è sorprendente, visto che il cervello non è progettato e organizzato come un computer, ma è piuttosto caratterizzato da una significativa variabilità individuale e da ridondanza funzionale o degeneranza. Vale a dire che, nei diversi individui, l'organizzazione e la fisiologia delle strutture anatomiche non è identica e che strutture con caratteristiche diverse possono svolgere la medesima funzione (Edelman, 1985). Questo fatto che caratterizza la fisiologia del cervello in quanto sistema prodotto dall'evoluzione per produrre e acquisire risposte comportamentali adattative aperte spiega i problemi e le contraddizioni che emergono dagli studi che utilizzano le tecnologie radiologiche e rappresentano non tanto un limite invalicabile nella spiegazione di come il cervello produce le funzioni cosiddette mentali, ma una sfida scientifica decisamente più complessa di altre (Marcus, 2012).

Quello che si sarebbe dovuto imparare dalla filosofia della scienza degli ultimi quarant'anni è che l'osservazione non è così limpida e diretta, come si è a lungo creduto, e che in gran parte è guidata e influenzata dalle teorie. Anche le neuroimmagini, quindi, comportano la manipolazione dei fenomeni e una valutazione anche strumentale dei risultati. Ciò non implica però, come sostengono i critici, che ci troviamo di fronte ad artefatti. Gli stessi critici, peraltro, non arrivano a tale conclusione ragionando sulla modalità con cui la tecnica genera i risultati, ma discutendo la natura dei risultati prodotti, cioè il carattere riduzionistico dell'approccio.

Perché, invece, i ricercatori preferiscono le neuroimmagini? I neuroscienziati seguono linee guida che sono proprie dell'epistemologia della prova tipica del metodo scientifico[13]: l'affidabilità delle tecniche e degli algoritmi di elaborazione dei dati, la consistenza con altri risultati prodotti usando altre metodiche e la coerenza rispetto a una struttura teorica più ampia. Le immagini prodotte da queste tecniche sono nitide e precise. Se i segnali

[13] Cfr. Bechtel, 2002, 2004; Bechtel e Stufflebeam, 2001; Bechtel e Richardson, 2010.

PET o fMRI fossero artefatti non collegati ai processi cerebrali, le prestazioni di più individui con età e morfologie differenti varierebbero o produrrebbero modelli in cui le attivazioni risulterebbero statisticamente distribuite in modo casuale nella corteccia. Cosa che non accade. Inoltre, è diventato di routine confrontare i risultati delle neuroimmagini con i risultati ottenuti mediante tecniche diverse come, a seconda dei casi, gli studi sulle lesioni o il *single-case recording* (lo studio in vivo dell'attività elettrica di singoli neuroni). I dati di neuroimaging raramente compaiono nella letteratura specializzata come unica prova; essi vengono quasi regolarmente integrati e confrontati con approcci teorici anche concorrenti.

2.5 Le neuroimmagini che aprono uno squarcio sugli stati vegetativi

Agli inizi del 2010 un gruppo di neurologi che lavoravano tra Londra e Liegi, guidati a Londra da Adrian Owen e a Liegi da Steve Laurey, pubblicava un articolo sul *New England Medical Journal* in cui si analizzava mediante risonanza magnetica funzionale l'attività cerebrale di 23 pazienti in stato vegetativo e di 31 in stato di coscienza minima. Lo stato vegetativo è definito come assenza di coscienza di sé e del contesto ambientale; la coscienza minima è definita clinicamente come l'andamento fluttuante di risposte indicative in un soggetto di consapevolezza di sé e del contesto ambientale. Lo studio confermava che nel cervello di una persona a cui viene diagnosticata la mancanza di coscienza, che si trovava quindi in stato vegetativo, c'erano alcune aree che si attivano a fronte di stimoli esterni. In secondo luogo, esso dimostrava, per la prima volta, che un paziente in stato vegetativo poteva modulare l'attività cerebrale per comunicare con gli sperimentatori. Si è inoltre rilevato che quasi tutti i pazienti con uno stato di coscienza minima non riuscivano a eseguire i compiti richiesti dagli sperimentatori.

A sollevare particolare scalpore era la conferma di una scoperta già fatta da Owen nel 2006, ovvero la possibilità di comunicare con un paziente con una diagnosi di stato vegetativo. È stato messo a punto un test per suggerire a un paziente belga di 22 anni, che da 5 era in stato vegetativo, di immaginare di giocare a tennis oppure, in alternativa, di concentrarsi sull'interno della sua abitazione, due attività cognitive che coinvolgono differenti aree della corteccia cerebrale e che per i ricercatori avrebbero avuto rispettivamente il significato di «sì» e «no». Alla domanda: «Tuo padre si chiama Alexander?», l'uomo ha immaginato il tennis, rispondendo dunque in modo affermativo. Gli sono stati posti sei interrogativi e a cinque ha risposto con precisione, mentre al sesto non ha reagito. Altri quattro pazienti sottoposti a test analoghi hanno confermato di avere attività cerebrale, ma nessuno ha ottenuto gli stessi risultati del giovane belga.

I risultati sono stati accesamente discussi dai bioeticisti e nei mezzi di informazione per le ricadute a livello della possibilità di migliorare le diagnosi di queste condizioni neurologiche, che si evidenziano particolarmente difficili, soprattutto per il grado di affidabilità delle risposte dei pazienti alle indagini per stabilire in che misura alcuni comportamenti sono semplicemente dei riflessi o sono atti volontari. Se e quando fosse possibile addestrare un paziente a comunicare attraverso la modulazione volontaria del cervello, si potrebbero avere informazioni su ciò che egli prova in quello stato, nonché coinvolgerlo in prima persona in decisioni cliniche che lo riguardano. Lo studio conferma anche quanto previsto da alcune teorie della coscienza, e in questo senso è poco rassicurante.

Infatti, se, come ormai appare chiaro, la coscienza non è un'attività che c'è o non c'è, ma qualcosa che cambia qualitativamente in funzione dei gradi di integrazione di diverse e specifiche aree del cervello che si scambiano segnali, allora i traumi cerebrali che disintegrano le connessioni riducono la qualità della coscienza personale. E tale riduzione, anche sul piano di quel che significa in termini di esperienze, dipende dall'entità del danno. La domanda diventa allora: che cosa vuol dire essere privi di un grado di coscienza che consente di interagire col mondo esterno, ma permette di rispondere anche intenzionalmente a qualche stimolo? Nessuno lo sa. Così come nessuno può negare che questo stato possa costituire una sofferenza, che peraltro non ci si preoccupa di alleviare perché il senso comune assume che se non c'è coscienza, non c'è dolore. Ebbene, proviamo a pensare a quello che ognuno di noi sperimenta quando viene svegliato all'improvviso da un sonno profondo. Il tempo che il cervello impiega a integrare i segnali per renderci consapevoli di dove ci troviamo e di quello che dobbiamo dire o fare è circa 20 secondi. In quel frangente non sappiamo dove ci troviamo o persino chi siamo, nonché proviamo un intenso panico per il senso di spaesamento. Fosse mai che gli stati di disintegrazione della coscienza, che cominciano a essere portati alla luce dalle neuroscienze producessero qualcosa del genere, un elementare ragionamento etico dovrebbe portare a considerare questa condizione di sofferenza non diversa da quella che può patire un malato terminale di cancro, per il quale nessuno mette in discussione il diritto a ricevere cure palliative e non pochi nemmeno il diritto a essere aiutato a morire. In tal senso, gli studi mediante neuroimmagini dei disturbi della coscienza dovrebbero indurre a ripensare l'atteggiamento che sta prevalendo in Italia rispetto alle direttive anticipate. Perché obbligare qualcuno in stato vegetativo a rimanere biologicamente in vita attraverso l'idratazione e l'alimentazione artificiali, che secondo il punto di vista della religione cattolica non possono essere moralmente e legalmente nella disponibilità decisionale della persona, potrebbe significare condannarla a una tortura infernale. I neurologi stessi stimano nell'ordine del 50% le diagnosi cliniche errate riguardanti queste condizioni, per cui, nel campo della neurologia clinica, le ricadute delle neuroimmagini possono assumere grande rilevanza per capire le condizioni di pazienti al momento ritenuti privi di coscienza e per confermare o confutare l'idea che la diminuzione degli stati di coscienza non abbia implicazioni sul piano della sofferenza psicologica.

Uno degli argomenti con cui il filosofo della mente David Chalmers sfidava, a metà degli anni Novanta, i neurobiologi e neuropsicologi impegnati nella ricerca dei correlati neurali della coscienza era che, non disponendo di un «coscienziometro», essi non potevano stabilire per via empirica i processi cerebrali che danno luogo alla coscienza di un determinato soggetto. Siccome la coscienza non si può misurare direttamente, (in mancanza del coscienziometro), andavano esplicitati dei principi di interpretazione in base ai quali poter giudicare se un sistema ha o no coscienza. Chalmers li chiamava «principi ponte pre-sperimentali» e riteneva che dovessero essere formulati in modo da definire dei criteri necessari e sufficienti per ascrivere la coscienza a un dato sistema fisico. Posti questi principi ponte, essi si sarebbero potuti confrontare con i dati empirici, di carattere sperimentale o clinico, per identificare i correlati neurali della coscienza.

Nel frattempo sono state elaborate teorie della coscienza che vanno alla ricerca di conferme empiriche, proponendo indicatori fisici per misurare i livelli di coscienza, dall'assenza completa nella morte cerebrale alla vigilanza estrema durante un'attività molto coinvolgente e impegnativa. Disporre di una teoria validata di questo genere rappresenterebbe per la neurologia un salto qualitativo paragonabile all'introduzione della teoria microbica delle malattie trasmissibili per la medicina e l'igiene. I neurologi che studiano gli stati alterati di coscienza, e in modo particolare gli stati di coma conseguenti a gravi danni cerebrali, utilizzano test che sono spesso di scarso aiuto per fare diagnosi affidabili. La situazione ci si aspetta che migliori proprio grazie alle potenti macchine per l'imaging funzionale.

Per il neurologo belga Steve Laureys, che ha firmato tutti gli studi più eclatanti che hanno messo drammaticamente in discussione la validità dei criteri clinici usati per diagnosticare i disturbi della coscienza, il coscienziometro non sarebbe altro che l'uso delle tecnologie di imaging o scansione dell'attività cerebrale dei soggetti affetti da disturbi della coscienza per apprezzare quantitativamente, e quindi obiettivamente e senza le limitazioni della valutazione soggettiva di un medico, l'entità del danno cerebrale; in altri termini, per misurare la «coscienza residuale» in un paziente con danno cerebrale. Nel saggio conclusivo di un volume intitolato *The Neurology of Consciousness*, Laureys e Giulio Tononi, il neuroscienziato che ha elaborato la prima teoria quantitativa della coscienza, scrivono che, senza una teoria coerente della coscienza che identifichi perché certe strutture e processi danno luogo a quelle forme e contenuti dell'esperienza che caratterizzano appunto la coscienza individuale, i fatti risultano contraddittori e poco utili. Anche per dare un fondamento obiettivo a una neurologia clinica che consenta alle persone di stabilire, attraverso delle direttive anticipate, se vogliono o meno «vivere» a certi livelli di coscienza, poiché, per decidere, bisogna almeno farsi un'idea di che cosa significa esperire livelli ridotti di coscienza.

2.6 L'etica delle neuroimmagini

Le neuroimmagini vengono utilizzate per diversi scopi, che possono avere carattere clinico o conoscitivo. Lasciando da parte le riserve sollevate da chi ritiene che sia inutile cercare l'etica *nelle* neuroimmagini (o che sia illecito condurre studi che rischiano di svilire le idee di libertà e responsabilità), l'uso di neuroimmagini, come per qualunque tecnologia biomedica, deve essere fatto nel rispetto dei valori etici che nelle società democratiche e liberali regolano le scelte a tutela dei diritti fondamentali delle persone.

I principi etici presi a riferimento dall'etica biomedica o bioetica, che ha sostituito l'etica medica di tradizione paternalistica e ispirata dai codici deontologici, sono, come si è visto nel precedente capitolo, il rispetto dell'autonomia decisionale delle persone ritenute capaci di intendere e volere, la non maleficità e la beneficità di qualunque atto medico o pratica sperimentale e la prevenzione di ingiustizie o discriminazioni, di qualunque natura, ai danni delle persone che necessitano di cure mediche o partecipano a sperimentazioni. Dal punto di vista di questi principi valoriali, per quanto riguarda l'uso clinico delle neuroimmagini, si deve sempre prevedere il consenso informato o il rispetto delle direttive anticipate: i pazienti che si sottopongono a un esame clinico che utilizza le neuroimmagini devono essere informati sui rischi e sugli scopi, e, nel caso in cui non siano in grado di decidere – come spesso accade per le situazioni neurologiche o psichiatriche –, si deve procedere decidendo in accordo con i familiari o sulla base di direttive anticipate, se queste esistono, nel miglior interesse del paziente. Una volta rispettato il vincolo del consenso informato, il medico deve assicurarsi che l'esame non causi danni al paziente (per esempio, che il paziente non sia allergico alla sostanza di contrasto, se viene usata, o che non subisca attacchi di panico per le modalità con cui viene fatta l'indagine) e che gli sia di beneficio. La decisione di utilizzare una macchina per le neuroimmagini, e quindi intraprendere una indagine clinica, in una stagione in cui anche i costi della sanità assumono una dimensione etica (nel senso che una spesa eccessiva mette a rischio il funzionamento e la tenuta dei sistemi sanitari universalistici), dovrebbe essere ponderata e giustificata dalla logica del ragionamento clinico e quindi anche dalle prove.

Nell'ambito dell'uso delle neuroimmagini per scopi di ricerca le questioni più discusse riguardano l'obbligo del rispetto della privacy, e il comportamento del ricercatore, in particolare nel caso in cui, durante una scansione del cervello per motivi non clinici, si scopra incidentalmente la presenza di una condizione patologica in atto o *in fieri*. Sarebbe per qualcuno un tema di carattere etico anche l'enfasi eccessiva sul valore conoscitivo delle neuroimmagini: tale enfasi prefigurerebbe aspettative sproporzionate nei confronti di questi mezzi o una percezione distorta dei rapporti tra cervello e comportamenti. In realtà, questa è una discussione di natura più epistemologica, che etica, di cui pensiamo di aver già inquadrato i termini. Ecco comunque alcune domande a cui si è dovuto cercare di rispondere nell'ambito dell'uso delle neuroimmagini per scopi di ricerca. Posto che i dati delle neuroimmagini siano o saranno una «lettura del pensiero» (*mind-readingness*), avere accesso alle attività cerebrali dei soggetti sperimentali può significare un accesso anche ai loro «pensieri» e quindi costituire una violazione della privacy? Come agire nel caso di scoperta accidentale di dati clinicamente rilevanti? Un paziente asintomatico (*unpatient*) che manifesta diminuzione del flusso sanguigno in un'area connessa allo sviluppo di qualche disturbo è malato o no? Va informato di ciò? Chi potrà aver accesso ai dati raccolti nel corso degli studi sperimentali? A tutte queste domande, di fatto, esiste già una risposta: il consenso informato. Vale a dire che le persone che accettano di farsi arruolare in esperiementi psicologici o in studi neurologici che utilizzano le neuroimmagini devono essere informati degli scopi della ricerca e della possibilità che vengano alla luce informazioni di rilevanza personale o sanitaria, e quindi chiedere ai soggetti interessati di anticipare se vogliono essere informati o no, anche in relazione all'uso e all'accesso dei dati raccolti. Di fatto, l'applicazione di queste tecnologie a studi non clinici ha fatto sì che ci fosse una maggiore attenzione al significato diretto che tali risultati possono avere per le persone, anche nella vita di tutti i giorni.

Diversi studiosi di bioetica e neuroetica si sono interrogati sull'ipotesi che le neuroimmagini rappresentino una moda, e che, di conseguenza, la promozione di queste tecnologie di fatto tragga in inganno l'opionione pubblica, da un lato facendo credere che siano più importanti e utili di quello che non sono e, quindi in alcuni casi influenzando operativamente, attraverso i dati elaborati, i giudizi. È, anche questo, un problema etico. Se, per esempio, le neuroimmagini finissero per essere considerate più affidabili di quanto non siano, in alcuni contesti in cui fungono da prove, come per esempio quando vengono utilizzate nei tribunali o nelle diagnosi neurologiche, si potrebbero verificare delle conseguenze indesiderate. Ma vale ancora quanto detto sopra: le neuroimmagini vengono usate in genere come dati clinici o prove insieme ad altri dati e prove. E, almeno nel caso dell'uso delle neuroimmagini nel contesto dei processi penali, c'è prova che la loro influenza sul giudizio espresso dalla giuria, in quanto neuroimmagini, è praticamente irrilevante (Schweitzer *et al.*, 2011).

3
Neuroetica clinica

Le neuroscienze cliniche costituiscono l'applicazione delle conoscenze neuroscientifiche e neurotecnologiche più avanzate e innovative all'ambito delle malattie neurologiche e psichiatriche. La neuroetica clinica, per certi aspetti, non dovrebbe affrontare problemi diversi dalla bioetica clinica in generale, anche se si trova più degli altri ambiti della riflessione bioetica a doversi interrogare sulla capacità dei pazienti di comprendere le informazioni mediche e, per esempio, dare un consenso libero e consapevole: in altre parole, pazienti neurologici e psichiatrici adulti possono non essere in grado di agire come persone autonome e in grado di autodeterminarsi. Un problema non piccolo dato che la bioetica nasce per affermare il diritto delle persone di autodeterminarsi, anche in contesti medico-clinico-sanitari. Inoltre, poiché le neuroscienze consentono di potenziare le capacità di neurologia e psichiatria di intervenire sul cervello umano, ovvero di effettuare atti medici che possono alterare il comportamento e la personalità dei pazienti, l'attenzione per come la neurologia e la psichiatria vengono esercitate dovrebbe essere superiore a quella rivolta ad altre specializzazioni mediche e sollecitata da preoccupazioni speciali. Anche perché neurologia e psichiatria sono state in passato, e ancora sono o possono essere, pesantemente coinvolte in pratiche sperimentali e terapeutiche pericolose e/o discutibili. Come si è anticipato nel primo capitolo, i pazienti affetti da disturbi del comportamento sono stati in passato sottoposti a sperimentazioni o a trattamenti sperimentali eticamente inaccettabili. Inoltre, neurologi e psichiatri hanno collaborato nel contesto di diversi regimi politici, soprattutto dittatoriali, alla caratterizzazione dei dissidenti come soggetti mentalmente disturbati. Infine, all'epoca in cui i primi trattamenti somatici, come la lobotomia, l'elettroshock e gli psicofarmaci, sono apparsi, questi interventi erano inizialmente abbastanza grossolani e forieri di effetti collaterali gravi.

Nondimeno, gli avanzamenti nella comprensione delle basi neurobiologiche e neuropsicologiche dei processi decisionali determina una situazione decisamente ambigua, nel senso che le nuove conoscenze mettono in discussione, come vedremo più in dettaglio nei capitoli seguenti, alcune idee di senso comune che ispirano la costruzione dei giudizi morali. Proprio su queste assunzioni empiricamente infondate o confutate fanno però leva sulle dottrine etiche tradizionali che alimentano i ragionamenti e le discussioni bioetiche.

Ma quali sono le istanze morali che la neuroetica clinica raccoglie dalla tradizione che ha preceduto gli sviluppi più recenti delle neuroscienze e delle neurotecnologie? Gli approcci clinici e sperimentali ai problemi neurologici e psichiatrici implicano una serie di doveri da parte dei ricercatori e dei medici che sono comuni a tutti gli operatori che studiano e intervengono sulle malattie e sulla salute delle persone: l'obbligo di rispettare i diritti dell'individuo all'autodeterminazione, l'obbligo di non fare del male al paziente e di agire con lo scopo di usare le migliori conoscenze e tecnologie per produrre il massimo dei benefici col minimo dei rischi, e, infine, agire in modo da non discriminare i pazienti trattati o sottoposti a sperimentazioni sulla base di considerazioni economiche, sociali, politiche, religiose, di genere ecc. Senza dimenticare che giustizia significa anche utilizzare le risorse e i mezzi allocandoli in modo da garantire, nella maniera socialmente più ampia, livelli essenziali di cura della miglior qualità possibile a tutti. Tuttavia, poiché i pazienti neurologici e psichiatrici possono trovarsi più facilmente di altri con una compromissione della capacità di autodeterminarsi, è essenziale che il medico adotti tutte le strategie disponibili per poter agire nel miglior interesse del paziente, quando questi, a causa della malattia, non è in grado di decidere autonomamente o le sue decisioni sono influenzate dalla sua condizione clinica di natura neurologica o mentale, ovvero i suoi giudizi possono essere anche influenzati da idee di senso comune o luoghi comuni che non hanno alcuna base empirica. Per esempio, il problema del consenso informato si pone nei confronti dei malati neurologici e psichiatrici in una versione particolare rispetto a quanto accade nel resto della medicina: le malattie del cervello possono colpire la capacità di prendere decisioni e rendere quindi il processo di informazione e di comprensione dell'intervento inefficace, dando luogo al problema di chi dovrebbe quindi prendere la decisione sull'intervento. Ciò richiama quanto generalmente sollevato, nella bioetica tradizionale, riguardo al problema delle decisioni nei casi di stati vegetativi persistenti (PVS). Ma interessa anche situazioni in cui persone affette da gravi disturbi psichiatrici o neurologici vengono prese in carico per trattamenti chiaramente non indicati, come nei casi in cui viene proposto l'uso delle psicoterapie per disturbi come l'autismo o i disturbi psichiatrici gravi.

Dall'altro canto, l'incompletezza delle conoscenze sul cervello umano, soprattutto sul versante psichiatrico, determina condizioni di incertezza largamente superiori a quelle incontrate in altri contesti medici, sia sul piano della diagnosi (l'identificazione della malattia) sia su quello della prognosi (la predizione del suo futuro andamento). E quanto più è alta l'incertezza conoscitiva, peraltro in un contesto carico di timori e pregiudizi ideologici in quanto è in gioco un tipo di salute su cui tutti ritengono di saper qualcosa o che basti essere mossi da buone intenzioni, tanto più si rischia la circolazione di idee pseudoscientifiche e pratiche inefficaci se non dannose.

A ogni buon conto, il punto di partenza per qualunque ragionamento etico nell'ambito delle neuroscienze cliniche rimane un confronto aperto con le coordinate tradizionali della bioetica, ovviamente tenendo conto, sempre all'interno di quelle coordinate, delle nuove questioni scaturite dall'uso delle nuove tecnologie. Le nuove neurotecnologie stanno, per esempio, mettendo in discussione il concetto tradizionale di morte cerebrale, la definizione operativa di stati di coscienza e aprendo opportunità nuove sul piano della possibilità di comunicare con pazienti clinicamente diagnosticati in stato vegetativo permanente. Si prefigura, inoltre, per il medico e ricercatore, un ruolo nel creare la possibilità che il potenziamento fisiologico, che per secoli ha riguardato solo gli aspetti fisico-muscolari o fisico-anatomici, interessi anche il comportamento. E quindi che si determini un ampliamento delle condizioni funzionali tradizionalmente ignorate dalla clinica e che vengono percepite o trattate come una riduzione delle normali capacità, ovvero come se fossero disfunzioni da giudicare alla stregua di una malattia. In altre parole, ci troviamo di fronte a un esempio ulteriore del fatto che i confini che dividono la salute dalla malattia sono fortemente influenzati dal contesto.

3.1 Abusi storici, retaggi ideologici e nuove sfide

Mentre quasi nessuno avrebbe da eccepire se si decidesse, con il consenso del paziente, di intervenire per asportare un tumore del cervello che determina un cambiamento della personalità e addirittura comportamenti antisociali o criminosi, se invece si parla di intervenire sul cervello per curare disturbi oggetto di diagnosi psichiatrica, la questione si fa problematica.

Soprattutto in ragione del fatto che alcuni ambiti culturali sono influenzati da un orientamento intuitivamente dualista, sebbene sorretto da sofisticate argomentazioni. Genericamente, dal punto di vista teorico, il dualista pensa che la mente umana sia autonoma funzionalmente rispetto al cervello. Per alcuni in senso radicale metafisico (la mente è un'entità distinta dal cervello); per altri, sul piano delle spiegazioni (se anche la mente è implementata nel cervello, è impossibile capire esattamente come e va quindi indagata separatamente). Dunque, riguardo all'intervento clinico, i dualisti sono portati a credere (non tutti per fortuna) che gli aiuti psicologici (le psicoterapie, la meditazione, le conversazioni con l'amico o con il confessore), o anche gli interventi sociali o politici, siano in ogni circostanza le migliori risorse per ripristinare la completa funzionalità della mente; mentre le azioni biologiche sul cervello (farmaci, stimolazioni, chirurgia), rispetto ai precedenti, sarebbero inutili o rischierebbero addirittura di essere controproducenti poiché incontrollabili.

A livello popolare, meno colto, questa visione si traduce talvolta nell'idea che i disturbi psichiatrici siano solo forme di *akrasia*, «debolezze della volontà», una funzione svincolata dal sostrato biologico e capace di imporsi sugli «automatismi» del cervello. Di qui, lo stigma e la discriminazione diffusa per le persone che ne sono affette, ritenute deboli di carattere o perfino maligne.

Al di là delle radici storico-filosofiche, ma soprattutto psicologico-evolutive del dualismo mente/cervello, su cui torneremo negli ultimi capitoli, è utile ricordare schematicamente alcuni dei fatti che hanno creato una percezione negativa degli interventi effettuati sul cervello per trattare i disturbi del comportamento. Anche se il dualismo è oggi epistemologicamente e scientificamente indifendibile, va tenuto conto che l'idea di una dualità di sostanza, da un lato la mente e dall'altro il corpo o cervello, ha consentito, alla fine del Settecento, la nascita della psichiatria, come studio clinico delle disfunzioni della mente o dell'erronea associazione di idee che si potevano creare attraverso esperienze disturbate. Gli assunti dualisti hanno reso possibile pensare, e quindi favorito, la diffusione di trattamenti, inizialmente definiti «morali» per distinguerli da quelli fisici, che in parte limitavano l'uso e l'abuso delle costrizioni e delle manipolazioni fisiche per curare i disturbi del comportamento (Corbellini e Jervis, 2008). Dunque non è incomprensibile il modo in cui, nell'immaginario storico-culturale, sono state elaborate e giudicate le prime pratiche psicochirurgiche e gli iniziali trattamenti somatici dei disturbi mentali (inclusi i primi psicofarmaci, equiparati a «camicie di forza chimiche»): fa parte della tradizione psichiatrica, e da questa è migrato con successo tra gli umanisti, l'assunto che si può spiegare e trattare il disturbo mentale senza tirare in ballo il cervello o qualsivoglia intervento che lo chiami in causa. A seguito della localizzazione neuroanatomica di alcune funzioni comportamentali, e nel contesto delle concezioni materialistiche e modulari prevalenti in ambito psichiatrico nella seconda metà dell'Ottocento, già nel 1888, lo psichiatra svizzero Gottlieb Burckhardt eseguiva per la prima volta la topectomia, cioè la recisione dei lobi frontale, temporale e parietale in alcuni pazienti affetti da una condizione psicotica che anni dopo sarebbe stata chiamata schizofrenia. La topectomia venne presto abbandonata, ma, dopo la caratterizzazione nel 1909 da parte di Korbinian Broadmann dell'organizzazione citoarchitettonica della corteccia cerebrale, tornò in auge e venne praticata su numerosi pazienti con disturbi ossessivo-compulsivi e depressioni gravi, concentrando gli interventi sulle aree frontali 9 e 10 di Brodmann (1949).

La psicochirurgia prendeva però piede nella forma della leucotomia, introdotta dal neurologo Egas Moniz (1937), che fu anche insignito per questa invenzione del Nobel per la medicina e fisiologia nel 1949. L'operazione, che Moniz praticava affiancato dal collega Almeida Lima, consisteva nel distruggere le fibre afferenti ed efferenti ai lobi frontali, trapanando il cranio e iniettando etanolo. La lobotomia venne effettuata in diverse varianti e senza alcun rispetto per la dignità dei pazienti e delle persone; il contesto etico in cui veniva praticata la medicina era certo diverso da quello odierno e i medici che si erano formati dopo la rivoluzione medico-scientifica della seconda metà dell'Ottocento erano divisi tra chi seguiva il precetto ippocratico *primum non nocere* e chi, eccitato dai progressi in corso, adottava l'adagio *melius anceps remedium quam nullum* (meglio far qualcosa che niente).

La psicochirurgia produsse effetti tragici soprattutto negli Stati Uniti, quando il neurologo statunitense Walter Freeman, dopo aver interrotto il rapporto con il collega neurochirurgo James Wattes, con il quale aveva raffinato la tecnica di Moniz e Lima, introdusse la *lobotomia* frontale trans-orbitale (Freeman, 1948), un danneggiamento del lobo frontale per mezzo di uno strumento simile a un rompighiaccio introdotto dalla cavità oculare, che prevedeva un precedente trattamento elettroconvulsivante come anestesia. La relativa semplicità della procedura aveva determinato che Freeman conducesse le lobotomie senza la presenza di un neurochirurgo, facendo sì che questa pratica si diffondesse in forma ambulatoriale, cadendo non solo nelle mani di non chirurghi, ma perfino di non medici.

Dopo le prime soddisfazioni per il fatto che la psicochirurgia frontale eliminava i sintomi più evidenti dei disturbi mentali, in particolare le manifestazioni deliranti e le forme maniaco-depressive, l'efficacia della lobotomia cominciò a essere messa in dubbio: le indicazioni cliniche risultavano vaghe, mentre ci si rendeva conto anche degli effetti collaterali (apatia, mancanza di risposta agli stimoli, diminuzione dell'attenzione, emotività inappropriata e disinibizione), senza trascurare i casi in cui tali effetti si rivelavano letali. Del perché si abusò della psicochirurgia, va menzionata almeno una motivazione lampante: la lobotomia, in un'epoca di assenza di trattamenti farmacologici, diminuiva gli ingenti costi dei manicomi e consentiva ai pazienti che li affollavano di essere in qualche modo reinseriti nelle loro famiglie (Mashour *et al.*, 2005).

Che cosa è rimasto della psicochirurgia oggi? Di fatto, nei paesi occidentali, viene praticata in casi rarissimi: principalmente per trattare i disturbi ossessivo-compulsivi più gravi, attraverso la cingolotomia anteriore, con risultati non garantiti, o per altri disturbi psichiatrici gravi, come la depressione o il disturbo d'ansia generalizzato, per i quali si interviene chirurgicamente sulle strutture del sistema limbico, implicate nel controllo delle risposte emotive. In Cina, India e Russia la psicochirurgia è utilizzata per trattare la tossicodipendenza e altre malattie, non senza diffidenza da parte dell'Occidente. In Cina, in particolare, è largamente indicata e praticata per quasi tutte le malattie mentali e senza alcuna regolamentazione, cioè senza che sia previsto alcun consenso informato, o raccolta di casistiche (Zamiska, 2007).

Un'altra tipologia di trattamento, che si diffuse tra le due guerre e che è spesso menzionata come esempio negativo di questi approcci alle malattie mentali, che fanno uso dell'intervento diretto sul cervello, furono le shockterapie. Partendo dalla constatazione che le persone colpite da epilessia sembravano non ammalarsi di altri disturbi del comportamento, lo psichiatra ungherese Ladislaz von Meduna ipotizzò che se si fossero indotte artificialmente scariche epilettiche nei pazienti psichiatrici, se ne sarebbero guariti i sintomi. Allo scopo, nel 1934, Von Meduna utilizzò un derivato della canfora, il cardiazolo, mentre l'anno prima lo psichiatra di origini austriache Manfred Sakel aveva pubblicato incoraggianti risultati sull'uso dell'insulina per provocare un coma con relativi accessi epilettiformi. I medici italiani Lucio Bini e Ugo

Cerletti introdussero, nel 1938, l'uso di scariche elettriche, cioè inventarono ciò che oggi conosciamo come elettroshock, che prima diverrà un trattamento elettivo per larga parte delle malattie psichiatriche e, in seguito, a partire dagli anni Sessanta e sull'onda delle critiche politiche alla psichiatria biologica, si trasformerà nel simbolo, soprattutto letterario e cinematografico, degli interventi della medicina psichiatrica dell'epoca (Corbellini e Jervis, 2008). Se non vi è dubbio che l'elettroshock fu inizialmente usato senza che le indicazioni cliniche fossero chiare e in condizioni di rischio; è vero anche che successivamente venne perfezionato e oggi è utilizzato senza alcun rischio o sofferenza per il paziente, ottenendo la remissione dei sintomi in gravi forme depressive con idee suicide e resistenti ai farmaci.

L'accesa contestazione negli anni Sessanta e Settanta contro l'uso di trattamenti fisici venne alimentata dalle dimostrazioni della neuromodulazione (attraverso un dispositivo impiantato si agisce sull'attività elettrochimica del sistema nervoso) del toro da parte di José Delgado a Cordoba nel 1965, di cui si è già parlato nel primo capitolo. Nello stesso anno il medico portoghese scriveva un articolo in cui prefigurava una «società psicocivilizzante» attraverso mezzi analoghi (Delgado e Anshen, 1969). Inoltre, nel 1970, veniva pubblicato un testo, da parte di Vernon Mark e Frank Ervin, intitolato *Violence and the brain* (*Violenza e cervello*), che imputava il comportamento violento al malfunzionamento del sistema limbico e suggeriva la neurochirurgia come intervento risolutivo per il problema (nei prossimi capitoli torneremo su quanto si pensa oggi su cervello e comportamenti violenti). Tre anni dopo, a un detenuto che venne convenzionalmente chiamato «John Doe», internato per l'omicidio di una donna e per violenza sessuale sul suo cadavere, veniva offerta e praticata una procedura psicochirurgica a scopo di ricerca: veniva asportata l'amigdala nel sistema limbico per comparare quest'intervento con l'effetto inibente sul testosterone di un farmaco (il ciproterone acetato, CPA). Il detenuto querelò il Dipartimento di Salute mentale dello Stato del Michigan in quanto, pur avendo sottoscritto un consenso informato, la sua condizione di detenuto metteva in discussione l'effettiva volontarietà del consenso, previsto, per esempio, dal Codice di Norimberga. Il caso riscosse larga attenzione da parte dell'opinione pubblica.

Nel 1975 si raggiunse il culmine dei luoghi comuni sulle minacce rappresentate dagli interventi di contenimento psichiatrico con il film di Milos Formann, *Qualcuno volò sul nido del cuculo*. Il lungometraggio era in sintonia con l'idea antipsichiatrica e politica che la malattia mentale fosse una mera questione di «etichettamento sociale», utilizzata intenzionalmente allo scopo di recludere quelle persone che si collocano in modo trasgressivo al di fuori di una norma convenzionalmente definita. L'uso dei farmaci, dell'elettroshock e della lobotomia non veniva rappresentato in relazione al trattamento di condizioni patologiche, differenziando gli interventi medicalmente indicati dagli abusi, e comunque all'interno dell'assunzione che esistano dei disturbi del comportamento, che sono malattie, cioè condizioni disfunzionali e di sofferenza per chi le manifesta e talvolta rischiose per chi entra in relazione con il malato. Il messaggio era che questi interventi venivano usati per reprimere o eliminare comportamenti al di fuori degli schemi convenzionali socialmente accettabili: un'idea ancora radicata tra chi si nutre di pregiudizi antiscientifici, ma che non corrisponde al vero.

Nel frattempo, però, erano entrati in campo gli psicofarmaci, che hanno cambiato la percezione pubblica della malattia mentale, aprendo alle prime efficaci possibilità di intervento e offrendo la speranza della cura. La «rivoluzione degli psicofarmaci» si è articolata in tre periodi facilmente distinguibili (Ban, 2001). Il primo è quello dei primi sedativi, che ha avuto inizio con la sintesi e l'uso, da parte di Alexander Wood, della morfina (1855) per il dolore nevralgico, a cui seguirono il bromuro di potassio (1857) per le convulsioni epilettiche, il cloralio (1869) per l'insonnia, la scopolamina o ioscina (1880) per l'agitazione psicomotoria, e, infine, il primo barbiturico, cioè il barbital (1903). Il secondo periodo riguarda lo sviluppo e la diffusione di massa dei barbiturici, che per cinquant'anni hanno dominato il trattamento dell'insonnia, ma che comprende anche l'uso dell'insulina dal 1920 per la stimolazione dell'appetito, la sedazione e il trattamento della schizofrenia, o l'utilizzo delle anfetamine, già sintetizzate nel 1887, per trattare la narcolessia (1935) e l'iperattività infantile (1937), e ancora la scoperta degli effetti del litio sugli stati maniacali (1949). Il terzo periodo nella storia degli psicofarmaci inizia negli anni Cinquanta con i primi «farmaci psicotropi», termine coniato dal neurofisiologo Ralph Gerard nel 1957, tra i quali la clorpromazina (1952) per la schizofrenia, la reserpina (1954), inizialmente usata per trattare l'ipertensione e risultata efficace per curare alcune psicosi, la imipramina e l'isoproniazide (1957) per la depressione. Questa fase si estende fino a oggi e alle nuove generazioni di neurolettici, ansiolitici e antidepressivi sviluppati a partire anche da teorie sui possibili meccanismi eziologici di schizofrenia, ansia e depressione.

La storia degli psicofarmaci si intreccia con quella delle sostanze stupefacenti. Le droghe moderne nascono come psicofarmaci: si è detto della sintesi e dell'impiego clinico delle anfetamine che sono presto diventate droghe d'abuso come potenti stimolanti; e poi l'eroina sintetizzata nel 1897 dal chimico tedesco Felix Hoffman come farmaco per ridurre gli effetti di dipendenza dei pazienti curati con morfina; senza dimenticare l'LSD-25 (poi LSD), sintetizzata a scopo medico dal chimico svizzero Albert Hofmann nel 1938. La diffusione sempre più generalizzata delle droghe a scopi ricreativi nei paesi occidentali, a partire dal legame tra psichedelia e cultura *hippie* giovanile negli anni Sessanta, è stato un fenomeno sociale parallelo alla diffusione del consumo di psicofarmaci. Al di là delle differenze nell'atteggiamento che le società nutrono verso il consumo di sostanze psicoattive (in base alle restrizioni imposte dalla differenziazione fra sostanze legali e illegali), a essere di interesse neuroetico non è solo il problema dell'utilizzo di queste sostanze al di fuori di motivazioni di carattere clinico, quanto i cambiamenti e i danni a cui l'uso generalizzato di sostanze psicoattive (spesso su auto-prescrizione e senza controllo clinico) può portare non solo agli individui che le consumano, ma anche alle dinamiche relazionali all'interno delle famiglie, nei luoghi di lavoro e, in generale, sul piano del funzionamento della società nel suo insieme.

3.2 Le frontiere della neurochirurgia e della neuroingegneria

Dalle aspirazioni, maturate sempre negli anni Sessanta e dal tenore inizialmente fantascientifico, di riuscire a controllare fisicamente il funzionamento del cervello attraverso lo sviluppo di protesi meccaniche in grado di riparare o potenziare funzioni, si è oggi arrivati molto vicini all'«uomo bionico», dotato di arti meccanici, impianti di *chip* computerizzati o stimolazione elettrica dei neuroni, nell'ottica di migliorare la vita dei pazienti affetti da disturbi del sistema nervoso centrale e periferico. Basterà citare lo sviluppo nella ricerca di neuroprotesi e di sistemi automatici di interfaccia uomo-macchina, grazie ai quali persone con gravi disturbi motori sono in grado, attraverso la propria attività cerebrale, di controllare strumenti esterni per la compensazione funzionale dell'attività dei propri arti[1].

Ma sono gli impianti neurali, oggi in grado di intervenire dall'interno sulle neuromodulazioni di meccanismi cerebrali deficitari, a richiamare l'attenzione della riflessione etico-filosofica. Parliamo della stimolazione cerebrale profonda (DBS) per i disturbi motori, della stimolazione del nervo vago (VNS) per l'epilessia e della stimolazione magnetica transcranica (TMS) per i disturbi motori e per alcune forme di depressione grave. Queste tecniche vengono impiegate a stretto contatto con le tecniche che monitorano l'attività cerebrale, dall'elettroencefalogramma (EEG) alle neuroimmagini funzionali come PET e fMRI. Le neuroimmagini non sono solo uno strumento di ausilio e monitoraggio delle stimolazioni neurali: il loro impiego è fondamentale per comprendere quali sono le strutture su cui le neuromodulazioni devono intervenire.

La DBS (*Deep Brain Stimulation*), per esempio, è una tecnica di neuromodulazione molto discussa che prevede l'impianto nel cervello (generalmente all'interno del globo pallido o nel nucleo subtalamico) di un elettrodo, della grandezza di un ago, con

[1] Nel luglio 2009, il *Journal of Neurosurgery* ha dedicato un numero speciale allo sviluppo delle BMI (*brain-machine interfaces*).

quattro contatti che portano a un generatore di impulsi. La neuromodulazione dell'elettrodo avviene mediante un computer. La DBS viene impiegata per trattare i gravi sintomi motori di malattie neurologiche come il Parkinson, la sindrome di Tourette, la distonia e il tremore essenziale, e viene oggi testato, con non poche remore etiche, per disturbi psichiatrici come la depressione grave, le tossicodipendenze, e perfino per l'obesità (Clausen, 2010). Seppur efficace clinicamente, esso ha mostrato, nei pazienti con disturbi motori, effetti collaterali tutt'altro che trascurabili: oltre a esporli a disturbi dell'umore, la DBS sembra ridurre la percezione del rischio e indurre a comportamenti avventati quali il gioco d'azzardo o forme di sessualità particolarmente disinibite. Si tratta di effetti che si manifestano anche con la psicofarmacoterapia del Parkinson e che si collegano al meccanismo neurale coinvolto sia nella percezione del rischio sia nel controllo motorio. I difensori della DBS, tuttavia, fanno presente che l'operazione è completamente reversibile; l'estrazione dell'elettrodo permette un ritorno alla condizione precedente.

La neurotecnologia che recentemente ha prodotto i risultati più interessanti e che, per la sua non invasività, viene accolta con maggiore favore per il trattamento di malattie neurologiche e psichiatriche è la stimolazione magnetica transcranica o TMS (Steven e Pascual-Leone, 2006). Si tratta di un generatore di corrente collegato a una sonda stimolante (*coil*), che viene applicata dal medico o dallo sperimentatore al cranio del paziente. Il dispositivo genera un campo magnetico che induce una seconda corrente con effetti di neuromodulazione sul cervello del paziente (depolarizzazione dei neuroni). Sia i cambiamenti nel cervello del paziente sia la sonda possono essere monitorati in tempo reale. La TMS è stata sviluppata da un gruppo dell'Università di Scheffield nei primi anni Ottanta sulla base dei principi dell'elettromagnetismo scoperti da Michael Faraday nella prima metà dell'Ottocento ed è oggi principalmente usata in neurofisiologia clinica, in particolare sulle vie neurali motorie, per attenuare i gravi sintomi motori di disturbi come il Parkinson e l'epilessia. Di recente, si sta riponendo speranza nella TMS per la cura di forme molto gravi di depressione in pazienti resistenti a trattamenti farmacologici, posizionando la sonda all'altezza della corteccia prefrontale dorsolaterale sinistra (Janicak *et al.*, 2010).

Attualmente, effetti diretti sulle strutture profonde non sono ancora possibili; la stimolazione transcranica è infatti ristretta a strati superficiali del cervello, non più di 2-3 cm dalla superficie del cranio. Non sono inoltre ancora del tutto noti i precisi meccanismi che soggiacciono agli effetti della TMS sul cervello. C'è chi suppone che questa tecnica induca inibizione corticale e chi sostiene che amplifichi l'attività di sfondo o che interrompa la relazione temporale tra neuroni. Per quanto riguarda la depressione, due sono le ipotesi concorrenti: che la TMS stimoli il rilascio di neurotrasmettitori ritenuti coinvolti nei disturbi dell'umore (serotonina, noradrenalina e dopamina) o che potenzi la plasticità neurale (Murphy *et al.*, 2009). Oltre ad applicazioni cliniche, la TMS è un utile strumento di ricerca per comprendere il funzionamento cognitivo (Bailey *et al.*, 2000; Sandrini e Manenti, 2009). La stimolazione magnetica transcranica, infatti, può indurre cambiamenti nel comportamento che costituiscono prove empiriche per confutare o corroborare le ipotesi sui meccanismi sottostanti all'uso del linguaggio, al riconoscimento facciale, all'apprendimento e alla memoria. Il numero di studi che usano la TMS è in costante crescita. Una pubblicazione recente, di cui torneremo a parlare, per esempio, mette in luce la capacità di intervenire tramite TMS sul ruolo delle credenze nei giudizi morali (Young *et al.*, 2010).

Un'altra modalità di intervento sulle funzioni nervose centrali è la stimolazione del nervo vago (VNS). Il nervo vago (o nervo cranico X) è uno dei nervi del sistema parasimpatico, che si estende dal tronco encefalico fino all'addome attraverso il foro giugulare ed è deputato principalmente alla regolazione di funzioni autonome come quelle cardiache o gastriche. Attraverso le sue connessioni a una struttura del tronco encefalico che riceve e porta informazioni sensoriali (il nucleo del tratto solitario, NTS), questo nervo ha proiezioni verso molte aree cerebrali coinvolte in disturbi neuropsichiatrici, dalla corteccia prefrontale e orbitofrontale fino addirittura all'amigdala, il centro delle emozioni (George *et al.*, 2000). Una delle proiezioni del nervo vago riguarda, infatti, un nucleo nel tronco encefalico (*locus ceruleus*, o LC) che, se lesionato, impedisce alla VNS di intervenire sulle crisi epilettiche, per le quali questa tecnica è in commercio in Europa sin dal 1994 e negli Stati Uniti dal 1997. La VNS sembra efficace anche per il trattamento della depressione grave resistente ai farmaci (Sackeim *et al.*, 2001), ma il problema dell'impianto, come nel caso della DBS, crea scetticismo a riguardo. Esistono infatti vari tipi di VNS, ma generalmente la stimolazione avviene nella parte sinistra del nervo vago attraverso l'impianto di un dispositivo commerciale detto sistema NCP (*NeuroCybernetic Prosthesis*), che è qualcosa di simile a un pacemaker cardiaco, cioè un generatore subcutaneo di segnali elettrici verso un organo attraverso l'elettrodo impiantato. Nel caso della VNS, il generatore è impiantato nella guancia sinistra e connesso a livello subcutaneo a un elettrodo avvolto al nervo vago all'altezza della carotide. La programmazione dell'NCP, come per la DBS, avviene dall'esterno, attraverso un computer.

La ricerca sugli impianti neurali è controversa, tanto più se si evoca la parola «controllo» in relazione al loro uso: le operazioni espongono i soggetti al rischio di lesioni cerebrali, a effetti indelebili sulla cognizione, sul comportamento e sulla percezione di sé stessi, per cui il contesto che le può motivare, per esempio quello militare, può renderle cariche di sospetto e di responsabilità.

Oltre agli impianti elettronici, che vanno oggi per la maggiore, si profila all'orizzonte la possibilità di trapianti cellulari. Sin dai loro primi passi, nelle scienze neurologiche, vi è stata la speranza che un giorno le cellule neuronali potessero essere riparate o rimpiazzate. In particolare, ciò riguarda tutte quelle condizioni, cosiddette neurodegenerative (come l'Alzheimer, il Parkinson, la malattia di Huntington, la sclerosi laterale amiotrofica o la sclerosi multipla), caratterizzate da un deterioramento progressivo di specifiche popolazioni di cellule del sistema nervoso centrale e da una conseguente e gradualmente crescente disabilità in domini che vanno dall'esercizio di capacità fisiche, per esempio quelle motorie, all'esercizio di funzioni cognitive. A queste condizioni è dedicata grande presenza mediatica anche nel nostro Paese: l'alta percentuale di popolazione anziana fa registrare un incremento incidenziale delle malattie collegate all'invecchiamento (come

Alzheimer e Parkinson), mentre le iniziative a carattere filantropico che promuovono l'investimento nella ricerca richiamano l'attenzione su altre condizioni degenerative (SLA e sclerosi multipla). Oggi non esistono cure per queste malattie, ma solo farmaci che, in alcuni casi, ne rallentano il tragico e inevitabile decorso. I programmi di innesto neurale (*neural grafting*) costituiscono una delle promesse future (cfr. Barker e Coles, 2011), anche se le prospettive di successo appaiono al momento lontane. Nella maggior parte dei casi, questi programmi di ricerca si concentrano sulla riparazione dei tessuti.

Gli studi clinici di neurotrapianto sono avanzati soprattutto nella ricerca sul Parkinson: si ipotizza l'impianto di neuroni dopaminergici nella zona della sostanza nera, a fronte della degenerazione dei neuroni che producono appunto dopamina e agiscono sullo striato. I primi impianti sono stati testati trent'anni fa in Svezia e, sebbene questi studi mostrassero che la procedura era abbastanza sicura, il successo ottenuto con la DBS rese poco interessante la ricerca. Inoltre, la mancanza di significativi miglioramenti iniziali nei pazienti ne decretò una generale condanna (Boseley, 2001).

La prospettiva della rigenerazione del cervello mediante neurotrapianto non è superata (Barker e Coles, 2011). Nella discussione etica riguardante queste ricerche, la preoccupazione che viene sollevata, più di quella dei rischi a cui va incontro il paziente, concerne l'origine dei tessuti, che finora sono stati ricavati da feti ottenuti dalle interruzioni chirurgiche di gravidanza: alcune religioni e dottrine morali contrarie all'aborto condannano questi interventi. Con gli sviluppi della ricerca sulle cellule staminali la discussione si è spostata sulla possibilità di usare queste cellule e se sia preferibile un impianto da cellule adulte o fetali, ovvero da cellule embrionali o da linee cellulari pluripotenti indotte. Le cellule staminali sono una grande promessa per i programmi di impianto neurale legati alle malattie neurodegenerative: la potenzialità sta nella loro capacità di dividersi, differenziare e propagarsi, e quindi di rigenerare i tessuti. L'utilizzo delle cellule embrionali è evidentemente oggetto di critiche da parte di orientamenti religiosi e dottrine morali che attribuiscono agli embrioni lo status di persone e quindi non ammettono la distruzione o la creazione di embrioni per derivarne linee cellulari da studiare ed eventualmente utilizzare in vista di trattamenti rigenerativi. In Italia, e in altri paesi con una forte presenza istituzionale o sociale di istanze religiose, il dibattito si è polarizzato ideologicamente sul tipo di cellule staminali eventualmente da usare, lasciando in secondo piano le questioni etiche che riguardano i diritti dei pazienti che si trovano a sottoporsi a trapianti cellulari sperimentali o terapeutici. Accanto all'intrinseca difficoltà di valutare in modo obiettivo il rapporto rischi/benefici, le malattie neurologiche e psichiatriche spesso comportano nei pazienti che necessitano di impianto la parziale o significativa incapacità di scelta e valutazione delle informazioni necessarie al consenso, non sempre stimabile in modo chiaro.

Speranze nel settore dei neurotrapianti vengono da uno studio recente. Un gruppo di ricercatori dell'Università del Wisconsin (Weick *et al.*, 2011) ha effettuato il trapianto di neuroni derivati da cellule embrionali umane nel cervello di topi e ha dimostrato che possono adattarvisi. Gli studiosi hanno osservato le interazioni tra due tipi cellulari in vivo (ovvero dopo un trapianto), hanno stimolato con la luce i neuroni umani in coltura (che erano stati «allenati» ad accendersi a seguito di stimoli luminosi) e osservato l'attività neuronale nelle cellule del topo: il fenomeno si verificava anche in direzione opposta (con effetti di propagazione di attività dal topo all'umano).

Un settore emergente è anche quello caratterizzato dalla convergenza tra neuroscienze e nanotecnologie (Khushf, 2011), cioè dalla possibilità di intervenire su sistemi materiali al livello delle componenti di grandezza nanometrica (1-100 nm, cioè $10^{-9} \div 10^{-7}$ m) grazie alla creazione di materiali funzionali, sistemi e dispositivi che sfruttano proprietà e fenomeni che si riscontrano a questa scala di grandezza. La «nanomedicina» cioè la nanotecnologia applicata alle scienze biomediche non è che uno dei settori in cui questo tipo di tecnologie hanno impiego con possibilità di impatto sociale. La ricerca nel campo della salute è ancora preliminare e prevalentemente su culture di cellule sperimentali o su modelli molecolari. I risultati sugli effetti *in vivo* sul sistema nervoso centrale rimangono carenti e in prospettiva dovrebbero riguardare soprattutto l'uso di nanoparticelle per una migliore diffusione dei farmaci (Sharma, 2007). Delle nano-neuroscienze vengono soprattutto presentati aspetti positivi, come l'idea di agire su bersagli biologici molto definiti per diagnosi e terapie sempre più sofisticate e precise, e ciò è recepito con gran favore dall'opinione pubblica. Si discute anche dell'uso di nanotecnologie per sviluppare nanodispositivi in grado di migliorare l'interfaccia tra sistema nervoso e apparati computazionali elettronici disegnati per controllare o inviare impulsi nervosi che potrebbero riparare o compensare lesioni a sistemi motori, visivi ecc. Ovviamente sussistono anche timori che derivano, come per tutte le biotecnologie più recenti, dalla scarsità delle conoscenze in questo settore allo stato attuale e quindi dalla difficoltà di monitorare le nanoparticelle e di controllarne gli effetti a catena nell'organismo[2].

3.3 L'etica delle neuroscienze cliniche alla luce dei dati empirici

L'intervento sul cervello in generale mette in luce una preoccupazione che travalica la mera questione del danno e della possibilità di incorrere in una disabilità cognitiva permanente: se intuitivamente e illusoriamente ognuno si percepisce più o meno come un sé immateriale, sappiamo anche che il cervello produce personalità, e che interventi di qualsiasi forma e tipo possono provocare cambiamenti alla personalità e potenzialmente all'identità personale. Intervenire per curare una disfunzione cognitiva può causare forme insopportabili di disagio psichico nel paziente. Il romanzo autobiografico del 2009 *Deep in the Brain: Living with Parkinson's Disease* (*Nel profondo del cervello: vivere con il Parkinson*) ha sollevato nel resto d'Europa una intensa discussione su questi temi. Il sociologo sessantenne Helmut Dubiel racconta il travaglio della sua decisione di farsi estrarre il dispositivo DBS,

[2] Un documento in questo senso è stato prodotto in Italia dal Comitato Nazionale per la Bioetica nel giugno 2006.

al cui impianto si era sottoposto per curare i sintomi del Parkinson, malattia da cui è affetto da quando aveva 46 anni. Motivo: non si sentiva più sé stesso. In un articolo successivo (Dubiel, 2011), egli rivendica il rispetto all'autodeterminazione anche per pazienti affetti da malattie neurologiche incurabili.

Ma da che cosa dipendono, in ultima istanza, l'autonomia e il consenso, se non dalle condizioni di funzionamento del cervello? Nell'effettuare un trattamento sul cervello (indipendentemente da come avviene, se tramite psicoterapia, ipnosi, farmaco, impianto o azione di un dispositivo), come bisognerebbe allora comportarsi? Che cosa significa che un trattamento effettuato sul cervello dovrebbe garantire la persistenza dell'identità del paziente? L'idea di identità personale traduce una serie di caratterizzazioni intuitive di ciò che siamo soliti chiamare «io»[3]: chi siamo, che cosa significa essere una *persona*, che cosa significa per una persona *esistere* ed essere la *stessa* persona nel corso del tempo, che cosa ci permette di dire «questo sono io», come facciamo a sapere chi è chi e così via (Olson, 2010). Molti filosofi hanno sostenuto che la persistenza dell'identità personale è possibile sulla base della continuità psicologica, cioè della «sedimentazione» di stati mentali come credenze e memoria autobiografica, mentre altri che dipende da fatti somatici, come la continuità dell'esistenza del proprio corpo o parti di esso (cervello, impronte digitali, DNA). Ma l'identità è davvero una condizione persistente? E in che senso si ritiene che la persistenza dell'identità sia condizione necessaria al benessere del paziente? Insomma: l'io è davvero unico per tutta la vita? Questa nostra intuizione spontanea di unicità interiore è vera?

La continuità dell'identità è soprattutto un'esperienza fenomenica che consiste nel percepire il proprio io esteso nel tempo, in cui un ruolo decisivo è svolto dalla combinazione tra memoria autobiografica e capacità di integrazione epistemica su sé stessi

[3] L'uso comune vede «io» e «persona» come coincidenti. In realtà, «persona», termine che ha una valenza soprattutto giuridica, si riferisce appunto alle dimensioni pubbliche e sociali di ciò che siamo soliti chiamare «io», che si riferisce all'esperienza che il soggetto ha di sé stesso, il Sé dell'autocoscienza.

che vengono portate alla coscienza dal cosiddetto sé narrativo, il nostro discorso interiore. Fondamentale infatti per la costruzione dell'identità nei bambini è la funzione svolta dall'acquisizione del linguaggio. Pazienti con deficit della memoria episodica, come quello di Tulving descritto nel capitolo precedente, sono in grado di esperire una continuità fenomenologica del proprio «io». Ora, la capacità di elaborare stimoli autoreferenziali per la costituzione di un modello del sé sembra essere localizzata in strutture corticali della linea mediana, come corteccia prefrontale mediana, dorsomediana e cingolo anteriore e posteriore (Northoff e Bermpohlm, 2004). Che questi studi abbiano ragione o no, resta il fatto che la costruzione di un modello del sé è basata sull'autoconoscenza e sull'autorappresentazione, che in genere vengono condotte con un'analisi introspettiva in prima persona. Ma, in questo modo, ci conosciamo veramente? La risposta a questa domanda è complessa e va oltre gli scopi di questo capitolo, ma la più plausibile è: no, non siamo trasparenti a noi stessi. Per lo più ci raccontiamo qualcosa e soprattutto ci autoinganniamo sistematicamente per nascondere a noi stessi la frammentarietà e contraddittorietà dei processi che governano i nostri comportamenti, ma soprattutto per ingannare nel modo più efficace ed efficiente possibile gli altri (Trivers, 2011).

Prima di chiedersi se esista una coscienza di sé unificata, bisognerebbe però stabilire se la coscienza, nel senso in cui viene comunemente definita, esiste davvero, cioè che cosa sia effettivamente l'esperienza che chiamiamo «coscienza». In molti hanno messo in dubbio che la coscienza, per come la intendiamo sulla base dell'introspezione, esista: si pensi ad autori come Paul Churchland o Daniel Dennett. Molte concezioni nell'ambito della filosofia della mente sembrano poi andare contro l'intuizione fondamentale che la nostra identità sia la stessa nel corso del tempo (Derek Parfit, Daniel Dennett), cioè che esista un solo io per tutta la vita. Per dirla in breve: non siamo gli stessi per tutta la vita, ma ci illudiamo di esserlo. Dati empirici, per lo più provenienti da disturbi neurologici e psichiatrici (blindsight, neglect, anosognosia, split-brain, ma anche studi sugli stati alterati di coscienza) sembrano confermare questa ipotesi (cfr. Di Francesco e Meini,

2010). Tuttavia, è indubitabile che l'esperienza di una coscienza unitaria, anche se illusoria, abbia una funzione strumentale importante per la salute mentale e per la condotta morale. I disturbi psichiatrici connessi alla costruzione dell'identità (per esempio, il disturbo dissociativo dell'identità o il delirio di inserzione di pensiero o di controllo alieno nella schizofrenia) sono una dimostrazione della gravità delle conseguenze della mancanza di quest'esperienza interiore (Jervis, 2011). Come giudicare poi un atto dal punto di vista morale se chi l'ha condotto non è la stessa persona nel corso del tempo? L'idea di una continuità del nostro io ci è indispensabile per responsabilizzarci moralmente, o meglio per ritenere gli altri responsabili e di conseguenza riflettere questo autoinganno.

Il punto è che «le persone» non sono esattamente oggetti nel mondo, ma concetti illusori elaborati dal nostro cervello sulla base di meccanismi plasmati dall'evoluzione, di grande utilità per la nostra sopravvivenza, che ci permettono di distinguere alcuni stimoli da altri (per esempio volti umani, corpi e alcuni tipi di comportamenti). Sembra siano i nostri cervelli a dividere il mondo in «persone» e «non persone» (cfr. Farah e Heberlein, 2010). Esistono disturbi selettivi, come la prosopagnosia, per cui i pazienti non sono in grado di riconoscere volti, ma riescono a riconoscere oggetti, e ciò ha fatto desumere che esista un sistema del riconoscimento dei volti specializzato per i volti umani (McNeil e Warrington, 1993). È stato osservato anche il disturbo opposto: un danno al riconoscimento degli oggetti può preservare quello dei volti. La risonanza magnetica funzionale (fMRI) ha permesso di localizzare il riconoscimento dei volti umani. Le strutture coinvolte in questo sistema sono tre: il giro fusiforme, che riconosce i volti; l'amigdala in connessione con la corteccia prefrontale mediana (mPFC), che è in grado di riconoscere gli stati emotivi delle persone; la giunzione temporo-parietale destra, dove sono elaborate le azioni. Non solo questo sistema è automatico ma anche innato. I neonati a soli 30 minuti dalla nascita mostrano la tendenza a inseguire con lo sguardo i volti (Johnson *et al.*, 1991). La letteratura in neuroscienze descrive un caso (Farah *et al.*, 2000) in cui un bambino che aveva subito nel suo primo giorno postnatale un danno nell'area fusiforme, deputata ai volti, non è mai riuscito a distinguere le persone dagli oggetti inanimati. Insomma senza questa struttura, sembrerebbe che abbiamo bisogno di imparare che la persona esiste nel mondo. Come fanno notare Martha Farah e Andrea Heberlein (2010), non possiamo riprogrammarci per smettere di pensare in termini di persone, né forse abbiamo interesse a farlo.

Rimane però materia della neuroetica, nel raffronto tra teorie etiche e neuroscienze, cercare di capire come ciò può essere rilevante nell'analisi di costi e benefici per prendere una decisione, da parte di un paziente o di chi ne fa le veci, circa l'utilizzo o meno di un trattamento sul cervello. Se comunque non siamo gli stessi per tutta la vita, se le idee di coscienza e di persona sono un'illusione, facciamo bene a rifiutare un trattamento che può migliorarci molti aspetti della vita perché potrebbe farci sentire delle «persone diverse»? Questo è ciò che accade anche quando un depresso o uno schizofrenico rifiutano un trattamento, nell'idea di non voler rinunciare alla costruzione ormai consolidata di sé stessi (*sono* un depresso, *sono* la realtà che percepisco), basata per lo più – come per tutti noi – su un'idea illusoria di autoconoscenza. In questi casi particolari, siamo spesso portati a dire che curarsi è la scelta «migliore» per loro, perché la malattia ha intaccato le loro capacità decisionali e perché l'immagine che queste persone hanno di sé stesse è anch'essa il prodotto della patologia e dunque, in quanto patologica essa stessa, non va che scardinata. Molte psicoterapie, per esempio, agiscono proprio su questo: si propongono di ristrutturare e riorganizzare in modo più funzionale il sé narrativo e comportano, in molti casi, una rinuncia all'idea «disfunzionale» di sé. Come però distinguere tra patologie che producono un'identità disfuzionale e patologie che non lo fanno? Quando un'identità è *disfunzionale*? La disfunzione mentale sembra coincidere, oltre che con una menomazione fisica (Wakefield, 1992), con un danno verso sé stessi o verso gli altri. In che modo valutare questo tipo di danno? È necessario intervenire, in questi casi specifici, anche senza il consenso della persona? Come comportarsi rispetto a tutto questo? In quali casi è più giusto accettare o rifiutare un trattamento che può produrre cambiamenti nell'identità? Chi deve prendere la decisione? È opportuno fornire a pazienti e familiari strumenti e conoscenze che aiutino in scelte di questo tipo?

3.4 Neuroetica e psichiatria

Abbiamo visto come le neuroimmagini stanno contribuendo a ipotesi sempre più robuste sul funzionamento del cervello e recentemente anche per le malattie mentali, ma un quadro completo e rigoroso rimane un *desideratum* per il futuro, non certo un'attualità. La psichiatria, peraltro, sta attraversando una seria crisi disciplinare. Se da un lato le neuroscienze stanno imponendo sempre più una visione neuropatologica, cioè stanno portando prove del fatto che le malattie mentali sono malattie del cervello a vari livelli, dall'altro la psichiatria è congestionata dalle liti tra diversi orientamenti (psichiatria biologica, psicoanalisi, fenomenologia, costruttivismo e così via), alcuni dei quali avversano ancora l'idea che ci sia un legame tra condizioni psichiatriche e funzionamento del cervello in senso stretto. Lo stato per così dire pre-paradigmatico[4] (Aragona, 2006) in cui questa disciplina è costretta a operare, a causa delle faide teoriche irrisolte, ha portato gli operatori del settore alla scelta di trasformare dal 1980 il Manuale Diagnostico e Statistico dei disturbi mentali (il cosiddetto DSM, paradossalmente creato nell'età del dominio psicoanalitico e oggi all'edizione 5ª) in una piattaforma di confronto empirico che per definizione avrebbe dovuto invece restar fuori dagli schie-

[4] All'interno della psichiatria, non esiste ancora un paradigma teorico di riferimento, che fornisca una spiegazione condivisa da tutti gli operatori del settore sulle cause e sul trattamento dei disturbi mentali. La situazione attuale viene definita «pre-paradigmatica», in senso kuhniano (Kuhn, 1962; cfr. Aragona, 2006), perché le varie scuole teoriche non scompaiono se una tra di esse è egemone, ma tendono, dopo un certo lasso di tempo, a ritornare in auge. L'unica area paradigmatica appare proprio la nosografia, attraverso l'impiego generalizzato in Occidente del DSM: le correnti teoriche hanno deciso infatti di accordarsi almeno sul piano della descrizione e della classificazione dei disturbi, per garantire una certa uniformità delle diagnosi effettuate da clinici di orientamenti differenti.

ramenti teorici. Questo manuale – che è *il* manuale di psichiatria, l'ortodossia per i professionisti della disciplina – è utilizzato come strumento per le diagnosi ed elenca una serie di criteri per stabilire la presenza di un disturbo mentale in un soggetto. Per evitare di apparire schierato con qualche dottrina ed essere fruibile agli appartenenti a tutti gli orientamenti, il DSM, però, fa a meno di spiegazioni causali.

Il DSM si presenta dunque a uno stadio decisamente primitivo della spiegazione scientifica, che corrisponde all'incirca a quello in cui versava la medicina generale o nosologia nel XVII secolo, cioè alla descrizione delle manifestazioni esterne delle patologie. Questo manuale, infatti, descrive i *disturbi*, non le malattie, ed è basato solo sulla classificazione di quadri sintomatologici (le *sindromi*), astenendosi completamente dall'identificazione delle cause. La storia della medicina scientifica mostra che raramente a quadri sintomatologici comuni corrispondono identiche patologie o medesime cause, e soprattutto che raramente sono efficaci gli stessi trattamenti. Un esempio in medicina generale è quello della distinzione tra tubercolosi e carcinoma bronchiale, che mostravano sintomi comuni e sono invece patologie diverse che richiedono trattamenti differenti (isoniazide la prima, pneumectomia e radioterapia il secondo). Ma vi sono anche episodi in cui quadri sintomatologici diversi sono stati riuniti in un'unica patologia perché accomunati da una stessa causa (la tubercolosi polmonare, quella ossea ecc., provocate da uno stesso batterio)[5]. Secondo il DSM, i criteri per l'identificazione dei disturbi sono *operativi*, cioè la definizione di un disturbo è il risultato della procedura empirica («operazione») mediante la quale è possibile stabilirne la presenza o l'assenza. Per intenderci, se in diversi campi delle scienze biomediche queste operazioni sono pratiche sperimentali o misurazioni[6], in psichiatria corrispondono all'osservazione diretta da parte del clinico, corroborata da metodi per

[5] I due esempi sono tratti da Kendell (1975, p. 1) e da Aragona (2006, p. 150).

[6] L'*operativismo* nasce nel contesto della filosofia della fisica, a opera di Percy Bridgman. In psichiatria assume piuttosto, per i tratti descritti, l'aspetto di un «operativismo liberale» (Fulford *et al.*, 2006).

lo più di carattere qualitativo, soggettivi e potenzialmente distorti, come, per esempio, l'intervista. Per questo, il DSM risulta uno strumento controverso sia nella clinica sia nella ricerca scientifica (Sirgiovanni, 2008) e gli psichiatri si interrogano oggi su come ancorarlo a più solide teorie scientifiche (Corbellini e Sirgiovanni, 2010). Il futuro della diagnosi, però, sembra avere ancora orizzonti alquanto modesti. La revisione del DSM, nell'edizione DSM-5 licenziata nel 2013, verte principalmente sull'introduzione di una concezione *dimensionale* della classificazione dei disturbi, in cui la distinzione tra normalità e patologia non verrà più intesa come una separazione netta, ma come un *continuum*. Sebbene gli autori di questa nuova edizione dichiarino di aver tentato di ancorare a teorizzazioni biologiche le categorie descrittive, e che interverranno nei prossimi anni con modifiche successive in questa direzione (prevedendo l'uscita di aggiornamenti continui in DSM 5.1, 5.2, e così via), ancora poco viene suggerito riguardo alla possibilità di collegare le definizioni a teorie neuroscientifiche sulle malattie mentali per creare un raccordo più solido tra neuroscienze e psichiatria.

Detto questo, è chiaro che anche quando non si conoscono i meccanismi di base, la medicina (la psichiatria ne è un esempio palese) procede in modo pragmatico. In tal caso, la decisione sul trattamento viene presa sulla base di alcune regolarità rilevate tra un determinato farmaco o un determinato trattamento psicoterapeutico e la guarigione o la parziale ripresa dalla malattia. Il legame tra neuroscienze e psichiatria sul piano delle spiegazioni è dunque necessario per pianificare con più rigore il trattamento. Inoltre è bene tener presente che, sebbene nessuno nella comunità scientifica neghi l'efficacia dei farmaci, non vi è alcun legame necessario tra la spiegazione medica della malattia mentale e la predilezione per l'approccio psicofarmacologico al trattamento. Gli psicofarmaci intervengono sulle funzioni cerebrali aumentando e diminuendo gli effetti di neurotrasmettitori (per esempio dopamina, noradrenalina, acetilcolina, serotonina), recettori e altri attori molecolari specifici che influenzano la trasmissione sinaptica. La spiegazione medica in psichiatria è perfettamente compatibile con l'idea che le psicoterapie abbiano efficacia nella cura delle malattie mentali, poiché le si ritiene in grado di intervenire sui processi e sulle strutture biologiche stesse. In un'ottica naturalistica, anche le psicoterapie sono fenomeni fisici e, pertanto, permettono di modificare la funzione delle cellule nervose producendo cambiamenti nelle configurazioni delle connessioni neuronali[7].

Sebbene studi recenti negli Stati Uniti evidenzino un declino delle psicoterapie in favore della psicofarmacoterapia (Olfson e Marcus, 2010), le terapie della parola continuano a essere percepite dal senso comune con un atteggiamento di minore sospetto e timore di abuso, vedendo nel colloquio e nel potere della parola una qualche «naturalità» (che sta, piuttosto, in luogo di «familiarità») del trattamento. Come puntualizza Neil Levy:

> la manipolazione diretta del cervello è diversa da quella indiretta[8] per un aspetto molto importante: mentre la presentazione dell'evidenza e dell'argomentazione manipola il cervello utilizzando le capacità razionali della mente, la manipolazione diretta *bypassa* completamente le capacità naturali dell'agente.[9]

Il pericolo di questa visione è tuttavia che le psicoterapie, essendo considerate mezzi non propriamente fisici, vengano di contro sottovalutate con troppa superficialità nei rischi, in virtù del

[7] Nella visione di Eric Kandel (1998, 1999), per esempio, la questione viene ricondotta al livello genetico-molecolare. In particolare, per Kandel l'eziologia e la cura dei disturbi mentali sono legati all'apprendimento, cioè al processo che produce alterazioni nell'espressione dei geni, nel senso che le esperienze o comportamenti modulano i processi che traducono le informazioni genetiche in strutture e funzionalità dell'organismo, tra cui, per esempio, le configurazioni e la fisiologia delle sinapsi. Le psicoterapie e le consulenze sono esperienze che possono produrre cambiamenti a lungo termine nel comportamento, come risultato dell'apprendimento inteso in termini neuromolecolari.

[8] Con l'espressione «manipolazione *diretta*» l'autore intende riferirsi all'impiego di TEC, psicofarmaci, stimolazioni cerebrali ecc. sulle strutture del cervello; la «manipolazione *indiretta*», invece, è riferita alle psicoterapie.

[9] Levy, 2007, p. 74.

potere di suggestione (in alcuni casi una forma preoccupante di «effetto placebo», cfr. Grünbaum, 1986) e dell'intervento manipolatorio che queste pratiche, talora impiegate in modo tutt'altro che controllato e scientifico, possono operare su pazienti con capacità decisionali spesso fortemente compromesse.

Per riassumere, le motivazioni addotte contro le manipolazioni dirette (psicofarmaci o quant'altro) nel trattamento delle malattie del cervello sono motivazioni di carattere filosofico, soprattutto basate sull'idea di svilire aspetti fenomenici e soggettivi della percezione di sé stessi: la conservazione dell'*autenticità* dell'agente («non sono io a comportarmi cosi, ma gli antidepressivi», «non sono più la persona che ero»); la *conoscenza di sé* o la *crescita personale*; l'avversità a un'idea di *meccanizzazione* del sé che per lo più corrisponde a un *determinismo* del sé, privo di libertà o responsabilità; e, in ultimo, una motivazione che ha delle radici più scientifiche, come il dibattito sul DSM rivela, per cui il farmaco spesso si trova a *curare il sintomo* e non le cause del disturbo (Levy, 2007). Sta di fatto che criteri efficaci per l'autenticità di un intervento piuttosto che di un altro, sulla base di artificialità e naturalità, sono ben lungi dall'essere stati identificati. E, con buona pace degli psichiatri, è abbastanza probabile che messo in questi termini il problema sia mal posto. Nel senso che se non viene adottato un punto di vista evoluzionistico in merito al contributo delle cause remote all'eziologia delle malattie mentali, è inverosimile attendersi anche soltanto soluzioni pragmatiche delle contraddizioni e controversie in cui versa la psichiatria. Queste considerazioni non riguardano solo l'utilizzo di mezzi che intervengono sul cervello a scopo clinico, ma investono ancora maggiormente il tentativo di un loro impiego nei soggetti sani, soggetti cioè che apparentemente non mostrano alcun bisogno di farne uso, ma che vogliono trarne vantaggio per migliorare le loro prestazioni.

4
Enhancement: un punto di vista non paternalista

Un tema che anticipa l'emergere della neuroetica come ambito specifico di studi, riguarda il significato, le conseguenze e la liceità degli interventi farmacologici o fisici per potenziare le funzioni cognitive e controllare le risposte emotive; più in generale, per modificare artificialmente le prestazioni e le funzioni psicologiche mediate dal cervello (Farah, 2005), con lo scopo non solo di ridurre disagi individuali, ma anche di ottenere vantaggi sociali.

L'idea di potenziare le proprie capacità, in passato soprattutto fisiche e/o sessuali, è un'aspirazione antica. Probabilmente si tratta del perfezionamento, più o meno pianificato a livello dell'esperienza cosciente, della naturale tendenza degli animali ad automigliorarsi, realizzando l'impulso innato di ingannare gli altri al fine di prevalere nelle competizioni territoriali e per l'accoppiamento, ovvero di autoingannarsi più efficacemente per meglio tollerare le frustrazioni dell'esistenza (Trivers, 2011). Da quando, poi, le prestazioni cognitive sono diventate anche più importanti delle capacità fisiche per emergere socialmente, alcune componenti di tali prestazioni, in modo particolare la memoria e l'attenzione, sono diventate oggetto crescente di studi volti a sviluppare metodi o principi farmacologici in grado di potenziarle. Non solo, ma poiché le prestazioni cognitive e la capacità di funzionare efficacemente (o accettabilmente) in contesti sociali dipende dagli stati di umore e dal controllo dell'ansia, con la diffusione di farmaci antidepressivi metabolicamente più tollerabili, sono aumentate negli ultimi anni le prescrizioni di trattamenti volti a eliminare ogni forma di disagio psicologico, indipendentemente da qualunque indicazione clinica. Il problema che solleva abbastanza drammaticamente quest'ultimo fenomeno, ma più in generale l'*enhancement*, è dunque il costante innalzamento della soglia delle prestazioni considerate «normali» e delle condizioni di «salute»: in altri termini, l'ampliamento della sfera di *inadeguatezze* che si ritengono risolvibili ricorrendo a trattamenti medici.

4.1 I potenziamenti cognitivi

Che cosa si intende oggi quando si parla di *enhancement*, cioè di potenziamento in relazione alle capacità cognitive? Che cosa vuol dire, in generale, premiare delle prestazioni in contesti sociali in cui è vantaggioso saper apprendere rapidamente e saper mantenere livelli di controllo ed efficienza elevati?

Rientrano in questo quadro il crescente consumo di metilfenidato (Ritalin)[1] o di vari derivati dell'anfetamina (per esempio, Adderall)[2] per il trattamento dei disturbi dell'attenzione nei bambini, ma anche per migliorare l'attenzione negli adulti. Ritalin e Adderall, in particolare, sono largamente usati come «farmaci da studio» nel mondo universitario nordamericano per migliorare la produttività: la percentuale dei consumatori varia nei diversi campus tra il 7 e il 25%. Il Ritalin è inoltre il primo farmaco al mondo segnalato nei casi di furto per uso personale. Anche gli antidepressivi di ultima generazione, cioè gli inibitori della ricaptazione della serotonina (i famosi SSRI) per trattare depressione e disturbi dell'umore in genere, hanno raggiunto livelli di consumo che li rendono tra i più diffusi «nootropici», cioè sostanze che vengono assunte non tanto per trattare una malattia, quanto per migliorare le funzioni mentali, e in modo particolare per migliorare il livello motivazionale, quindi, indirettamente, le prestazioni cognitive (cioè un più efficiente funzionamento della memoria

[1] Il Ritalin esplose nel mercato americano a partire dal 1980, l'anno in cui la terza edizione del DSM (DSM-III), allora appena uscita, inseriva fra le voci l'ADHD, il disturbo da deficit di attenzione e iperattività.

[2] L'Adderall a rilascio istantaneo viene prescritto anche per il trattamento della narcolessia.

e dell'intelligenza). Un altro farmaco largamente usato, come si dice, *off-label*, cioè al di fuori delle condizioni per cui sarebbe indicato, è il modafinil (nome commerciale, Provigil), assunto per ridurre il bisogno di sonno senza compromettere il livello d'allerta, ma anche per potenziare la memoria operativa. Il donepezil (Aricept), che funziona come inibitore della acetilcolinesterasi e viene prescritto per il trattamento della malattia di Alzheimer, trova largo consumo anche tra persone non malate, per migliorare la memoria[3].

La ricerca procede intensamente per sviluppare farmaci in grado di sopprimere la paura o qualsiasi altra emozione spiacevole: l'antibiotico D-cicloserina, secondo alcuni studi, può funzionare come agonista del recettore NMDA, da cui dipende l'estinzione della risposta a uno stimolo pauroso, e si è dimostrato efficace nel ridurre la paura in pazienti sottoposti a psicoterapia per curare disturbi da stress post-traumatici (Davis *et al.*, 2005). Il mercato via web ha recentemente dato largo spazio alla vendita di spray nasali all'ossitocina (OXT), il cosiddetto ormone della socialità, che promettono, grazie alla facilità di somministrazione, il superamento di timidezza e ritrosia sociale, ma anche un miglior *savoir-faire* amoroso. Senza dimenticare, infine, il flunitrazepam, commercializzato come Roipnol, un farmaco della famiglia delle benzodiazepine utilizzato spesso a scopo ricreativo perché sedativo, ansiolitico, ma soprattutto ipnotico. Questo farmaco, oggi vietato negli Stati Uniti, è salito alla ribalta delle cronache come «droga dello stupro», nel senso che viene a volte somministrato con l'inganno per compiere una violenza sessuale in quanto, se assunto insieme ad alcolici, può provocare uno stato di scarsa vigilanza fino alla quasi incoscienza, seguito da amnesia degli eventi.

Le neurotecnologie potenzianti non includono però solo farmaci. Il termine «cyborg» per esempio, diventato di uso comune, viene dall'espressione «organismi cibernetici» (*cybernetic organisms*), espressione coniata nel 1960 da due scienziati della NASA che ambivano a potenziare le facoltà umane con mezzi meccanici per affrontare, per esempio, la sfida dello sbarco sulla Luna,

[3] Chatterjee, 2004; Lanni *et al.*, 2008.

lanciata dal presidente degli Stati Uniti John F. Kennedy. Oggi vi sono attese crescenti, di cui si è detto anche nel precedente capitolo, per le applicazioni della stimolazione elettrica (DCP, *direct current polarization*) e/o magnetica del cervello (TMS, *transcranial magnetic stimulation*), studiati come sistemi sia per riparare disfunzioni sia per migliorare performance cognitive (Hallett, 2007; Wasserman e Grafman, 2005). Alcune ricerche sul potenziamento delle prestazioni comportamentali vengono finanziate dal sistema militare, che è da sempre interessato a produrre soldati con caratteristiche superiori rispetto alle capacità utili per i combattimenti e le azioni di guerra, in funzione di diversi teatri operativi (Moreno, 2006).

Per quanto riguarda i legami più immediati, il potenziamento farmacologico delle funzioni cognitive si collega all'uso degli psicofarmaci in vista del trattamento di gravi o lievi disturbi mentali e poi di disagi che, seppur definibili come naturali fluttuazioni dell'umore o delle capacità cognitive, possono compromettere la qualità della vita delle persone mettendo a rischio le relazioni familiari o le prestazioni professionali. Il fenomeno degli psicofarmaci per cambiare «stile di vita» (*lifestyle drug*, Flower, 2010) è un tratto di tutti i paesi occidentali. Già alla fine degli anni Settanta, Malcom Lader (1978) caratterizzava le benzodiazepine, i composti dei comuni sonniferi, come «oppio dei popoli» ed evidenziava la correlazione tra stress sociale, industrializzazione e loro consumo. Ma ancor prima, nel 1963, la casa farmaceutica Roche aveva messo in commercio, con grandissimo e imprevisto successo, un farmaco tranquillante che aveva catapultato la psicofarmacologia al di fuori degli ospedali psichiatrici, direttamente nelle case della borghesia: il Valium (diazepam). Da allora l'idea dell'uso di «pillole per star bene» è entrata prima nella vita di personaggi illustri o noti del Novecento – politici, attori del cinema o musicisti – per poi accomodarsi, con tutte le sfaccettature anche tragicomiche del caso, nell'immaginario collettivo (cfr. Adamo e Benzoni, 2005).

Andrebbe riconosciuto che l'uso dei betabloccanti da parte di musicisti od oratori per controllare il ritmo cardiaco durante le esibizioni, insieme agli aiuti farmacologici di cui si servono numerose figure professionali, sono decisamente meno rischiosi e quindi dannosi dei sedativi e degli stimolanti, di cui abusavano le stesse figure prima che gli oppiodi e la cocaina diventassero illegali. E anche la «cultura del Prozac» (fluoxetina) (Diller, 2010), cioè i consumi di massa della cosiddetta «pillola della felicità», si rivelerà quasi certamente meno dannosa dell'uso dei tranquillanti. Il Prozac è stato il primo farmaco antidepressivo basato sull'inibizione del meccanismo di ricaptazione della serotonina, entrato in commercio nel 1988. Nell'arco di un decennio il consumo di questa molecola e degli antidepressivi di nuova generazione è quadruplicato (cfr. Hume *et al.*, 1995), e non ci sono dubbi sul fatto che è stato largamente prescritto per condizioni di tristezza o malinconia che non dovrebbero automaticamente assumere una rilevanza patologica. D'altro canto è stato anche ben descritto che i confini di categorie diagnostiche come depressione e disturbi d'ansia si sono ampliati negli ultimi decenni (Horwitz e Wakefield, 2007). Questo fenomeno viene spesso stigmatizzato in chiave moralistica, cioè si tende a incolpare le case farmaceutiche per quello che è stato definito il *disease mongering* (il marketing delle malattie) e che ha visto la trasformazione di condizioni fisiologiche come la calvizie, la cellulite o la tristezza in entità cliniche da trattare farmacologicamente. Non vi è dubbio che gli interessi e le pressioni economiche giocano un ruolo importante, ma sempre all'interno di processi socialmente complessi di cui non sono gli unici e forse nemmeno i principali determinanti. In ogni caso, calvizie e cellulite non sono equiparabili alla depressione.

Il problema del potenziamento, ovvero dell'uso di farmaci per migliorare le proprie prestazioni, manifestandosi in maniera limitata rispetto a Stati Uniti e Regno Unito, riceve in Italia un'attenzione pressoché circoscritta, per lo più affidata ai mezzi di comunicazione di massa, che si focalizzano maggiormente sul commercio illegale di stupefacenti potenziatori (per esempio, cocaina, eroina, anfetamine) o sui trattamenti della disfunzione erettile maschile (il sildenafil citrato, commercializzato come Viagra) o sul doping nelle competizioni sportive. Un discorso a parte merita, tuttavia, il Ritalin, prescritto e somministrato per il trattamento del disturbo di iperattività e deficit di attenzione (ADHD) nei bambini e adolescenti. Anche in Italia si è messa in moto una propaganda che, se da un lato nega l'esistenza di un disturbo largamente provato su basi clinico-nosologiche e riconosciuto da tutte le associazioni mediche internazionali, dall'altro colpevolizza i genitori che si rivolgono agli psichiatri infantili, accusandoli di voler «sedare» i propri figli irrequieti o semplicemente vivaci al solo scopo di nascondere il loro personale fallimento genitoriale. Questo tipo di critiche hanno oggi un sapore meramente politico-ideologico, dati gli avanzamenti delle conoscenze mediche sul tema negli ultimi cinquant'anni, che non solo tengono conto della multifattorialità eziologica del disturbo, prevalentemente a base genetica e neurobiologica, e della necessità di una certa cautela nella diagnosi, vista la prescrizione smisurata che questi farmaci hanno avuto in alcuni paesi quali per esempio gli Stati Uniti. Né più né meno però di quanto accade per tutti gli altri disturbi psichiatrici. Si può anche benedire come moralmente preferibile il cosiddetto *parent training*, cioè il supporto psicologico ai genitori, per affrontare quotidianamente un disturbo di difficile gestione come questo, ma senza nascondere i benefici di un uso controllato dei farmaci alle dosi prescritte per individuo, rispetto agli effetti collaterali temuti, alcuni dei quali ipotetici e non accertati[4]. Argomenti del genere sono perciò adatti alla spettacolarizzazione farsesca di coloro che aderiscono alla campagna di denigrazione dell'esistenza del disturbo, ma tali argomenti dovrebbero essere invece estranei a contesti di serietà e a persone dotate di raziocinio, onestà intellettuale e senso etico.

L'utilizzo del Ritalin o simili non per la cura di un disturbo psichiatrico, quale per esempio l'ADHD, ma per il potenziamento delle capacità di soggetti sani, per competere sul lavoro, nello studio o nella sfera privata, rientra invece in ciò che viene definito un *lifestyle*. Il mercato mondiale degli psicofarmaci *lifestyle* viene attualmente valutato intorno ai 20 miliardi di dollari ed è in continua crescita (Flower, 2010). L'argomento attira l'interesse di analisti finanziari, che producono influenti quanto costosi report per monitorarlo, e ovviamente dei media. Nel 2008 uno stu-

[4] Cfr. Bailly, 2005; Singh, 2008.

dio su *Nature* riportava che il 20% degli intervistati ammetteva di usare farmaci come potenziatori (Maher, 2008). Soprattutto negli Stati Uniti, è in crescita la consuetudine dei medici di base di prescrivere a studenti universitari sani stimolanti come il Ritalin, l'Adderall o il Dexedrin, farmaci nati per il trattamento del disturbo da deficit di attenzione o iperattività (ADHD) e con effetti sulla dopamina e sulla noradrenalina. Lo scopo è di aumentare la veglia, l'attenzione e la capacità della memoria di lavoro (McCabe *et al.*, 2005). Lo stesso vale per un farmaco come l'Aricept, per il trattamento dell'Azheimer, usato *off label* come un potenziatore di apprendimento e memoria (Grön *et al.*, 2005).

È anche vero, però, che non vi è ancora una definizione riconosciuta di cosa una *lifestyle drug* effettivamente sia, se non nella blanda ed equivoca (spesso cioè moralistica) caratterizzazione di una medicina che non ha fini legati alla salute o che è usata per trattare problemi ai «margini dello star bene» (Gilbert *et al.*, 2000). Né è chiaro quale effettivo impatto produrrà questa rincorsa al potenziamento su quella parte della società interessata a partecipare, cioè in che misura il consumo di questi farmaci possa causare effetti collaterali in chi li assume, aumentare gli incidenti e accentuare le manifestazioni di aggressività sociale. Per il momento, l'unica conseguenza prevedibile sarà di trasformare in deficit o anomalie condizioni che finora non lo sono mai state; e che, di fatto, non lo sono. Però, qualcosa di analogo è accaduto negli ultimi decenni per quanto riguarda diversi parametri metabolici, assunti come indicatori di salute o di rischio di malattia; si pensi ai livelli di colesterolemia, alla pressione arteriosa o all'indice di massa corporea ecc. Possiamo davvero far riferimento a qualche standard biologico naturale per decidere che cosa si può e che cosa non si può fare in termini di potenziamento?

4.2 Si può fare appello alla natura per giudicare il potenziamento?

Filosofi e bioeticisti si chiedono se sia etico potenziare e medicalizzare le abilità cognitive ed emotive per mezzo di stimolazioni chimiche o fisiche[5], ripercorrendo temi che sono già stati sollevati dagli avanzamenti nell'ambito delle modificazioni genetiche che si possono prefigurare per trattare malattie ereditarie (ovvero in analogia con i problemi di legittimità a introdurre tratti migliorativi nei genomi individuali) e anticipando la possibilità che in un prossimo futuro si possa intervenire per potenziare le funzioni cognitive attraverso una combinazione di stimolazioni genetiche, farmacologiche e fisiche. Le domande da cui si parte per impostare la discussione sono: quali sono i rischi che questi interventi producano danni, cioè effetti collaterali, magari irreversibili? E anche ammesso che tali interventi siano sicuri per l'individuo, quali potrebbero essere le conseguenze a livello sociale? Fino a che punto è eticamente giustificato cambiare la percezione individuale e sociale tradizionale delle normalità, cioè innalzare gli standard attuali delle prestazioni mediamente normali attraverso il potenziamento artificiale delle funzioni cognitive? Quale impatto avranno i potenziamenti sul piano dello spostamento delle definizioni di salute e malattia, o di normale e patologico? E sulla percezione del sé e sul senso di autonomia? È etico condurre, quindi anche finanziare con denaro pubblico, ricerche scientifiche, sotto gli auspici del sistema militare, il cui scopo è di costruire soldati migliori attraverso ogni genere di potenziamento artificiale?

Il tema è sempre l'interpretazione in chiave etica della dicotomia *naturale vs. artificiale*. Una parte consistente di studiosi, che fa riferimento a un impianto dottrinale deontologico o religioso, ritiene che le modalità naturali di manifestarsi della fisiologia umana debbano essere considerate alla stregua di una normalità non solo statistica, ma anche normativa, in senso etico. Vale a dire che, per quanto riguarda aspetti dell'esistenza umana, come per esempio la sessualità, la riproduzione, la nascita, la morte, o le competizioni fisiche, queste dottrine assumono che i modi di praticarli o gestirli ritenuti «naturali» dalla tradizione, soprattutto reli-

[5] Per quanto riguarda l'Italia, il Comitato Nazionale per la Bioetica si è espresso recentemente sull'argomento attraverso due pareri: il primo sul potenziamento in ambito militare, il secondo sul potenziamento cognitivo farmacologico, entrambi datati 13 marzo 2013. Cfr.: http://www.governo.it/bioetica/pareri.html.

giosa, sarebbero anche quelli moralmente buoni, e quindi gli unici eticamente accettabili e/o legittimabili. La giustificazione di questa posizione, da parte delle etiche di ispirazione religiosa, tende a fondarsi sul richiamo a un disegno naturale (frutto dell'intervento divino o di un'interpretazione finalistica dei processi evolutivi), per cui le caratteristiche e le modalità naturali di funzionare o realizzare gli scopi della propria vita sono le migliori in quanto dettate dal creatore. Il «naturale», sulla base di giudizi intuitivi che istruiscono e tramandano le tradizioni, è percepito come più *autentico*, e dunque più giusto, perché è giudicato più sano. In sostanza, si assume che dio o la natura lavorino per il bene dell'uomo. Un'ulteriore distinzione che entra in gioco è quella tra mezzi *esterni* e *interni* usati per potenziarsi: in molti casi il mezzo che agisce all'interno (il farmaco, l'impianto) viene percepito come più pericoloso e problematico di quello che agisce all'esterno (l'educazione, la parola, ma anche le onde elettromagnetiche) (Cohen Kadhosh *et al.*, 2011). Eppure, come dimostra il ruolo dell'alimentazione, il mezzo che agisce all'interno può essere molto più efficace e garantire migliore salute, anche sul piano psicologico. Questa distinzione viene di solito espressa anche distinguendo fra potenziatori *convenzionali* (per esempio, l'educazione) e *non convenzionali* (i farmaci). Ma l'educazione, nelle forme dell'obbligatorietà scolastica e dei programmi di istruzione sviluppata nell'ultimo secolo, è qualcosa di affatto non convenzionale.

Un filosofo che si è distinto per aver sostenuto a gran voce che le manipolazioni artificiali della vita umana sono immorali in quanto violano la natura dell'uomo, e che ha invocato anche il disgusto come modalità intuitiva di giudicare la moralità di un intervento manipolativo, è Leon Kass, esponente di spicco del movimento dei *neocons* statunitensi, che ha presieduto sotto l'amministrazione di George W. Bush il Comitato Presidenziale per la Bioetica. Rispetto al potenziamento delle funzioni mentali, Kass ritiene che la medicalizzazione e gli interventi biotecnologici a livello di componenti costitutive della vita umana indeboliscano il nostro senso di responsabilità e autonomia (*agency*). Ovvero, che trattando le prestazioni mentali umane come meri processi neurochimici si impoverisca il senso di noi stessi come agenti morali che si trovano di fronte a scelte e opzioni di vita genuine. Per Kass la «naturalità» conta perché i modi naturali di ottenere un risultato o un miglioramento rispettano la natura dell'autonomia umana e la dignità dei comportamenti genuini[6]. L'argomentazione di Kass, incluso il richiamo all'esperienza del disgusto, di fatto riesce ad avere una presa immediata sull'opinione diffusa, dato che, come vedremo nei capitoli successivi, il modo più spontaneo di costruire i giudizi morali (quello normalmente utilizzato da chi non ha maturato capacità di analisi razionale dei fatti) fa leva su intuizioni controllate dalle strutture emotive del cervello, e non appunto sul ragionamento a partire da elementi fattuali inquadrabili all'interno di una teoria esplicativa coerente, cioè razionale[7].

Di fatto, alla luce dell'evoluzione culturale umana, così come ce la squaderna la ricerca antropologica e storica, è discutibile che si possa sia concludere a favore di un'idea di «natura umana» universalmente condivisa, sia derivare argomenti morali automaticamente validi partendo dai vincoli naturali che l'evoluzione biologica ha cablato nel nostro genoma o anche nell'epigenoma; ovvero dalle predisposizioni fisiologiche e comportamentali con cui veniamo oggi al mondo in contesti ambientali completamente diversi da quelli in cui ha operato la selezione naturale. Chiunque può rendersi conto come non sia affatto scontato che ciò che è culturalmente considerato «naturale» debba per ciò stesso essere considerato più sicuro, più giusto e migliore: basti pensare che gli agenti infettivi contro cui sviluppiamo farmaci sono parte della

[6] Kass, 2003. Le posizioni di Kass sono portate avanti negli Stati Uniti dal movimento neoconservatore, per esempio attraverso l'Ethics and Public Policy Center che ha come missione quella di promuovere la diffusione dei valori morali della tradizione giudaico-cristiana da assumere come fondamento dell'azione politica per il governo della democrazia statunitense (http://www.eppc.org/default.asp).

[7] Il fatto che le vie nervose da cui dipende il disgusto per alimenti potenzialmente dannosi vengano riutilizzate nelle risposte psicologiche caratterizzate da disgusto morale, come è stato recentemente dimostrato in uno studio pubblicato su *Science* (Rozin *et al.*, 2009), è allo stesso tempo un esempio interessante di *bricolage* evolutivo e una prova indiretta che la moralizzazione del «naturale» è un modo sostanzialmente primitivo e irrazionale di esprimere un giudizio morale.

natura, che il parto naturale è più rischioso di quello medicalizzato o che tra le popolazioni che vivono più vicine a un ipotetico «stato di natura» le violenze e gli omicidi sono di molto più frequenti. Da un punto di vista evoluzionistico, l'identificazione culturale tra «naturale» e «moralmente buono» è dunque infondata. La natura – anche se, nel caso di una specie biologica, dobbiamo parlare di «evoluzione biologica» – è indifferente rispetto alla salute, alla felicità o al piacere individuali, che sono stati e vengono quotidianamente conquistati proprio lottando e modificando le predisposizioni e i rischi naturali di ammalarsi, fallire e soffrire. Per questo gli uomini, come la maggior parte degli animali, usano e cercano da sempre mezzi artificiali per migliorare le loro prestazioni nella lotta per la sopravvivenza o per conseguire traguardi di rilievo sociale, a cominciare dai guerrieri e dagli atleti, che si sono da sempre dopati[8].

Ci sono argomenti decisamente più forti, però, per dubitare della fondatezza e della praticabilità di un approccio etico-normativo che prenda come riferimento moralmente o funzionalmente preferibile i presunti parametri naturali. È dalla «notte dei tempi», come si usa dire, che gli individui e/o i gruppi umani fanno uso di ogni mezzo disponibile per prevalere nelle competizioni all'interno del gruppo o tra gruppi. La competizione è alla base della vita e dell'evoluzione sul pianeta. La stessa cooperazione e il comportamento altruistico si sono diffusi nel mondo animale per il vantaggio competitivo che producono sia in termini di fitness inclusiva (cioè di incremento delle chance riproduttive per i geni della cerchia parentale), sia sul piano delle maggiori performance adattative dei gruppi in cui gli individui altruisti sono in maggior numero rispetto a quelli egoisti. Se il cambiamento evolutivo sfrutta, in qualunque contesto, la competizione, non può stupire che l'uomo utilizzi l'intelligenza anche per scoprire mezzi sempre più sofisticati ed efficaci per potenziare le capacità fisiche o mentali, volte a trarre i maggiori vantaggi in un dato contesto ecologico/sociale.

L'uso dei mezzi di potenziamento tende comunque a situarsi a metà strada tra il vantaggio per l'individuo (e il gruppo) e le pos-

[8] Cfr. De Mondenard, 2000; Zerbini, 2001.

sibili conseguenze dannose causate da alterazioni artificiali delle capacità fisiche o cognitive. Inoltre, si può immaginare che la transizione all'agricoltura abbia incentivato la ricerca e l'uso di metodi di potenziamento fisico e psicologico, avendo creato condizioni ambientali e di vita del tutto nuove, come per esempio un aumento del carico di lavoro e di stress e un indebolimento fisico dovuto ai cambiamenti dietetici, in particolare alla riduzione del consumo di carne, compensato in parte dal consumo di nuovi alimenti, come i cereali e i derivati del latte. Senza dimenticare i rituali religiosi o sociali, tra cui le guerre, che con l'avvento dell'agricoltura sono diventati più costosi in termini di energie richieste agli individui. La maggiore disponibilità di glucosio e la diffusione di nuovi prodotti psicoattivi ricavati dalla fermentazione alcoolica si sono verosimilmente sommati alle già note diete ipercaloriche e iperproteiche, nonché al consumo di stimolanti naturali scoperti casualmente dai nostri antenati cacciatori e orticultori.

Le religioni e le mitologie contengono espliciti richiami al potenziamento. La stessa tradizione religiosa giudaico-cristiana si fonda simbolicamente su un caso di *enhancement*, o potenziamento, vale a dire sulla decisione di Adamo ed Eva di mangiare il frutto proibito per «acquisire» poteri divini. E non c'è quasi religione arcaica che non preveda l'assunzione di qualche sostanza psicoattiva o psicotropa per facilitare esperienze cosiddette di trascendenza, o di stimolanti per migliorare le prestazioni in diverse attività sociali. Tutti i guerrieri, in tutte le civiltà del mondo, hanno fatto uso di stimolanti per incrementare l'aggressività o si sono nutriti di qualche parte del corpo (testicoli, cervello, cuore ecc.), ritenendo così di migliorare vitalità, intelligenza o forza. Gli atleti olimpici, nell'antica Grecia, si dopavano accanitamente, attraverso diete speciali o mangiando diversi tipi di funghi, mentre i gladiatori nell'antica Roma assumevano stimolanti mescolati con alcool per non avvertire la fatica e il dolore delle ferite. Le foglie di coca e il peyote erano consumati dalle popolazioni peruviane e messicane per migliorare la resistenza fisica e proteggersi dagli effetti dell'alta quota.

In età moderna, il potenziamento delle prestazioni militari veniva ottenuto usando *Amanita muscaria*, poi morfina ed eroina (dalla seconda metà dell'Ottocento), mentre con la seconda guerra mondiale sono entrate in uso l'anfetamina, l'efedrina, il testosterone (per stimolare l'aggressività) e la trasfusione di sangue per i piloti di aerei. Nello sport, il doping è diventato un settore in crescente espansione durante la seconda metà del Novecento, via via che intorno alle attività sportive crescevano gli interessi economici. Vi sono ambiti sportivi, come il ciclismo, dove non doparsi significa, di fatto, essere automaticamente tagliati fuori dagli standard competitivi vincenti. Da questo punto di vista, il caso del ciclismo rappresenta un esempio concreto di uno degli effetti temuti da chi mette in guardia dall'autorizzare il potenziamento: l'innalzamento degli standard delle prestazioni, per chiunque voglia avere qualche chance, significa essere *costretto a* (e non libero di) far uso di metodi potenzianti. In queste condizioni, non si può certo più affermare che una persona decida autonomamente di doparsi! Ne consegue altresì che le strategie antidoping che puntano a sradicare il fenomeno nei diversi ambiti sportivi mediante un approccio proibizionista e ispirato da un'ideologia repressiva è fallimentare, e spesso non fa che aumentarne i danni. Questo atteggiamento alimenta infatti gli abusi in un contesto di illegalità, mentre sarebbe certamente più efficace e percorribile un approccio pragmatico volto alla riduzione degli effetti dannosi (Kayser *et al.*, 2007). Anche perché è largamente dimostrato che le capacità atletiche, nonché il potenziale di miglioramento di queste, sono completamente predeterminate a livello genetico (Epstein, 2013).

La storia dell'uso sociale di sostanze potenzianti, in particolare di sostanze psicoattive, è andata incontro a una svolta in senso proibizionista solo dal Medioevo, e in modo particolare da parte di ordinamenti teocratici, come, per esempio, quelli islamici, che hanno vietato il consumo di alcool e progressivamente represso quello di hashish. Tuttavia solo nel corso del Novecento il proibizionismo è diventato la strategia di punta nella lotta contro gli abusi e le dipendenze da sostanze psicoattive. Nell'età moderna si è affermato però l'uso del tabacco, del caffè e del tè, accanto all'alcool. Con l'isolamento dei principi attivi di sostanze psicoattive in grado di causare grave dipendenza, e la diffusione del loro uso in contesti ricreativi, sono emerse istanze proibizionistiche motivate da ragioni di sanità pubblica. Tali istanze sono state declinate diversamente per i diversi tipi di sostanze, a prescindere dalla loro dannosità e capacità di creare dipendenza, nel senso che non c'è una relazione coerente tra livello di dannosità e limitazione, ma prevalgono pregiudizi di tipo moralistico.

Le prove raccolte dall'epidemiologo David Nutt, e pubblicate su *Lancet* nel 2007 e nel 2009, dimostrano infatti, inequivocabilmente, che l'alcool, cioè una droga legale, causa più danni alla salute dei consumatori e sul piano sociale della cocaina e del crack, e che il tabacco, altra droga legale, è quasi altrettanto dannoso della cocaina, e molto più dannoso della cannabis o dell'ecstasy (Nutt *et al.*, 2010; Nutt, 2012). Questo non significa asserire che queste altre sostanze non siano pericolose in particolari circostanze, essendo generalmente noti gli effetti del loro consumo e abuso sull'organismo e sul cervello degli adolescenti in particolare, ma serve a porre l'attenzione sul fatto che non necessariamente la dannosità è proporzionale alla legalità, come la percezione di senso comune spesso assume. Tra l'altro, l'illegalità è un fattore che contribuisce ad aumentare i rischi di danno. La scelta verso cui spesso i governi si orientano dipende da motivazioni politicamente strumentali e, non conduce quasi mai, come auspicabile, a una riduzione del consumo dannoso.

La questione è articolata e merita una precisazione: ci sono prove schiaccianti, soprattutto basate su esperienze storiche, che il proibizionismo non riduce gli abusi, mentre aumenta i danni personali e sociali creati dal consumo di sostanze che inducono dipendenza. Va da sé che non tutte le sostanze hanno gli stessi effetti e che, tra gli estremi del proibizionismo e della liberalizzazione, vi sono diversi approcci che potrebbero adattarsi ai diversi tipi di consumi.

La storia dei fallimenti – e dei motivi per gli stessi – della lotta contro gli effetti dannosi delle sostanze potenzianti non è materia per questo libro. Sta di fatto che la domanda di potenzianti farmacologici delle funzioni cognitive dipende dalle stesse ragioni che sono all'origine degli usi e abusi delle droghe legali e illegali, e che quindi, anche per l'abuso di eventuali metodi di potenziamento, sarebbe destinata a fallire qualunque politica proibizionistica. In realtà, alcuni bioeticisti teorizzano da tempo che i metodi di potenziamento dovrebbero essere non solo liberamente accessibili, ma, laddove l'efficacia del potenziamento per l'individuo e la società fosse dimostrata, anche da incentivare, se non addirittura da garantire, sulla base di un obbligo morale. Si dice, in pratica, che nella misura in cui i benefici superano i danni e sono tali da giustificare i rischi, sia sul piano individuale sia su quello sociale, la società dovrebbe fornire alle persone i mezzi più efficaci per realizzare i compiti che sono loro richiesti o che esse si attendono.

4.3 Le posizioni etiche possibiliste o fautrici del miglioramento

In uno studio pubblicato dal Parlamento Europeo nel 2009 si osserva giustamente che gran parte di quel che si scrive sul potenziamento neurocognitivo è frutto di esagerazioni, anche se si può immaginare che nuove generazioni di farmaci, sviluppati per malattie neurodegenerative associate all'età, possano essere impiegati per potenziare le prestazioni di persone giovani e sane. Lo stesso studio identifica cinque approcci al problema. Due con impostazioni estremistiche, definibili come proibizionista e *laissez faire*, e tre situabili nel mezzo, più compatibili con la visione politica dell'Unione Europea: un approccio restrittivo ragionato, un approccio favorevole ragionato e un approccio caso per caso. Il quadro di riferimento proposto nel documento servirebbe a preservare le dimensioni di una particolare «condizione umana», ritenuta fondamentale per la convivenza sociale e il rispetto di sé stessi.

L'idea che si dovrebbe consentire l'uso di metodi di miglioramento, oltre che di metodi volti a trattare condizioni ritenute patologiche o disfunzionali a livello medico, è stata avanzata in modo esplicito già nel caso delle modificazioni genetiche (cfr. Harris, 2007). Focalizzandosi sul piano delle posizioni filosofiche, lasciando da parte quindi il problema degli eventuali rischi o effetti collaterali legati alle modificazioni, che vanno bilanciati in un calcolo individuale di costi-benefici, e presupponendo dunque di avere a disposizione tecniche il più possibile *sicure*, il ragionamento a favore della manipolazione genetica è più o meno il seguente. Gli interventi migliorativi dovrebbero essere eticamente ammessi perché ognuno dovrebbe avere a disposizione le migliori chance per realizzarsi nella vita, nella misura in cui la sua realizzazione non rappresenti una minaccia o un danno dimostrato (quindi non solo un «rischio potenziale») per la società. In questo senso, i genitori non dovrebbero solo poter evitare la nascita di bambini affetti da gravi malattie genetiche, in quanto sarebbero eticamente ingiustificabili dei genitori che obbligassero i loro figli, cioè altre persone, a vivere una vita in condizioni di disabilità o sofferenza, e magari con la prospettiva di morire precocemente. Gli stessi genitori dovrebbero poter effettuare delle modificazioni genetiche migliorative sui propri figli, nella misura in cui queste modificazioni fossero sicure e venissero effettuate con lo scopo di promuovere il benessere della futura persona.

Di fronte a questi argomenti, filosofi come Jürgen Habermas e Michael Sandel ritengono che, agendo in senso migliorativo, si praticherebbero discriminazioni e si ripeterebbero gli errori commessi nel passato dagli eugenisti, nonché, per Habermas (2003), si interverrebbe sulle condizioni naturali di partenza, che metterebbero moralmente sullo stesso piano le persone e garantiscono la loro libertà nel contesto del consorzio democratico. In realtà, Habermas dice cose che non hanno gran che senso. I sostenitori dell'intervento migliorativo osservano giustamente che i condizionamenti avvengono comunque attraverso l'imposizione ai minori di attività sulla base di decisioni e aspettative dei genitori. Sandel (2002) prefigura l'abuso delle manipolazioni genetiche per perseguire la malsana aspirazione prometeica dei genitori di «costruire» un figlio sulla base dei propri desideri personali, delle proprie aspettative o dei propri scopi di vita, senza lasciare che questo segua un percorso sì competitivamente favorevole, ma comunque frutto di una scelta autonoma e individuale, perfino non condivisibile. Non è già così però. Almeno fino all'adolescenza – fino al sedicesimo anno di età, nel nostro Paese – non ci si può sottrarre all'imposizione di attività educative, verso le quali magari non si ha alcuna predisposizione o capacità. Nel senso che i genitori normalmente desiderano che i figli pratichino qualcosa a livelli eccelsi, spesso facendo patire loro in questo modo gravi frustrazioni e rischi di gravi difficoltà psicologiche. Per questi interventi manipolativi, che in quanto esterni sono appunto visti come meno invasivi e condizionanti, nessuno chiede interventi per limitare i margini d'azione dei genitori.

Le manipolazioni oggetto delle preoccupazioni di Habermas e Sandel sono al momento e certo per molto tempo, come ha fatto rilevare Steven Pinker (2003), non realizzabili, data la complessità dei processi cognitivi su cui si vorrebbe indurre un miglioramento per via genetica. E per quanto riguarda i potenziamenti cognitivi farmacologici? Come argomentano coloro i quali sono favorevoli? Per il bioeticista Arthur Caplan (2002), l'approccio morale alla diffusione delle tecnologie per il potenziamento cognitivo che appare più sensato, nell'interesse sia delle persone sia della società, non è certo quello proibizionistico; nemmeno quando esso viene giustificato per evitare discriminazioni tra chi può accedere e chi no, per motivi per esempio economici o sociali, alle tecnologie migliorative.

Infatti, poiché la morale da perseguire dovrebbe essere l'equità, la soluzione meno problematica sarebbe che tutti avessero accesso alle tecniche migliorative, lasciando a ciascuno di fare i conti con il problema dei costi-benefici. Sollevare come argomento a favore del proibizionismo le diseguaglianze sociali rispetto alle possibilità di accedere a tecniche migliorative, osserva Caplan, non è pertinente, perché le diseguaglianze preesistono e non sono una conseguenza della disponibilità di tali tecniche. L'accesso diseguale è un argomento contro la disuguaglianza, non contro il miglioramento delle funzioni cognitive. Consentendo il miglioramento delle funzioni cognitive, attraverso farmaci o tecnologie, non si aumentano le discriminazioni, che andrebbero affrontate a monte e con politiche specifiche. Né l'uso di interventi migliorativi influenza negativamente la percezione e il trattamento delle disabilità e delle differenze: questi atteggiamenti negativi dipendono da fattori che vanno al di là delle conseguenze che potrebbero derivare dalla diffusione delle tecnologie per il miglioramento, che peraltro vengono in prima istanza pensate anche per migliorare le condizioni di persone disabili. Se un farmaco che serve a ritardare gli effetti della malattia di Alzheimer è utilizzato da parte di persone normali per migliorare la memoria, al di là del fatto che questi miglioramenti devono essere provati, non significa che in questo modo si stanno discriminando o si stanno aumentando le discriminazioni verso i malati di Alzheimer. Caplan non invoca però un potenziamento diffuso all'intera società allo scopo di prevenire proprio le discriminazioni (cfr. Savulescu e Bostrom, 2009). Le persone dovrebbero essere informate circa i rischi per la salute che può comportare l'assunzione di farmaci o l'uso di tecnologie in grado di potenziare le funzioni cognitive, così come altri aspetti del comportamento, e la scelta di far uso o meno di questi mezzi dovrebbe essere nella loro più completa discrezionalità.

Per quanto riguarda la tesi per cui le nostre peculiarità di esseri umani sarebbero minacciate, consentendo che alcune persone si avvantaggino di tecnologie migliorative, ci si dimentica che le differenze biologiche a livello delle nostre capacità sono peculiarità altrettanto umane: gli uomini non sono biologicamente uguali. Quindi le nostre aspettative normative sul piano dell'uguaglianza dovrebbero guardarsi dall'attribuire un valore morale a certe caratteristiche e comportamenti biologici, che per definizione sono caratterizzati dalla diversità. Il concetto morale di «equità», così come quello politico di «uguaglianza», è un'invenzione culturale nella misura in cui si è rivelato e si rivela utile per migliorare la qualità della nostra vita sociale, rispetto a situazioni in cui atteggiamenti normativi di prevaricazione venivano derivati e giustificati direttamente dalla costatazione delle diversità biologiche umane. È sempre Arthur Caplan a liquidare l'argomento per cui ci sarebbero cose che non si possono fare, in quanto altererebbero la natura umana, facendo osservare che questa tesi viene sostenuta da persone che non hanno nulla da ridire contro chi (magari essi stessi) fa uso di occhiali, assume insulina, o si è fatto applicare valvole cardiache artificiali o protesi dell'anca, e accetta i trapianti di tessuti o di organi. Lasciando perdere il fatto che prendiamo gli aerei, comunichiamo attraverso il telefono e illuminiamo le nostre abitazioni con l'energia elettrica. Insomma, non è possibile costruire un'argomentazione generale valida che dimostri che c'è un limite o un confine naturale alla contaminazione della nostra natura da parte della tecnologia.

Come abbiamo visto, l'utilizzo di potenziatori non è una novità nella storia dell'umanità: dal punto di vista fisiologico, non c'è differenza categoriale tra i farmaci potenziatori chimici artificiali e gli stimolanti naturali, come l'azione della nicotina presente nel tabacco sull'attività dell'acetilcolina, o della caffeina contenuta nel caffè per l'attività della dopamina. La differenza, semmai, è nella potenza degli effetti e, in alcuni casi, nella minore dannosità e sicurezza che può caratterizzare l'uso di farmaci, che contengono solo il principio attivo, rispetto a tabacco o caffè che contengono invece anche sostanze cancerogene. Il problema della consapevolezza nella scelta del consumo e della valutazione dei costi-benefici rispetto all'entità delle controindicazioni possibili riguarda *anche* gli stimolanti naturali. Alcuni autori, tra cui anche Caplan (2003), hanno insistito sul fatto che la questione non sta tanto nel proibire lo sviluppo dei potenziatori – naturali o meno che siano –, ma che il loro utilizzo deve essere il prodotto di una scelta e mai il frutto dell'imposizione da parte di altri. Pur ritenendo data l'accettabilità dei potenziatori sulla base degli standard di introduzione di nuove tecnologie (efficacia e sicurezza, rispetto dell'autonomia, assenza di conseguenze negative sulla società ecc.), in quali circostanze il bisogno di utilizzo di potenziatori naturali *può* dirsi però il prodotto di una scelta libera e consapevole?

Il bioeticista John Harris, che è stato tra i primi ad aver guardato con favore alle tecniche di potenziamento anche non genetico (per esempio Harris, 2007), ha sostenuto che queste non solo devono essere giudicate moralmente lecite, ma in alcuni casi dovrebbe essere un obbligo morale renderle accessibili o somministrarle. Per Harris (2011a) non esistono risposte scontate alla domanda se una persona può essere considerata più libera di un'altra nel momento in cui rifiuta di seguire quello che fa un'altra o resiste a pressioni sociali per usare certi metodi di potenziamento. Inoltre, non è scontato giudicare moralmente migliori dei genitori che rifiutassero di somministrare «rimedi intelligenti» (*smart drugs*, cioè farmaci contenenti stimolanti) ai propri figli, se la conseguenza fosse che li penalizzano in vista delle chance di acquisire più agevolmente competenze che li metteranno in condizione di realizzare gli obiettivi della loro vita futura. Nel senso che è facile trovare buone ragioni per proteggere le persone dalle pressioni che le spingono a farsi del male o a fare del male ad altri, ma è molto difficile trovare delle buone ragioni per proteggere le persone dal procurarsi benefici o dal procurare benefici agli altri.

Il problema con cui si devono confrontare tuttavia coloro i quali, come Harris, ma anche come il filosofo australiano di origini rumene Julian Savulescu, è che mettendo il miglior interesse delle persone e l'eguaglianza di opportunità al di sopra di tutto si può arrivare, partendo da presupposti liberali, a posizioni paternalistiche decisamente discutibili. Per esempio, se si assume che uno scopo da perseguire, in quanto moralmente giustificato, è di equiparare le capacità delle persone meno dotate rispetto alle aspettative sociali, i governi sarebbero autorizzati, secondo Harris, a investire nei potenziatori cognitivi tanto quanto nell'educazione, perché i primi sono anche più efficaci nel conseguimento degli scopi preposti[9]. L'equiparazione generale delle capacità per migliorare il rendimento scolastico o le possibilità di reclutamento lavorativo può essere anche ritenuta un «valore», secondo quanto sostenuto da Harris, se mossa dall'idea di promuovere l'equità sociale e se comunque demandata sempre alla scelta del singolo. Tuttavia c'è da domandarsi se dei programmi governativi per potenziare cognitivamente la popolazione promuovano realmente il benessere dell'individuo o se invece non rappresentino, di fatto, forme di coercizione volte a soddisfare gli interessi della società, giustificando l'intervento manipolatorio attraverso una forma di inganno, vale a dire motivandolo come un interesse dell'individuo stesso.

I governi dovrebbero piuttosto promuovere condizioni il più possibile egualitarie entro cui l'individuo potrebbe operare una scelta su come condurre e dove direzionare il proprio percorso di vita, fornendo magari opportunità e adeguati incentivi per utiliz-

[9] Cfr. Harris, 2011a, p. 271.

zare meglio le informazioni nell'indirizzare i percorsi formativi e quindi nel capire in quale misura possono davvero essere necessari gli interventi di potenziamento.

L'assunzione che sta a monte dei ragionamenti favorevoli al potenziamento è che, sulla base dell'identificazione di una causa prossima, di carattere fisiologico e che limita le capacità di adattamento sociale, sia logico dedurre che, intervenendo in modo migliorativo su quella causa, si ottengano necessariamente dei vantaggi. E che questo genere di intervento non sia qualcosa di diverso, in linea di principio e come logica di funzionamento, dall'educazione. In realtà non è così. Come si dirà anche più avanti, non sono solo o tanto le cause prossime a creare i problemi comportamentali, ma anche – *se non soprattutto* – la causa remota, cioè la nostra fisiologia congenita, che si trova a essere attivata da stimoli spesso imprevisti o disorientanti rispetto alle aspettative. Quando si paragona il potenziamento all'educazione si argomenta in modo improprio, perché l'educazione serve fondamentalmente a dotarci di capacità controintuitive per vivere in ambienti e sistemi sociali che sono del tutto innaturali, ovvero dissonanti rispetto a quelli dell'adattamento evolutivo. In questo senso, l'educazione può e dovrebbe avere una portata decisamente superiore nel favorire quei cambiamenti essenziali nelle capacità di adattamento individuale.

Riguardo a *enhancement* e scelte di tipo governativo, va menzionato un ulteriore delicato interrogativo, da cui la neuroetica non può esimersi: possiamo (o, addirittura, dobbiamo) potenziare anche *moralmente* le persone?

Qualcuno ricorderà quanto accaduto in Gran Bretagna nell'agosto 2011, cioè l'impressionante ondata di disordini e tumulti giovanili che hanno preso il nome di *London Riots*. In quei giorni, Michael Cook (2011b) segnalava con preoccupazione la «svolta neuroscientifica» del primo ministro David Cameron, che aveva istituito nell'anno precedente un'unità, la Behavioral Insight Unit, per sviluppare una politica sociale orientata da un pensiero neuro-evoluzionistico. A ispirare questo pensiero, tra i rappresentanti dell'unità governativa, era Richard Thaler, promotore della versione più popolare di una teoria detta della «spintarella» (*nudge theory*), all'interno di una più ampia concezione di «paternalismo libertario», in cui si sostiene che organizzazioni private e pubbliche dovrebbero aiutare le persone a migliorare le proprie scelte, solitamente determinate da *bias* cognitivi, in funzione dell'interesse generale (e da questo, il concetto di *nudge*, gomitata, spinta). Veniva popolarizzato in tal modo il problema del potenziamento. Ma quello morale. Che fare dei ragazzi incappucciati (i cosiddetti *hoodies*) dei disordini di Londra? Potenziarli moralmente – esordiva Cook (2011a), con tono sarcastico – non potrebbe essere una buona idea?

Precedentemente, sulla rivista *Bioethics* erano apparsi interventi, da parte da un lato di Persson e Savulescu e dall'altro di Harris, dedicati alla questione del *moral enhancement*, che a riguardo si erano trovati in completo disaccordo. Ingmar Persson e Julian Savulescu (2008, 2011) difendono il potenziamento morale mediante tecniche biologiche e genetiche (*moral bioenhancement*), non solo in quanto giusto, ma perché, a loro detta, preferibile: i metodi razionali di educazione morale sono insufficienti a raggiungere il potenziamento morale. Nel 2008, i due autori avevano elencato in cinque principi il loro «manifesto» del potenziamento morale, che possono essere più o meno riassunti come segue: causare danno è più facile che fare del bene; il progresso della scienza consente di causare danno a milioni di persone (per esempio, con armi nucleari o biologiche di distruzione di massa); una frazione di persone nel mondo vuole causare danni su larga scala; il potenziamento morale è richiesto per evitare che questo accada; quindi il progresso scientifico va verso un uso negativo, come la distruzione di massa, se non si volge a un uso positivo come il potenziamento morale. Non c'è bisogno dell'analisi punto per punto per comprendere il carattere demagogico dell'argomento.

Altro discorso è quello che riguarda le indicazioni di un aumento del rischio di maturare comportamenti aggressivi e criminali come conseguenza di traumi cerebrali durante l'età giovanile. Anche se gli studi sull'argomento non sono metodologicamente del tutto affidabili, ci sono però indicazioni del fatto che i giovani che sviluppano comportamenti criminali o di abuso hanno avuto con un certa frequenza incidenti caratterizzati da seri e temporanei o cronici danni cerebrali. È ragionevole quindi prestare attenzione e agire con fini di prevenzione su questo fattore di rischio, che in ultima istanza non è comunque un intervento di potenziamento. Dal luglio 2012, in Gran Bretagna, un gruppo di lavoro sta studiando il problema[10].

Harris (2011b) ha espresso una posizione contraria al *moral bio-enhancement* che naviga nella cornice del libertarismo, ed è cioè fondata sull'assunzione del libero arbitrio. In sostanza, per Harris, l'*expertise* etica non è una questione di «essere migliori nell'essere buoni», ma «nel conoscere il bene e comprendere cosa può condurre al bene». Perché «lo spazio tra sapere cosa è bene e il farlo è una regione interamente abitata dalla libertà»[11]. Insomma, un conto è avere la capacità di giudicare moralmente, altro è *scegliere* di comportarsi moralmente. Difficilmente, fa notare Harris, riusciremo a contrastare, se non con quanto già facciamo dal punto di vista cognitivo, cioè promuovendo razionalità ed educazione, specifiche «emozioni contro-morali», come le chiama Tom Douglas (2008), per esempio, l'avversione verso certi gruppi razziali o l'impulso all'aggressione violenta.

Andando oltre Harris, va sottolineato che l'incapacità di giudicare moralmente in senso lato è ascrivibile a vere e proprie forme patologiche, come la psicopatia o il comportamento antisociale. Allora, in quel caso, più che di potenziamento, si tratterebbe di intervento clinico. Se, invece, possediamo questa capacità e scegliamo di non comportarci «moralmente» (secondo le norme sociali), dovremmo diventare oggetto di governi illiberali che garantiscono di renderci «migliori» dal punto di vista morale? Come ricorda Harris, di qualsiasi mezzo o tecnologia si può abusare o fare un uso improprio. Per Savulescu l'*enhancement* morale ci salverebbe dal progresso scientifico guidato da scopi negativi. In tal senso, però, non si comprende perché l'*enhancement* morale stesso dovrebbe esimersi dall'essere usato, come il resto delle tecniche frutto del progresso scientifico, a scopi tutt'altro che sal-

[10] Cfr. http://www.childbraininjurytrust.org.uk/information_criminaljustice.html.

[11] Harris, 2011b, p. 104.

vifici. Harris, su questo punto, coglie nel segno: il potenziamento morale potrebbe essere ridondante, perché quello cognitivo non è detto che non sia di per sé sufficiente a coltivare nel miglior modo le nostre capacità, lasciandoci però liberi di scegliere su come pensarla riguardo alle regole imposte e su come comportarci a seconda del contesto.

C'è però un ulteriore argomento che rende discutibile il miglioramento morale. Ci sono prove che la somministrazione di SSRI, cioè antidepressivi di ultima generazione, rende più disponibili ad accettare offerte normalmente giudicate inique nel contesto dell'*ultimatum game*[12] (Crockett *et al.*, 2010). Questo significa che un potenziamento morale cancellerebbe comportamenti che da un punto di vista astratto e decontestualizzato sono giudicati non razionali, come la punizione altruistica (il cosiddetto *third-party punishment*), una reazione punitiva verso un comportamento egoistico e anticooperativo, che comporta un costo personale e che è dimostrato essere un'attività cementificante della socialità umana. Detto in altro modo, il potenziamento morale che puntasse a migliorare artificialmente la generosità o l'empatia potrebbe compromettere le dinamiche naturali della cooperazione sociale, consentendo a chi coltiva sentimenti egoistici e pregiudizi di acquisire vantaggi senza rischiare ritorsioni. Sembra che in qualche modo Nietzsche lo avesse già intuito, pensando che se si elimina il «demone», cioè il male che è in noi, si rischia di eliminare anche la parte buona (l'«angelo»).

[12] L'*ultimatum game* è un esperimento sul comportamento economico in cui due giocatori devono spartirsi una somma di denaro. Il primo propone come suddividere la somma e il secondo può accettare o rifiutare la proposta. Se accetta, la somma viene spartita come da proposta, se rifiuta, nessuno riceve alcunché. L'esperimento, che non è reiterativo per cui non ci può essere reciprocazione, ha dimostrato che se il primo giocatore non offre almeno dal 20 al 30% della somma, il secondo rifiuta la transazione, giudicandola iniqua. Il secondo giocatore rinuncia cioè a un minimo guadagno pur di punire l'egoismo del primo.

4.4 Qualche riflessione evoluzionistica per inquadrare più sobriamente il potenziamento

Si sa che nel caso in cui ci si trovi a dover intervenire su meccanismi o processi biologici che dipendono da qualche particolare sistema funzionale per trattare disfunzioni, cioè malattie, il potenziamento di questi sistemi sarà tanto più sicuro ed efficace, quanto meglio se ne conosce la natura e l'organizzazione ai vari livelli della fisiologia. Dal punto di vista dei rischi per gli effetti collaterali, quelli legati al potenziamento forse sono meno conosciuti, ma non si può dire che potenziare sia intrinsecamente più pericoloso che curare: ogni anno milioni di persone muoiono o subiscono danni per gli effetti collaterali delle cure mediche. I problemi in genere insorgono anche perché l'euristica meccanicistico-sperimentale che ispira la medicina scientifica assume che l'organismo sia una macchina, qualcosa di disegnato secondo un progetto ottimizzante, e che quindi vi si possano effettuare modifiche per riparare un danno o una rottura, o per aumentarne le prestazioni. Di fatto, ciò avviene senza che si ritenga utile tener conto del perché il sistema su cui si va a intervenire funziona in un certo modo e quindi quale significato possono avere le presunte debolezze e i limiti funzionali che si vogliono modificare. I tratti funzionali degli organismi biologici sono il risultato dell'evoluzione e dell'euristica evoluzionistica: se non si vuole capire fino a che punto si è di fronte a una manifestazione disadattativa e quali potrebbero essere le conseguenze di qualunque manipolazione, prima di modificare in senso terapeutico o di intervenire per potenziare un sistema, almeno ci si dovrebbe chiedere perché esso ha le caratteristiche che ha.

Tutti i tratti acquisiti dagli organismi nel corso dell'evoluzione attraverso il processo della selezione naturale o per deriva genica sono dei compromessi (*trade-off*), nel senso che hanno rappresentato dei vantaggi riproduttivi o non hanno ridotto le chance riproduttive in determinati ambienti. Va inoltre tenuto a mente che non sono stati realizzati in modo ottimale o possono addirittura essere associati a qualche deficit funzionale rispetto agli standard statisticamente più rappresentati nella popolazione, nella misura in cui forniscono una protezione contro qualche fattore di rischio per la sopravvivenza. Il nostro corpo, benché straordinario all'apparenza, è un vero e proprio «accrocco», nel senso che diversi aspetti della nostra biomeccanica o del nostro metabolismo sono poco efficienti e sono significativamente limitanti. Inoltre, nel nostro *pool* genico si sono stabilizzate delle mutazioni che possono dar luogo a gravi malattie perché quegli alleli determinano effetti protettivi contro fattori di rischio ambientale, come per esempio agenti infettivi. Ne deriva, insomma, che *non esiste un progetto a cui far riferimento*, cioè da cui derivare delle prestazioni tipiche o dei valori di capacità funzionali da considerare ottimali in assoluto.

Sul piano delle dinamiche evolutive, quello che vale per tratti fenotipici non cognitivi, vale anche per le prestazioni intellettive. Così come alcune pressioni selettive hanno favorito tratti che forniscono un vantaggio all'eterozigote in ambienti dove sono presenti specifici agenti infettivi (è il caso della talassemia e dell'anemia falciforme, che, in condizioni di eterozigosi, proteggono dalla malaria), analogamente si possono essere prodotte condizioni che hanno favorito caratteristiche genetiche tali da migliorare l'intelligenza. L'esempio da tempo studiato è quello della comunità di ebrei Ashkenazi. Nel Medioevo, come conseguenza delle persecuzioni che in Europa crearono dei drammatici colli di bottiglia popolazionali a carico dei «giudei deicidi», i membri di questa comunità acquisirono mutazioni che favorirono processi di accumulo di sfingolipidi, da cui sarebbero derivati sia un quoziente intellettivo (IQ) superiore negli eterozigoti sia delle sfingolipidosi, come la malattia di Gaucher di tipo I, che ha un'occorrenza tra gli ebrei Askenazhi cento volte superiore che nel resto della popolazione umana[13]. Ora, nella misura in cui venissero effettivamente identificati dei geni che aumentano l'intelligenza, non vi sarebbero ragioni morali valide contro l'ipotesi di praticare uno screening per promuovere la diffusione di questi geni, analogamente

[13] Non è l'unica peculiarità genetica di questa popolazione, che, come conseguenza di persecuzioni e isolamento religioso, geografico e culturale nell'Euopa premoderna, acquisì, si stima circa seicento anni fa, una più elevata frequenza di specifiche mutazioni dei geni BRCA1 e BRCA2 che predispongono al cancro del seno e dell'ovaio.

a come si effettuano degli screening per eliminare l'espressione clinica di geni che causano gravi malattie ereditarie.

Gli interventi di potenziamento sono intesi sia a ottenere un miglioramento del funzionamento di qualche sistema, come la memoria a lungo termine, al di là di quello che può essere percepito normale in un individuo, sia ad aggiunta di qualche capacità che il sistema non possiede. Un potenziamento non è necessariamente qualcosa di desiderabile per l'individuo o la società, nel senso che comunque interferisce con il risultato del processo evolutivo che ha garantito la sopravvivenza della specie e previsto un certo *range* all'interno del quale una funzione esprime le proprie prestazioni. Non solo, ma le capacità cognitive o le risposte emotive maturate a livello individuale non sono elementi isolati, sui quali si può pensare di intervenire senza che tutto l'impianto funzionale risenta in qualche modo di quell'intervento: anche da questo punto di vista esistono verosimilmente delle modalità, che oggi sono chiamate epigenetiche, previste dall'evoluzione per riequilibrare il sistema a livello delle prestazioni individuali.

Il problema del potenziamento va inquadrato in modo analogo a come vengono considerate le cause delle malattie dal punto di vista della medicina evoluzionistica: la malattia è una conseguenza inevitabile dell'imperfezione dell'organizzazione biologica, dei processi di variazione spontanea che possono interferire con il buon funzionamento dell'organismo, ma, soprattutto, del *mismatch*, ovvero della dissonanza tra l'ambiente dell'adattamento evolutivo e quelli creati dall'uomo dopo la transizione all'agricoltura, in cui numerosi tratti funzionali alla sopravvivenza nel corso del Paleolitico sono risultati disadattivi. Essendo rimasto l'organismo umano, cioè il nostro fenotipo a livello di tratti connotati come di salute o malattia, quasi immodificato, tuttora espressione cioé di un genoma assemblato in larga parte nel corso del Pleistocene, il potenziamento potrebbe certamente, in alcuni casi, servire a sintonizzare meglio quei tratti che risultano dissonanti. In questo senso, far riferimento alle prestazioni per così dire *naturali* del sistema diventa irrilevante, perché la non liceità di qualcosa non segue logicamente dalla sua non naturalità. Di fatto, come abbiamo visto, la motivazione stessa all'auto-miglioramento, tanto sul piano della rappresentazione che diamo di noi stessi quanto a livello di tentativi di ottenere nei fatti le migliori capacità che ci auto-attribuiamo, fa parte della natura umana, per cui è inevitabile che, a fronte di nuovi metodi a disposizione per migliorarci e di mutate condizioni di vita, noi cerchiamo di farne uso. Sul piano morale non ci sono davvero differenze tra cercare di acquisire maggiori capacità cognitive (dato che queste in generale rappresentano dei vantaggi adattativi già previsti dall'evoluzione biologica) e tentare di intervenire sui processi molecolari che producono il cancro per contrastarne lo sviluppo.

In conclusione, i problemi nascono perché, date le caratteristiche della nostra psicologia e delle dinamiche sociali a cui siamo per motivi evolutivi particolarmente sensibili, ci sono delle irriducibili discordanze sui valori. Cambiando gli standard delle prestazioni, cambiano le domande che istruiscono le scelte nel contesto dei rapporti sociali, delle pratiche igieniche, alimentari e riproduttive, delle capacità intellettuali, delle competenze necessarie per integrarsi nelle società complesse e dei rischi associati ai nuovi stili di vita. Nel nuovo contesto, cambiano, di conseguenza, anche gli scopi. Molti interventi come l'uso di contraccettivi, le vaccinazioni, i cibi funzionali e la stessa istruzione scolastica, che non sollevano discussione, se non da parte di istanze culturali che predicano una limitazione della libertà individuale o praticano ideologie antimoderne, sono già delle forme di potenziamento che rispondono allo stesso tempo al bisogno individuale di un miglior autocontrollo sui propri destini e a domande sociali.

L'euristica evoluzionistica può aiutare a capire con quali vincoli evolutivi veniamo al mondo, non solo a livello di metabolismo e di biomeccanica, ma anche di logiche funzionali sul piano della psicologia della conoscenza e delle emozioni. Questo ci può consentire di identificare i potenziamenti promettenti e valutare i tassi di rischio/beneficio per quelli fattibili. Inoltre, ci fornisce un contesto per inquadrare le controversie bioetiche ed evitare sia le derive proibizionistiche sia le problematiche prospettive dei paternalisti, libertari o meno, che predicano il potenziamento come soluzione politica per le contraddizioni sociali.

5
Le radici neuroevolutive della morale

Come anticipato nell'introduzione e nel primo capitolo, il significato del termine «neuroetica», e in ultima istanza anche quello del termine «bioetica», è ambiguo. Perché a meno di concepire l'etica in una chiave trascendente o trascendentale, cioè a meno di assumere che i valori morali si collochino al di là o in antitesi rispetto ai processi materiali che hanno plasmato evolutivamente l'uomo, non si può discutere di morale (ergo nemmeno di etica) prescindendo dalle conoscenze scientifiche sulla biologia umana. Quindi, se da un lato si usano le tradizionali categorie della filosofia morale per valutare le decisioni sperimentali e cliniche riguardanti lo studio e le manipolazioni del cervello e del comportamento, gli stessi metodi sperimentali e dati clinici possono gettare luce su cosa effettivamente accade nel cervello quando si fanno scelte che chiamiamo «morali», ovvero quando decidiamo «eticamente». Gli avanzamenti nel campo delle neuroscienze stanno spiegando le origini e identificando le basi neurobiologiche della moralità umana, mettendo radicalmente in discussione una larga parte del pensiero etico tradizionale.

Negli ultimi duecentocinquanta anni la filosofia morale è diventata sempre più avversa o indifferente rispetto agli approcci naturalistici, nonostante la tradizione e l'influenza del pensiero aristotelico che, persino nella sua versione tomista, considerava la conoscenza naturalistica indispensabile per stabilire le basi funzionali e i valori in gioco nella moralità umana, dato che la morale non poteva essere scissa dall'idea di una natura umana, intesa in chiave finalistica. Non a caso, la morale cattolica continua a fare riferimento alla legge naturale, ma sulla base dell'idea metafisica che la natura esprime anche un ordine morale in quando frutto di un disegno finalistico divino, stabilito al momento della creazione. In altre parole, quando si ragiona sulla naturalizzazione dell'etica, o si rifiuta un approccio naturalistico, occorre esplicitare come ci si colloca rispetto alla dottrina della legge e del diritto naturale, una cornice teorica che fa appello alla natura come termine di riferimento per giudicare ciò che è buono o cattivo, giusto o sbagliato. Tale appello limita le potenzialità individuali e quindi dà frequentemente luogo a sistemi morali paternalistici e fondati quasi esclusivamente su divieti e doveri. Purtroppo esso dipende da *bias* innati e predisposizioni che solo una maturazione empirica della capacità di ragionamento riesce, ma difficilmente, a disinnescare. Tuttavia esiste anche un'accezione scientifica di natura, e quindi di natura umana.

Più problematico, ma anche significativo, il fatto che la filosofia dell'ultimo secolo e mezzo non si sia accorta che l'ipotesi darwiniana sulla natura della moralità dell'uomo, elaborata nel contesto della teoria dell'evoluzione, intercettava le idee di due filosofi, David Hume e Adam Smith, i quali, ispirandosi anche alle riflessioni di colleghi illuministi scozzesi, compresero che i giudizi morali hanno radici profonde, collegate al comportamento sociale, e che il modo di funzionare di tali giudizi presuppone il possesso di un senso morale governato dalle emozioni (sentimenti morali), le cui dinamiche possono essere comprese solo nel contesto di una ricerca empirica. Questo approccio naturalistico risulta non solo il più coerente sul piano della metodologia di studio delle basi naturalistiche della moralità, ma anche il più fruttuoso per identificare le origini dei diversi esiti contingenti attraverso cui si manifesta la fenomenologia della morale, anche al fine di comprendere quale sia il modo con cui si potrebbero migliorare le cose.

Negli ultimi due decenni, le neuroscienze hanno illuminato diversi aspetti della moralità dell'uomo, contribuendo a caratterizzare le basi neurobiologiche della coscienza, dei processi decisionali, dell'esperienza di volontarietà e di libertà della scelta e del senso morale. Con le parole di Patricia Churchland, si può dire che «la nostra natura morale è come è perché i nostri cervelli sono come sono»[1]. Questo non significa che le nostre scelte morali sono già prestabilite dalla nascita, ma che le *capacità* o *predisposizioni* a giudicare e scegliere sulla base di preferenze personali sono predefinite geneticamente e implementate epigeneticamente. I programmi di ricerca sul senso morale hanno dimostrato che veniamo al mondo con un cervello che si è strutturato nel corso di un lungo processo evolutivo proprio per tener conto, a vantaggio della sopravvivenza individuale, dei contesti sociali in cui matura e in cui si manifesta la moralità umana; le cangianti apparenze fenomeniche dei sistemi di valori distribuiti nelle diverse culture sono quindi il risultato dell'incontro tra un cervello le cui potenzialità comportamentali si sono selezionate nel contesto dell'ecologia pleistocenica e un'ecologia umana che in alcune parti del pianeta è in continuo e progressivo cambiamento da circa 15mila anni.

Da un paio di secoli l'ecologia umana è in costante cambiamento su tutto il pianeta. Sul piano delle argomentazioni logico-razionali e delle prove empiriche, prima la biologia evoluzionistica e poi le neuroscienze hanno confutato l'idea che la morale debba o possa essere ricondotta a processi sovrannaturali, e le neuroscienze hanno decostruito la concezione classica della «persona», intesa come insieme di facoltà o funzioni (memoria, linguaggio, coscienza, volontà ecc.) speciali nel quadro della natura e quindi da attribuirsi a una sfera, cosiddetta «mentale», altra rispetto a quella corporea, ovvero ai processi fisiologici della vita. Dagli anni Ottanta del Novecento le neuroscienze cognitive si sono imposte come una direzione di ricerca che va verso il basso (Bechtel *et al.*, 1998), cioè che interessa il cervello e la sua organizzazione anatomo-funzionale, per spiegare le prestazioni cognitive superiori. In poche parole, i risultati scaturiti dalla ricerca sperimentale e dalle osservazioni controllate hanno non solo contribuito a rafforzare sul piano pratico la tesi del «riduzionismo ontologico» (la mente non esiste senza il cervello, contro il dualismo cartesiano delle sostanze), ma, almeno parzialmente, anche ciò che in termini filosofici si è soliti

[1] Churchland, 2006, p. 3.

denominare «riduzionismo epistemologico» (non si può spiegare la psicologia umana senza tenere in conto le neuroscienze)[2]. Anche il pensiero morale è diventato terreno di interesse per le scienze del cervello e si è cominciato a interrogarsi su che cosa significhi effettivamente possedere una morale per delle strutture biologiche complesse.

5.1 Che cosa vuol dire avere una morale?

La morale, prescindendo da *quale* sia – cioè dal sistema etico specifico di valori a cui una persona fa riferimento, in quanto cresciuta e inserita in un dato contesto socio-culturale –, è un insieme di criteri (non importa qui come chiamarli: se norme, regole, principi, comandamenti, disposizioni) che permettono di distinguere quello che crediamo sia bene da ciò che giudichiamo male, o anche ciò che consideriamo giusto da quello che valutiamo sbagliato. Questi strumenti possono essere pensati secondo prospettive diverse: innati o acquisiti, naturali o convenzionali, reali o costruiti, fondati o infondati, teorici o pratici, astratti o concreti, e così via. La tradizione filosofica ha dedicato nei secoli grande dispendio di ragionamenti a sofisticate declinazioni di queste questioni, nell'ambito della filosofia morale o dell'etica[3]. Indipendentemente da quello che viene considerato giusto o sba-

[2] Non necessariamente per riduzione si intende una riscrittura completa delle teorie di alto livello nei termini di teorie di basso livello, e che i vincoli siano unidirezionali dal basso verso l'alto. Il *pluralismo epistemologico* e la *downward causation* (causazione verso il basso) sono posizioni compatibili con un'ottica riduzionistica e implicano che teorie a differenti livelli di descrizione, come la psicologia e le neuroscienze, possono co-evolvere e influenzarsi l'un l'altra, senza che la teoria di alto livello venga rimpiazzata da quella di basso livello (cfr. Bechtel e Hamilton, 2007).

[3] La teoria morale è solitamente divisa in *etica* vera e propria e *metaetica* (per una visione schematica, cfr. Sinnott-Armstrong, 2006, p. 6, Fig. 1.1). La prima si rivolge ad asserzioni particolari (distinzioni tra bene/male, giusto/sbagliato, dovere/non dovere ecc.) e a sistemi morali (per esempio utilitarismo o kantismo). La seconda si interroga sulla natura delle asserzioni morali, delle credenze o delle teorie e può dividersi in sottospecificazioni

gliato, per esprimere un giudizio morale viene ritenuto necessario possedere alcune capacità di base. L'idea di senso comune è che, per poter essere «buoni», bisogna saper distinguere il bene dal male, e che questo è possibile solo se siamo pienamente consapevoli delle nostre azioni e giudiziosi nel discriminarle. Quindi dovremmo essere dotati – o aver sviluppato – una coscienza di noi stessi in rapporto agli altri, avere delle intenzioni, essere dotati di volontà, raziocinio e, soprattutto, di libertà di agire. La ricerca neuroscientifica ha prodotto dati interessanti su queste capacità e su come entrano in gioco nella costruzione dei giudizi morali: a quanto pare, non possediamo alcune delle capacità che ci attribuiamo, almeno non nella forma in cui sono state pensate dalla tradizione filosofica, e l'origine dei giudizi morali molto probabilmente non è quella che la tradizione prevalente ci ha tramandato e che ci piace immaginare.

Ma cosa dice il pensiero etico prevalente? La tradizione filosofica dominante, dai filosofi greci fino a Cartesio e Kant, assume che è in virtù del ragionamento che si compiono scelte morali buone o valide e che in questo processo di giudizio è importante dominare gli impulsi emotivi. Insomma, viene quasi dato per scontato che noi ci comportiamo moralmente quando agiamo da animali o da agenti *razionali*. Un'ipotesi alternativa, che ha avuto meno successo nel corso della storia del pensiero, è stata suggerita nel contesto del pensiero occidentale a partire dal XVII secolo da alcuni filosofi illuministi britannici, che hanno rivendicato un ruolo per le emozioni nel contesto della psicologia sociale umana. Il filosofo scozzese David Hume, partendo da uno scetticismo sobrio ispirato alla filosofia di Cicerone e all'idea che la filosofia consista nell'osservare e riflettere piacevolmente, con metodo e senso critico, sul corso comune della vita umana e del mondo, ha tratto la conclusione più famosa e sostenuto che sono le passioni a guidare il nostro giudizio morale e la ragione deve essere, ed è bene che sia su tale piano, soggetta alle emozioni. La filosofia di Hume era ispirata da un approccio psicologico ai problemi

quali la linguistica morale, la logica deontica, la metafisica morale, l'epistemologia morale, le definizioni della moralità e la psicologia morale.

della conoscenza e della morale, che rompeva con la tradizione di fondare l'origine della conoscenza e della morale sulla teologia o sulla metafisica.

Hume viene anche chiamato in causa contro gli approcci naturalistici in ambito di filosofia morale, in quanto identificò, nel procedimento che farebbe discendere indicazioni normative (qualcosa *deve* essere) da asserzioni descrittive (qualcosa è o non è), un'inferenza scorretta, che è stata chiamata appunto «ghigliottina di Hume». Esiste un'ampia letteratura su che cosa intendesse Hume, denunciando questo errore di ragionamento. Di fatto, si trattava di un'apertura a istanze utilitaristiche, che egli riteneva in grado nel corso dei processi storici di modificare i sentimenti morali. Il suo argomento era solo un'ulteriore versione dell'idea che il piano dei giudizi normativi è sganciato dai ragionamenti basati sui fatti e che i giudizi e le asserzioni di valore non derivano da capacità di ragionamento acquisite, ma da un senso morale innato. Si deve a Kant la sussunzione dei giudizi morali al livello di quelli logico-razionali, lasciando alla psicologia il piano descrittivo delle emozioni che suscitano le istanze morali e concludendo che sarebbe assurdo cercare di far derivare i primi (il dover essere) dai secondi (l'essere), «assurdo quanto», come affermato nella *Logica*, «desumere la morale dalla vita»[4]. L'argomento della «fallacia naturalistica»[5] è stato, in verità, proposto da George Moore nei *Principia Ethica* per criticare, in particolare, l'etica evoluzionistica di Herbert Spencer, nonché l'utilitarismo. Il punto di vista di Moore presuppone la distinzione kantiana tra giudizi di fatto e normativi e arriva ulteriormente a dimostrare, per via logica, che le proprietà morali non sono naturali, perché se si cerca di definire il termine «buono» facendo riferimento a proprietà naturali come «desiderabile», «più evoluto» o «piacevole», ci si imbatte in una domanda aperta e indecidibile. L'argomento di Moore

[4] Kant, 1800, p. 20.

[5] Questo argomento è stato impropriamente collegato alla «ghigliottina» di Hume. Discuteremo meglio la nostra posizione sulla questione nel settimo capitolo.

è stato oggetto di varie critiche[6]. In particolare, però, si può dire che esso nasconde una sostanziale incomprensione dell'impianto evoluzionistico di un'etica naturalistica. Tale fraintendimento derivava dall'intendere la teoria dell'evoluzione nei termini del modello spenceriano, che era caratterizzato da un'impronta finalistica dell'evoluzione delle specie e immaginava un progresso necessario e governato da una logica essenzialista. Le etiche naturalistiche basate su modelli neodarwiniani hanno invece abbandonato l'idea che l'evoluzione proceda secondo uno scopo e che sia possibile stabilire a priori che qualche soluzione evolutiva sia meglio di un'altra. Un tratto o una proprietà di un organismo, incluse le sue preferenze morali, sono distribuiti e combinati nelle forme di variazioni individuali all'interno di una popolazione. La funzionalità e la prevalenza differenziale di diversi valori dipende quindi dal contesto ecologico, in cui, a partire da tratti psicologici e comportamentali universali, ben descritti dagli antropologi, si arriva a costruire gli specifici e diversi sistemi morali.

Lo sviluppo del ragionamento morale negli esseri umani e le sue modalità di funzionamento sono diventati oggetto di interesse per la psicologia dalla metà del secolo scorso. La psicologia vedeva tradizionalmente la morale come qualcosa di acquisito, un insieme di principi tramandati dalla società, appresi con l'educazione a partire dall'infanzia e utilizzati per elaborare il giudizio morale, il quale è reso possibile solo dallo sviluppo della capacità di ragionare. Per essere morali occorre essere razionali, concludeva la psicologia fino al Novecento, sulla scia di Aristotele, che aveva fatto del ragionamento pratico uno degli esempi più alti di razionalità.

Charles Darwin aveva lucidamente intuito che, nel contesto della teoria dell'evoluzione, le origini della morale umana si potevano spiegare naturalisticamente collegando alcuni istinti sociali comuni a diverse specie animali (in particolare, il sentimento della simpatia) allo sviluppo di capacità cognitive particolarmente elaborate come quelle umane. Il rafforzamento dei giudizi basati in

[6] È da citare la critica di Bernard Williams, che ha mostrato che si tratta di un'argomentazione di carattere metafisico, più che logico.

prima istanza sulla simpatia poteva poi evolvere in un'etica non più fondata su piacere e dolore, ma di tipo kantiano, nella quale si assumeva il rispetto per la dignità umana come regola di condotta.

Una parte consistente di biologi evoluzionisti, seguendo l'ipotesi discussa da Thomas Huxley nelle *Romanes Lecture* del 1893, hanno però visto nella morale una sovrastruttura eccezionale e antitetica sia alle leggi cosmiche, per definizione indifferenti al piano morale, sia a quelle biologiche fondate sulla competizione che premia l'egoismo e la predazione; queste due correnti di pensiero sono rimaste a lungo refrattarie agli studi psicologici sullo sviluppo del senso morale.

Nell'ambito delle scienze sociali, il primo approccio psicologico alla morale che ha riscosso attenzione da parte dei filosofi è stato quello del Freud maturo che, ne *Il disagio della civiltà* (Freud, 1930), teorizzava l'origine della morale nella funzione di controllo esercitata dal Super-Io (espressione delle convenzioni sociali) sugli impulsi e le rimozioni custoditi nell'inconscio, che si manifestano attraverso atti mancati e disturbi psicologici. Lo stesso argomento è stato affrontato con studi di psicologia cognitiva e dello sviluppo, che accoglievano il presupposto della tradizione filosofica, secondo il quale il comportamento morale sarebbe fondato sul ragionamento verbale cosciente. La concezione di Jean Piaget (1932) e Lawrence Kohlberg (1958), due psicologi dello sviluppo, ha dominato la psicologia morale del secolo scorso. Kohlberg, rielaborando le idee di Piaget, ha concepito la teoria più completa in merito, per cui, nel percorso dall'immaturità del bambino alla maturità morale dell'adulto, si potrebbero riconoscere sei stadi di sviluppo, organizzati in tre livelli. È utile ricordare schematicamente le idee di Kohlberg, perché le vere novità nel campo della psicologia e delle neuroscienze della morale entrano in gioco con la scoperta che egli si era sbagliato.

- Il *livello morale infantile o preconvenzionale* include:
  - 1° stadio (premio/punizione): l'azione è giusta se non è punita o viene premiata;
  - 2° stadio (dell'edonismo ingenuo): l'azione giusta è quella vantaggiosa.

- Il *livello morale adolescenziale o convenzionale* include:
  - 3° stadio (del relativismo morale): è giusto ciò che viene richiesto dal gruppo sociale;
  - 4° stadio (della legge e dell'ordine): le regole sono quelle necessarie per il funzionamento del gruppo e del sistema.
- Il *livello morale adulto o postconvenzionale* include:
  - 5° stadio (o del contratto sociale): le regole vengono discusse e ciò che è buono è quello che è democraticamente negoziato a livello sociale;
  - 6° stadio (o dell'etica universale): è buono ciò che riflette valori assoluti e universali.

All'interno di questa visione, il comportamento morale emerge da un processo di apprendimento nel corso di interazioni con l'ambiente sociale. Almeno e soprattutto nei primi stadi di sviluppo, la morale finisce con l'essere intesa come ciò che gli altri (in genere una figura autorevole quale il genitore, i nonni, i maestri o la tata) ci dicono che sia. Inoltre, questa visione avalla una dottrina filosofica ben definita, anzi, più che avallarla, la assume come riferimento. La particolarità della teoria di Kohlberg, infatti, è che l'ultimo stadio, quello della maturità morale, coincide con l'idea filosofica elaborata da Kant: la morale consiste nell'adesione consapevole a una serie di principi universali ai quali abbiamo accesso grazie alle nostre capacità di cognitive razionali[7]. La maturità morale corrisponderebbe, quindi, allo sviluppo di quelle capacità necessarie per essere morali che abbiamo menzionato. Ma noi possediamo davvero queste capacità? Siamo effettivamente liberi quando affermiamo l'universalità di alcuni valori o principi? E fino a che punto la moralità umana trae origine dagli elementi coscienti del ragionamento? Prima di prendere in esame gli studi neuroscientifici e neuropsicologici che mettono in discussione

[7] Il Libro primo dell'opera morale di Kant, la *Critica della ragion pratica*, si apre con una definizione: «I principi pratici sono proposizioni che contengono una determinazione universale della volontà, la quale ha sotto di sé parecchie regole pratiche. Essi sono [..] oggettivi, ossia leggi pratiche, se la condizione vien riconosciuta come oggettiva, cioè valida per la volontà di ogni essere razionale» (Kant, 1787, p. 37).

l'assunto per cui noi saremmo dotati della facoltà del libero arbitrio e il ruolo della coscienza nelle scelte morali, vediamo come sono cambiate le idee sui rapporti tra elementi emotivi e calcolo razionale nella produzione dei giudizi morali.

L'ingresso dei neuroscienziati nella discussione sulla natura del senso morale si può più o meno datare con la scoperta, alla fine degli anni Settanta, da parte di Joseph LeDoux e Michael Gazzaniga, che nei pazienti con *split-brain*[8], nei quali cioè gli emisferi cerebrali erano stati chirurgicamente separati per curare l'epilessia, il contenuto emotivo e quello descrittivo di un'informazione venivano elaborati dal cervello attraverso vie nervose diverse. Un salto di qualità, consentito anche dagli avanzamenti delle tecnologie digitali e di imaging, si è avuto a metà degli anni Novanta, quando i coniugi Antonio e Hanna Damasio rianalizzarono il caso e il cranio di Phineas Gage, un minatore del Vermont, che nel 1828 fu vittima di un incidente che gli distrusse completamente le aree frontale e prefrontale del cervello. Le analisi computerizzate del cranio, attualmente conservato al Warren Anatomical Museum di Boston, furono correlate con il cambiamento di comportamento a cui pare andò incontro Gage dopo l'incidente, secondo quanto riportato dai documenti medici dell'epoca: la sua personalità cambiò completamente (forse solo temporaneamente) ed egli divenne una persona aggressiva, volgare e irrispettosa, quando prima era considerato un uomo «buono». Ulteriori osservazioni ed esperimenti successivi agli studi dei Damasio hanno fatto luce sui rapporti tra emozioni, scelte razionali e giudizi morali, generando una serie di questioni che caratterizzano quel ramo della neuroetica generalmente chiamato «neuroscienze dell'etica»[9].

[8] I pazienti con *split-brain* sono pazienti che hanno subito la resezione chirurgica del corpo calloso, un'area neurale di collegamento tra i due emisferi. Questi pazienti, pur non vedendo consapevolmente un oggetto nel campo visivo sinistro, sono in grado di localizzarlo e descriverlo.

[9] Di fatto la «neuroscienza dell'etica», a cui faceva riferimento Adina Roskies (2002), aveva un impianto in prima istanza più filosofico che empirico, e in qualche modo si avvicinava alla «neurofilosofia» intesa nel senso di Patricia Churchland (1986).

Come conseguenza delle scoperte che descriveremo nella prossima sezione, si è affermata nelle neuroscienze cognitive una nuova visione, per così dire, «pan-emozionalista»[10]: le emozioni governano buona parte della nostra cognizione, ma soprattutto sono determinanti per giudicare e agire moralmente. In qualche modo, la ricerca empirica sembra effettivamente aver dato ragione a Hume, e torto a Cartesio e a Kant. Il nostro giudizio morale sarebbe guidato dalle «passioni», non dalla ragione. Possiamo essere morali, dunque, ma non esattamente nel modo in cui crediamo intuitivamente di esserlo. Anzi, le cose sono un po' più complesse. Noi universalizziamo i nostri giudizi, e quindi giustifichiamo con argomenti prevalentemente deontologici le valutazioni e le decisioni morali, proprio come credeva Kant. Ma lo facciamo, in quanto siamo spinti da intuizioni radicate nelle nostre strutture emotive, quindi anche dai pregiudizi, e *non* perché guidati dalla ragione e sulla base di una decisione autonoma o libera.

Non si può non fare un'associazione pressoché immediata e pensare a quanto i giudizi di Nietzsche su Kant fossero vicini al vero. Sia quando, ne *La Gaia Scienza*, afferma che Kant «scrisse contro i dotti in favore del pregiudizio popolare, ma scrisse per i dotti e non per il popolo». Sia quando, ne *L'anticristo*, scrive: «L'istinto erroneo in tutto e per tutto, la contronatura come istinto, la *dècadence* tedesca come filosofia – questo è Kant! » (af. 11).

5.2 Neuroscienze del bene e del male

Si può dire che un po' tutto è cominciato con il *trolley problem*, il problema del carrello ferroviario. In tutte le culture del mondo la stragrande maggioranza delle persone ritiene moralmente lecito deviare un carrello in corsa su dei binari da una rotta, percorrendo la quale finirà con l'uccidere cinque persone, ver-

[10] Jonathan Haidt (2007) riconduce questa nuova concezione emozionalista alle previsioni lungimiranti di E.O. Wilson che nel 1975 aveva ipotizzato la mescolanza futura delle teorie psicologiche con le ricerche sul sistema limbico-ipotalamico, il sistema neurale delle emozioni, per comprendere origini e meccanismi della morale.

so una rotta dove si trova un'unica persona. Far morire una persona è preferibile moralmente a lasciarne morire cinque. Tuttavia, se per salvare le stesse cinque persone, si deve spingere un uomo corpulento lungo i binari, in modo tale che con il suo corpo freni il carrello, giudichiamo l'azione non moralmente lecita. Questo dilemma morale, proposto da Philippa Foot nella seconda metà degli anni Sessanta e pane quotidiano per i filosofi morali analitici della seconda metà del secolo scorso, ha attratto psicologi e neuroscienziati, che lo hanno studiato, insieme ad altri dilemmi morali, in condizioni sperimentali. Al di là delle numerose versioni con cui il dilemma può essere espresso, i risultati più rilevanti per la discussione sul perché si risponda differentemente a due problemi morali che descrivono la stessa conseguenza (cinque morti, invece di uno) sono stati forniti dalla risonanza magnetica funzionale (Greene *et al.*, 2001).

Intanto: come spiegano i filosofi questo risultato? Per un kantiano, lo scenario dell'uomo che viene spinto sui binari contraddice la massima secondo cui le persone non si possono usare come mezzi, ma devono sempre e solo essere trattate come fini in sé[11] (nel primo scenario, il pedone sfortunato capiterebbe infatti lì per caso). Questa soluzione non risulta completamente soddisfacente. Quello che le neuroscienze hanno messo in luce, invece, è un meccanimo tutt'altro che in accordo con una spiegazione deontologica: la soluzione «risiede nella tendenza della seconda situazione di coinvolgere le emozioni delle persone in un modo che la prima non è in grado di fare»[12], ovvero nel fatto che dei processi emotivi risultano coinvolti nel giudizio morale. Un'ipo-

[11] Ricordiamo che Kant, nella *Critica della ragion pratica* (Kant, 1787), vede la morale come universale e *a priori*, espressa dalle formule di imperativo categorico, prima tra tutte la cosiddetta *Legge fondamentale della ragion pura pratica*, ovvero «Opera in modo che la massima della tua volontà possa sempre valere in ogni tempo come principio di una legislazione universale» (p. 65). Ne esistono due altre note formulazioni, enunciate da Kant nella *Fondazione della metafisica dei costumi* (1785), secondo cui si deve agire in modo tale da trattare l'umanità come un fine, e mai semplicemente come un mezzo, e in modo tale che la volontà possa, in forza della sua massima, considerare se stessa universalmente legislatrice.

[12] Greene *et al.*, 2001, p. 293.

tesi che né Kant, né i filosofi venuti dopo, né accreditati psicologi della morale del Novecento, come Kohlberg o Piaget avrebbero mai preso in considerazione.

Studiando soggetti senza lesioni cerebrali, Greene e la maggior parte degli psicologi morali odierni hanno prodotto le prove di quanto avevano immaginato i neuroscienziati che avevano analizzato le emozioni, partendo da casi neurologici[13]: la morale è scritta in qualche modo dentro di noi, nei nostri geni, condivisa dai membri della nostra specie, e per alcuni aspetti anche con qualche altra specie, ed è prevalentemente guidata da processi automatici e inconsapevoli come le nostre emozioni.

Ma torniamo al primo contributo neuroscientifico che ha sdoganato il ruolo delle emozioni nei comportamenti che hanno implicazioni morali. Dopo aver studiato il caso di Phineas Gage[14], i coniugi Damasio si interessarono ai «moderni Phineas Gage», cioè a pazienti neurologici con lesioni prefrontali, apparentemente sani e intelligenti, con un'«impressione di solidità»[15], ma con capacità decisionali fortemente compromesse: dall'indecisione ossessiva all'incapacità di allontanarsi da un'attività, al fatto di spendere o rischiare di perdere denaro in modo irrazionale, fino a manifestare comportamenti sessuali disinibiti. I test sperimentali condotti da Jeffrey Saver e Antonio Damasio (1991) su un paziente di 33 anni di nome Elliot, che aveva subito un'asportazione di tessuto cerebrale prefrontale, mettevano in luce che i

[13] Damasio, 1994; LeDoux, 1996; Davidson e Irwin, 1999; Reiman, 1997.

[14] Le analisi computerizzate del cranio di Gage hanno dato vita a interpretazioni diverse ma a uno stesso paradigma per gli studi della moralità. Per alcuni, il deficit di Gage è interpretabile come una disfunzione del sistema deputato alla capacità di attribuire agli altri stati mentali sulla base dei comportamenti, il cosiddetto sistema di *teoria della mente* (Shallice, 2001). Per altri, come Damasio (*et al.*, 1990), la lesione di Gage compromette il *marcatore somatico*, un insieme di sistemi fisiologici (espressi somaticamente da sudorazione, ritmo cardiaco, tensione muscolare ecc.), che producono le emozioni e sono preposti alle decisioni. Le sindromi frontali sono state assunte da allora a rango di paradigma della ricostruzione dell'architettura neurocognitiva del comportamento morale e delle sociopatie.

[15] Damasio, 1994, p. 78.

deficit decisionali non erano riconducibili né alla scarsità o alla difficoltà di accesso alla conoscenza sociale, né a problemi del ragionamento, che dal punto di vista logico era perfettamente coerente. Elliot funzionava perfettamente nelle prove in cui si testava la sua capacità di prefigurarsi delle decisioni, era del tutto consapevole delle conseguenze e sapeva bilanciare i mezzi in rapporto ai fini, prevedendo le conseguenze sociali degli atti compiuti. In altre parole, se intervistato utilizzando lo schema di Kohlberg per valutare il grado di maturità morale, Elliot era allo stadio postconvenzionale del pensiero morale, tipico solo dell'11% dei suoi coetanei, ancora prevalentemente allo stadio convenzionale (cfr. Damasio, 1994, p. 89). Egli quindi risultava moralmente più maturo della maggioranza dei maschi americani della sua età. Nondimeno, il suo comportamento era sconsiderato e agiva contraddicendo le decisioni o i giudizi a cui era in grado di giungere su un piano razionale astratto. Di conseguenza, Elliot e i casi clinici analoghi dimostrano che la capacità morale non può essere questione né di ragionamento né di conoscenza. Kohlberg si era sbagliato.

C'è un altro fatto sorprendente che aveva però colpito quei ricercatori: i pazienti colpiti da lesioni nelle zone somatosensitive, soprattutto nell'emisfero destro, e che manifestavano altri particolari deficit cognitivi, somigliavano ai pazienti prefrontali. I primi potevano manifestare anosognosia, la condizione per cui non vi è consapevolezza del proprio stato morboso (per esempio, una paralisi agli arti sinistri), ma anche i secondi erano indifferenti al proprio stato di salute. Come i prefrontali, i pazienti somatosensitivi erano incapaci di prendere decisioni personali o sociali. E i pazienti prefrontali, come i somatosensitivi, avevano un'insolita resistenza al dolore. Damasio concluse quindi che ragione ed emozione non sono processi distinti – questo sarebbe l'«errore di Cartesio», da cui il titolo del suo celebre saggio –, ma due processi incrociati localmente in una zona specifica del cervello, la corteccia prefrontale ventromediale (vmPFC), con input provenienti dall'amigdala. La sua idea era che il discrimine nel processo decisionale fossero le emozioni. La difficoltà nella scelta, in questi pazienti, stava nel fatto che essi non avevano l'input emotivo a causa del danno nell'area prefrontale, ma quest'input è fondamentale per operare una scelta: se l'emozione è positiva c'è il via libera, se l'emozione è negativa si ha, invece, un'inibizione. Le emozioni funzionerebbero come dei «marcatori» decisionali, secondo Damasio: sarebbero il segnale del corpo che conduce a una decisione definitiva.

La scoperta è stata parzialmente confermata da studi su pazienti con disturbi della condotta, i cosiddetti psicopatici o sociopatici (i termini sono sinonimi, ma il secondo viene preferito per non creare confusione con psicosi o disturbi dell'umore). I dati raccolti attraverso studi con neuroimmagini, ma anche di carattere neuroanatomico, sulle tendenze alla psicopatia e al comportamento antisociale (disturbi in cui si manifesta mancanza di simpatia/empatia per le sofferenze della vittima e di senso di colpa nel recare danno grave agli altri) hanno consentito di elaborare modelli neurocognitivi su queste condizioni, in cui il comportamento che chiamiamo «immorale» diventa una condizione che potrebbe avere un carattere disadattativo o patologico. Gli studi indicano che individui con un rischio maggiore di reagire aggressivamente, per esempio di esplodere in una reazione violenta senza alcun pretesto o scopo, e che non fanno un uso strumentale dell'aggressività, manifestano una risposta accentuata a livello dell'amigdala, la piccola struttura che si trova al centro del cervello e che crea le emozioni. Ne è stata ricavata l'ipotesi che questi individui rispondano in modo inappropriato ed eccessivo a eventi percepiti come minacciosi o frustranti. Gli individui con tendenze psicopatiche, invece, mostrano, in risposta a stimoli minacciosi o ad apprendimento emotivo, un'inferiore attivazione dell'amigdala, ma anche di aree del lobo frontale e prefrontale, la corteccia orbitofrontale (OFC) e la corteccia prefrontale ventromediale (vmPFC), che governano compiti cognitivi più complessi come la memoria di lavoro, l'attenzione, la progettazione (cfr. Blair, 1995 e studi successivi). Non è ancora stabilito in che modo questi risultati si colleghino alla disfunzione, se cioè questa risieda nell'inattività delle aree prefrontali o nell'input ridotto proveniente dall'amigdala verso queste regioni. Nel modello suggerito da James Blair (2007), l'amigdala allerta riguardo ad azioni che danneggiano gli altri e guida, insieme alla vmPFC, la decisione morale; queste regioni sono quindi ritenute alla base dei comportamenti di cura e protezione. Gli individui antisociali o con psicopatia, con disfunzioni nell'interazione tra queste regioni, avrebbero problemi nella capacità di apprendere come gestire le emozioni e di prendere decisioni aventi contenuto morale.

Sul versante psicologico, e in modo inizialmente indipendente dagli studi neuroscientifici, lo psicologo morale Jonathan Haidt metteva ulteriormente in discussione, con una serie di esperimenti psicologici condotti su soggetti di diverse culture, che il ragionamento dia inizio al giudizio morale, descrivendo situazioni in cui le persone non sono in grado di fornire solide ragioni per i loro giudizi. I soggetti giudicavano sbagliate, in modo intuitivo e senza riuscire a trovare argomenti razionali, azioni come, per esempio, mangiare il proprio cane morto per un incidente, pulire la toilette con la bandiera nazionale, mangiare un pollo macellato, anche se ripulito, dopo averlo usato per masturbarsi, avere un rapporto incestuoso occasionale e consenziente tra fratelli ecc. Questa condizione è stata chiamata «confusione morale» (*moral dumbfounding*, Haidt *et al.*, 2000). Insomma, dall'esame dei giudizi di gruppi di americani e brasiliani su azioni di fatto non dannose, ma che suscitavano, comunque, intense reazioni morali (cfr. Haidt, Koller e Dias, 1993), si poteva ricavare una spiegazione intuizionista del giudizio morale. Di fatto, era un'ulteriore prova che alla base di quest'ultimo vi fosse un processo intuitivo, automatico, emotivo (per esempio, piacere o disgusto). Peraltro, studi recenti hanno dimostrato il coinvolgimento diretto delle vie fisiologiche del disgusto, evolutivamente implicate nella protezione dall'ingerimento di sostanze dannose, negli atteggiamenti verso comportamenti ritenuti moralmente trasgressivi.

Era nel 2001 che il filosofo sperimentale Joshua Greene (Greene *et al.*, 2001) pubblicava i risultati degli esperimenti in cui aveva chiesto ai partecipanti, monitorati con la risonanza magnetica funzionale, di giudicare «appropriati» o «inappropriati» 60 dilemmi morali, del tipo del dilemma del carrello, o non-morali, come decidere se viaggiare in bus o in treno date certe circostanze o quale tra due buoni spesa usare in un negozio. I dilemmi morali, a loro volta, potevano avere connotati come *personali* o *impersonali*. Sono dilemmi morali personali quelli in cui il danno viene messo in atto direttamente da chi agisce (per esempio, lanciare dal ponte una persona per arrestare il carrello ferroviario, espiantare gli organi a una persona cattiva per donarli ad altre cinque o derubare persone che tentano di mettersi in salvo da una barca in procinto di affondare). Impersonali sono i dilemmi in cui manca un contatto diretto con la persona che subisce il danno, come nel caso della deviazione del treno, o se si tiene per sé il denaro trovato in un portafoglio smarrito o quando si vota per una politica che causerà più morti delle sue alternative.

Come anticipato all'inizio del capitolo, i risultati della risonanza magnetica sono stati i seguenti. Alcune aree associate con le emozioni (il giro frontale mediale, il giro cingolato posteriore, il giro angolare destro e sinistro) erano più attive, e in modo significativo, nelle situazioni morali personali, rispetto a quelle morali impersonali o non morali. Altre aree, associate con la memoria di lavoro (giro frontale medio, lobo parietale destro e sinistro) erano meno attive nelle situazioni morali personali e maggiormente attive nelle altre due condizioni, senza particolari differenze tra quella morale impersonale e quella non morale. L'interferenza emotiva, quindi, sembrava riguardare i casi morali personali. Per Greene (cfr. Greene *et al.*, 2004) la distinzione tra violazioni di tipo personale e impersonale avrebbe radici evolutive: dato quello che oggi sappiamo sul comportamento dei primati, si può immaginare che i nostri antenati fossero impegnati in intense vite sociali su base emotiva e che quanto più si va a ritroso nella nostra storia evolutiva tanto più ridotto risulterà il ruolo del «ragionamento» morale, cioè di processi deliberativi relativamente lenti, che prevedono capacità di astrazione e altre varie componenti introspettive, e che sono peraltro dovuti a strutture nervose evolutesi e perfezionatesi in tempi più recenti.

Anche se sono stati criticati per il fatto di risultare troppo schematici nella costruzione dei dilemmi e nella profondità dell'analisi morale, gli esperimenti e i risultati di Greene appaiono plausibili per quanto riguarda l'impianto sperimentale e l'analisi dei dati, anche se hanno due importanti limiti: si tratta sempre di risposte date in contesti definiti e lontani dalla situazione oggetto di giudizio; non precludono la possibilità di identificare ulteriori processi mentali e strutture nervose implicate nella costruzione del giudizio morale.

Recenti studi che usano la stimolazione magnetica transcranica o TMS, effettuati da ricercatori del Massachusetts Institute of Technology, hanno testato il ruolo delle credenze nei giudizi morali puntando la sonda della TMS verso un'area, la giunzione temporo-parietale destra (RTPJ), coinvolta nel ragionamento sugli stati mentali (Young *et al.*, 2010). Ebbene, se si interrompe l'attività neurale di quest'area mediante TMS, il giudizio morale dei soggetti sperimentali diventa meno «rigido». Gli esperimenti intendevano testare l'ipotesi che il ragionamento sugli stati mentali, la capacità di fare inferenze sulle credenze o le intenzioni della persona coinvolta nell'evento da giudicare sono necessari per elaborare giudizi morali.

Questa capacità viene spesso denominata *teoria della mente* e la RTPJ sembra un'area coinvolta nell'espletamento di questa funzione. Nel corso di un esperimento è stata disturbata l'attività neurale dell'RTPJ poco prima del giudizio morale. In un altro, l'interferenza ha riguardato l'attività neurale dell'RTPJ durante il giudizio morale. In entrambi, i partecipanti stimolati con TMS nella giunzione temporo-parietale destra riuscivano a far minore affidamento sugli stati mentali della persona coinvolta nell'evento da giudicare. Un effetto interessante ha riguardato i tentativi di procurare danno, cioè i casi in cui le persone da giudicare intendevano procurare un danno senza riuscirvi. I partecipanti all'esperimento, in seguito a stimolazione della giunzione temporo-parietale destra, giudicavano i tentativi di procurare danno moralmente meno gravi e, quindi, più leciti. Se ne è concluso che il ragionamento sugli stati mentali della persona da giudicare è necessario per esprimere un giudizio morale.

Il comun denominatore degli studi neuroscientifici sul giudizio morale è che viene conferito un ruolo importante alle emozioni, secondo alcuni un ruolo egemone, secondo altri un ruolo il cui peso dipende dal livello di controllo che può essere esercitato dalle strutture deputate alle funzioni esecutive rispetto alle regole sociali. Secondo la ricostruzione di Neil Levy (2009), quindi, il dibattito si articola in uno spettro ampio di posizioni, che si differenziano soprattutto nel cercare di spiegare come lavora il cervello umano, quando funziona normalmente, rispetto alle *norme* sociali.

5.3 Dalla neuroetica all'etica

Alla luce di queste scoperte, quali interpretazioni sono state pensate sul piano dell'organizzazione funzionale del senso morale umano? Greene e colleghi (2004) propendono per una teoria sul giudizio morale detta *dual-process*, cioè fondata su un doppio processo: il giudizio sarebbe prodotto dall'interazione tra due funzioni cognitive differenti, il sistema delle emozioni e quello del controllo cognitivo. Nelle situazioni in cui viene richiesto al soggetto di sacrificare direttamente e personalmente un conspecifico per un bene più grande, si attivano reazioni emotive che, in alcuni soggetti, ma non nella maggioranza dei casi, possono essere dominate da un controllo cognitivo localizzato nella corteccia prefrontale dorsolaterale (DLPFC). Secondo questo modello, il giudizio morale emerge dalla competizione e dalla negoziazione tra emozione e cognizione.

Gli esperimenti in cui si deve giudicare la decisione in merito al dilemma del carrello mostrerebbero che le violazioni morali «personali» sono guidate da risposte socio-emotive, mentre quelle «impersonali» da processi più «cognitivi» in senso stretto, o che sarebbe meglio chiamare «metacognitivi»[16]. L'idea è, inoltre, che i giudizi di tipo utilitaristico, in cui è coivolto un calcolo complesso delle conseguenze e dell'utilità, richiedano una maggiore attività, soprattutto per le regioni frontali e parietali; idea conferma-

[16] Ciò che gli autori qui chiamano «cognitivo» corrisponde a ciò che viene indicato nel dibattito come «metacognizione». La metacognizione è generalmente ritenuta composta da due tipologie di processi: quello della *conoscenza*, le informazioni possedute circa le proprie funzioni cognitive, e quello della *regolazione* da parte delle funzioni esecutive, suddivisa solitamente in monitoraggio e controllo.

ta dai tempi di reazione richiesti per questo tipo di attività, che risultano maggiori.

Alcuni test psicologici, come lo IAT (Implicit Association Test) o quello dell'effetto Stroop (associare, per esempio, la parola «rosso» scritta in verde al colore verde) sono indirizzati proprio ad attivare capacità di controllo attentivo e quindi a stabilire quanto il soggetto si deve impegnare per esercitare un «controllo cognitivo» sulle risposte. Durante questo tipo di test, ad attivarsi è un'area cerebrale specifica, la corteccia cingolata anteriore (ACC), che è stata associata al «conflitto cognitivo», cioè a tutte quelle circostanze in cui si deve operare un controllo da parte delle funzioni superiori, perché c'è una competizione tra una risposta spontanea o emotiva, che si impone prepotentemente, e un'altra risposta che richiede il ragionamento astratto. L'impiego del ragionamento astratto, e dunque del «controllo», è testimoniato dalla contemporanea attivazione, durante compiti di questo tipo, della corteccia prefrontale dorsolaterale (DPFC). La teoria del doppio processo è una teoria sintetica che integra componenti emotive e ragionamento, in cui, a seconda delle situazioni, la bilancia sembra pendere verso le prime o verso il secondo: nei giudizi morali personali semplici sono le emozioni a prevalere, ma ciò non vale, secondo quanto emerge dall'analisi del gruppo di Greene, per i giudizi morali personali molto complessi e per i giudizi utilitaristici. I dati sperimentali mostrano che né i giudizi utilitaristici sono completamente «cognitivi» né i giudizi non utilitaristi sono completamente emotivi. La teoria di Greene è di chiara ispirazione humeana, per cui la base affettiva ha sempre una fondamentale imprescindibile importanza: «anche un freddo, calcolatore utilitarista deve essere motivato, in primo luogo, a dedicarsi al ragionamento che un giudizio utilitarista richiede e, in secondo luogo, a rispondere in modo coerente a quel giudizio»[17].

Una conclusione a cui arriva Joshua Greene (2008) sulla base dei suoi studi sperimentali è che questi risultati costituiscano delle prove a sfavore della plausibilità (forse sarebbe meglio dire: funzionalità) di una teoria etica quale la deontologia e che cor-

[17] Greene *et al.*, 2004, p. 397.

roborino invece il consequenzialismo. Come noto, il consequenzialismo stabilisce la liceità di un'azione sulla base delle conseguenze che produce, mentre la deontologia è la famiglia di teorie – la più influente è quella di Kant, come abbiamo visto, fondata sull'imperativo categorico come guida della decisione morale – che pone l'accento sul rispetto inderogabile di *regole* morali, ritenute universali, accessibili intellettualmente e declinate socialmente in termini di diritti e doveri. Greene ritiene che gli studi empirici stabiliscano che nel pensiero morale deontologico prevalgono prepotentemente le emozioni, mentre in quello consequenzialista il comando e il controllo cognitivo, concludendo che il consequenzialismo è migliore della deontologia. In pratica, per Greene, deontologia e consequenzialismo sono *generi naturali psicologici*, cioè differenti modi di pensare moralmente. Greene distingue tra giudizi «consequenzialisti in modo caratteristico» e giudizi «deontologici in modo caratteristico», intendendo con la prima locuzione giudizi le cui conclusioni sono del tipo «meglio salvare più vite» e, con la seconda, giudizi del tipo «è sbagliato a discapito dei benefici». Nel primo caso il giudizio dipende appunto dalle conseguenze, mentre, nel secondo caso, il giudizio è dato su basi assolute perché richiama direttamente una regola morale.

L'argomentazione di Greene si basa su un supposto legame tra emozione e deontologia, cioè sull'idea che la deontologia sia un'intepretazione «cognitiva» di emozioni morali, un prodotto della confabulazione che ha luogo quando si provano emozioni morali intuitive. Ciò sembra, nella visione di Greene, confermato dai suoi studi sulle differenze di attivazioni neuronali quando si compiono giudizi deontologici rispetto a giudizi utilitaristici. «Abbiamo forti sentimenti che ci dicono, in termini chiari e mutevoli, che alcune cose *semplicemente non possono esser fatte* e che altre cose *semplicemente devono esser fatte*»[18] sostiene Greene. I filosofi si sarebbero quindi inventati l'esistenza di cose che hanno chiamato «diritti», che le persone possiedono, e l'idea che quando qualcuno ha un diritto non si può fare niente per portarglielo via. «Non importa se il ragazzo sul ponte è alla fine della sua vita na-

[18] Greene, 2008, p. 63, corsivo originale.

turale o se ci sono sette persone sulla traiettoria invece di cinque. Se l'uomo ha un diritto, allora *ha un diritto*»[19]. Se la deontologia è dunque espressione delle nostre emozioni più profonde, ciò non sembra valere per il consequenzialismo, corrente che, a detta di Greene, manca di quel «campanello di allarme» che sembra guidare giudizi di tipo deontologico. Le conclusioni di Greene hanno risvolti anche di tipo giuridico, come si vedrà nel prossimo capitolo, dato che per le stesse motivazioni l'autore preferisce una teoria consequenzialista o preventiva a una retributivista circa la giustificazione della pena (cfr. anche Greene e Cohen, 2004).

La visione di Greene conferisce un valore superiore al consequenzialismo perché «cognitivo» in senso più stretto, cioè meno automatico e più neutrale dal punto di vista del comportamento. Tuttavia, nelle neuroscienze cognitive, non esiste un consenso sui criteri di distinzione tra processi emotivi e processi strettamente cognitivi, una distinzione che costituisce anch'essa materia di dibattito e produce modelli neuroetici differenti a seconda dell'ipotesi sposata a riguardo. Se anche, però, deontologia ed emozioni si legano quanto consequenzialismo e cognizione in senso stretto, ritenere migliore il secondo tipo di teoria morale richiede che vengano compiuti passi teorici ulteriori[20]; per esempio, che sia data una convincente spiegazione del perché le scelte automatiche e intuitive siano inferiori o magari sbagliate rispetto a quelle cognitive in senso stretto. Alcuni dati emersi da studi su pazienti con lesioni a livello delle strutture che modulano il controllo delle emozioni – e che mostrano come non in tutti i contesti una riduzione del funzionamento di tali strutture favorisce schemi decisionali di tipo utilitaristico, ma che in alcune circostanze spinge addirittura questi pazienti ad abnormi tendenze deontologiche (Koenigs e Tranel, 2007) – inducono a ritenere comunque troppo schematiche le tesi di Greene.

Sono state suggerite interpretazioni anche più articolate dei processi neurobiologici attivati nei contesti dei dilemmi morali. Per esempio, il neurobiologo Jorge Moll giudica troppo sempli-

[19] *Ibidem*.

[20] Per una discussione cfr. Dean, 2010.

cistica la teoria del doppio processo e propone un modello di cognizione morale detto *event-feature-emotion complex* (EFEC), che vede l'interazione di più sistemi e non il conflitto tra due di essi (Moll *et al.*, 2005; Moll e de Oliveira-Souza, 2007). Definendo la morale come «l'insieme di costumi e valori che vengono abbracciati da un gruppo culturale per governare la condotta sociale»[21], Moll e i suoi collaboratori mirano a dar conto anche della variabilità culturale di valori e norme, della moltiplicità dei domini psicologici coinvolti nella cognizione morale, del legame biologico tra morale e valutazione, e dunque tra morale e *motivazioni*, oltre che della coevoluzione di geni-cultura, che ha generato forme sofisticate di cooperazione e reciprocità. Tutte queste condizioni vengono collegate sempre sulla base di una concezione emozionalista della morale, dove giocano un ruolo primario le regioni limbiche, emotive e le interazioni tra queste e le regioni isocorticali delle funzioni cognitive superiori. Tuttavia l'interazione non darebbe luogo tanto a un conflitto cognitivo, quanto a un'integrazione cortico-limbica della cognizione morale che, rispetto al controllo cognitivo, assume che scelte razionali o puramente cognitive, prive cioé di potere motivazionale, non siano proprio possibili, perché tutte le esperienze moralmente rilevanti sarebbero invece complessi di associazione cognitivo-emozionale.

Cognizione ed emozione sono, quindi, integrate in modo continuo. Il loro modello prevede tre principali componenti: la conoscenza strutturata di *eventi* (*events*), localizzata nelle regioni prefrontali; le *configurazioni* funzionali e percettive sociali (*features*), immagazzinate nei settori posteriori e anteriori della corteccia temporale; gli stati emotivi di base o motivazionali (*emotions*), come aggressività, tristezza, attaccamento o eccitazione sessuale, rappresentati all'interno di regioni limbiche e paralimbiche. Sentimenti morali, valori morali o scopi a lungo termine sono le tipologie di fenomeni che possono essere spiegate attraverso il modello EFEC. Le tre componenti del modello interagiscono in modo tale, attraverso la sincronizzazione temporale, da dar luogo all'esperienza complessiva (che può corrispondere, per esem-

[21] Moll *et al.*, 2008, p. 161, corsivo originale.

pio, al sentimento morale della compassione, al senso di colpa, al senso di attaccamento interpersonale).

Ognuna di queste componenti fornisce uno specifico contributo. Descrivendo il sentimento morale della compassione, il gruppo di Moll ipotizza che la corteccia prefrontale (PFC) dia luogo a rappresentazioni di eventi contestuali (per esempio, una ragazzina è orfana con poche speranze di adozione); la regione del solco temporale superiore (STS) e la corteccia temporale anteriore diano luogo a rappresentazioni percettive sociali (l'espressione facciale triste della bambina) e funzionali (il concetto di «impossibilità di aiuto»); le regioni limbiche e paralimpiche mettano in atto stati motivazionali centrali (sensazioni di tristezza, ansia e attaccamento). Due sono gli elementi rilevanti di questo modello. Innanzitutto, è un modello *integrativo*: le emozioni entrano in gioco in una rete più ampia e quindi non svolgono quel ruolo subordinato a loro conferito dal modello architetturale più classico, tra cui anche quello proposto da Greene, per cui le emozioni si collocano ai «piani bassi» della mente (e il pensiero razionale ai piani alti) e, secondo quanto tramandatoci da Cartesio, sono anche inferiori in una gerarchia valoriale, come finisce col concludere lo stesso Greene. Si tratta inoltre di una teoria che si situa, più che nella linea di Hume e dell'utilitarismo, in quella di Adam Smith, Charles Darwin e Frans De Waal, per i quali lo scopo dei sentimenti morali sarebbe la *regolazione* dei comportamenti sociali, imponendo l'osservanza delle norme sociali in accordo con i valori che sono stati precedentemente internalizzati.

Al di là dei dettagli, sul fronte degli studi empirici riguardanti la neurobiologia e la psicologia della morale umana, è ormai prevalente una visione che assegna un ruolo comunque importante alle emozioni e all'intuizione. Lo psicologo morale Jonathan Haidt (2001) ha prodotto quella che forse è la sintesi teorica più strutturata, cioè il modello *intuizionista sociale* (SIM). A partire da indicazioni neurofisiologiche e psicologiche che rilevano l'influenza del disgusto nell'espressione dei giudizi morali, il modello sviluppa l'idea che il giudizio morale sia mosso dall'intuizione, un'intuizione specificatamente morale che si configura come una sorta di elaborazione veloce e inconsapevole che incorpora emozioni morali.

Haidt è un po' un «purista» dell'emozionalismo, per cui il suo punto di vista viene criticato dai «cognitivisti». Il suo modello non va solo contro l'idea tradizionale che il ruolo preminente nella produzione del giudizio morale lo abbia il ragionamento sulle regole sociali apprese: per Haidt, il giudizio morale dipende *soltanto* da processi intuitivi inconsapevoli. Esso è il frutto di un'emozione positiva (un senso di benessere o di agio) o negativa (disgusto, orrore, fastidio), generate da un processo sub-personale attivato dalla percezione di uno stimolo, un pensiero o una situazione moralmente rilevante. Il sentimento generato è parzialmente frutto dell'educazione culturale e parzialmente innato: ciò spiegherebbe l'uniformità transculturale dei contenuti di alcuni giudizi di valore e le differenze culturali di altri. Nel senso che Haidt identifica cinque elementi fondativi universali della morale, che riguardano l'avversione al danno e la preferenza per il benessere altrui, l'avversione all'iniquità e la preferenza per scambi equi (reciprocazione), il sospetto per l'estraneo e la solidarietà verso i membri del proprio gruppo, la predisposizione all'obbedienza, cioè la sensibilità per l'autorità e la gerarchia, e, infine, la paura della contaminazione (per una visione più ampia, estesa alla politica e alla religione, cfr. anche Haidt, 2012).

Intuizione, dunque, e non controllo cognitivo: il ragionamento o la deliberazione non hanno niente a che fare con il giudizio morale perché le giustificazioni del giudizio, quando presenti, si generano successivamente come ragionamenti *post-hoc*. Il modello di Haidt si caratterizza, inoltre, come «sociale» perché gli effetti del ragionamento *post-hoc* si colgono nell'attività di giustificazione del proprio giudizio e di persuasione di altri soggetti.

Questa visione pan-emozionalista è stata criticata da chi ritiene che il giudizio morale sia il risultato di un'interazione complessa tra emozioni e regole apprese. I filosofi sperimentali Ron Mallon e Shaun Nichols (2010) sono tra questi. Essi pensano infatti che, sebbene le regole non siano l'unico fattore alla base del giudizio di carattere morale, siano comunque il fattore cruciale. Mallon e Nichols difendono un approccio *internalista*, per cui le regole morali, e in dettaglio il modo in cui queste vengono rappresentate mentalmente, svolgono un ruolo *causale* nella produzione di giudizi e comportamenti. Le regole verrebbero evocate mentalmente nel momento in cui qualche particolare dato nella situazione richiama la regola internalizzata.

La loro concezione nasce da un'interpretazione diversa del dilemma del carrello, che ritiene, al contrario della letteratura predominante sull'argomento, che gli esperimenti sul dilemma non mettono assolutamente in crisi l'idea che il giudizio morale sia una rappresentazione interna di principi e regole perché ci sono, a loro detta, buone ragioni per credere che anche quei casi particolari descritti siano ascrivibili a regole morali. Per questi autori, la regola «non uccidere» vieta, per esempio, di agire in modo da provocare la morte di una persona, ma *non* nel caso in cui la morte di una persona sia non voluta, ovvero nel caso in cui l'uccisione è un effetto collaterale imprevisto. Come dire che anche le comuni regole morali sono concepite in modo da ammettere certe eccezioni, senza che i risultati siano interpretati *ex post*. Non è difficile notare che questa conclusione, come gli stessi autori d'altronde finiscono con il riconoscere, appare decisamente *ad hoc*. E, soprattutto, troppo in linea con il senso comune.

La loro idea, tuttavia, ispirata a una serie di esperimenti condotti da loro stessi (Nichols e Mallon, 2006), è che sia caratteristica comune a molte regole quella di creare discordanze e asimmetrie tra casi formalmente similari, e che il carattere personale o impersonale dei dilemmi non sia così importante. Essi ammettono che nel giudizio morale abbiano un ruolo cruciale le emozioni e che esista una differenza tra impermissibilità in generale e regole morali in senso stretto. Tuttavia reputano che, se anche le regole da sole non sono in grado di spiegare i giudizi morali, questo non vuol dire che le regole non debbano fare parte di una spiegazione completa di come questi vengono elaborati. Per Mallon e Nichols, le emozioni contribuiscono a dare salienza e importanza alle regole, e con esse rappresentano l'input di un ulteriore calcolo che produce il giudizio morale. I due studiosi non chiariscono però in che modo emozioni e regole interagiscono per generare tale giudizio

Non si deve mai dimenticare che le situazioni che vengono descritte come dilemmi morali sono create artificialmente, e in alcuni casi presentano contenuti, come il concetto di danno ambientale, o di abusi e situazioni che sono il prodotto di un contesto culturale quanto mai lontano dagli stimoli sociali che hanno plasmato evolutivamente le nostre preferenze e idiosincrasie morali.

5.4 Morale, coscienza e libero arbitrio

Tradizionalmente, la riflessione filosofica sulla morale ha collocato nella coscienza (qualsiasi cosa si voglia intendere con essa) la capacità di distinguere, o intuitivamente o per mezzo della ragione, il bene dal male. Non solo, ma tale capacità implicherebbe, per una parte consistente della tradizione filosofica occidentale, la libertà del volere come precondizione. Quando si dibatte su queste categorie va tenuto a mente che coscienza, persona, libero arbitrio, autodeterminazione ecc. sono concetti apparsi molto recentemente nella storia dell'umanità e che hanno ancora un'alta variabilità di significato in culture diverse da quella occidentale. Le categorie che fondano la psicologia sociale della modernità, e sulle quali la filosofia morale e politica hanno costruito le loro argomentazioni, hanno fatto la loro prima comparsa tra il XII e XIII secolo con il mutare delle forme sociali e l'introduzione del concetto di *civis* (il cittadino portatore di diritti), ma si sono affermate, dopo una prima caratterizzazione dell'immagine della natura umana a opera del Rinascimento, con il sorgere della cultura scientifica nell'età moderna e imposte prepotentemente con l'Illuminismo (Jervis, 1992).

Uno dei concetti filosofici che le neuroscienze hanno messo più radicalmente in discussione è quello di coscienza. L'idea di senso comune della coscienza è stata scomposta in tante sottofunzioni al di sotto del livello della persona. In questo, le neuroscienze cognitive hanno recuperato, anche se in un modo ben lontano da quello suggerito da Sigmund Freud, la nozione di «inconscio»[22]. Inoltre,

[22] Cfr. Hassin *et al.*, 2005; Jervis, 2011.

gli studi di correlazione tra l'*esperienza* di concepirci come soggetti autocoscienti e l'attività dei meccanismi cerebrali hanno portato alla conclusione che ciò che comunemente chiamiamo «coscienza» è verosimilmente una funzione organizzatrice del cervello, espletata da un complesso, dinamico e distribuito processo di integrazione funzionale di informazioni localmente segregate (cfr. Edelman e Tononi, 2000). In quanto funzione, essa esiste solo in rapporto a una struttura e mai indipendentemente; come qualunque altra funzione può però manifestarsi o sussistere in forme parziali.

Era inevitabile quindi scoprire che non siamo auto-trasparenti a noi stessi (cfr. Carruthers, 2011): buona parte (la gran parte) di ciò che avviene nel nostro cervello è «silente», nel senso che ci è ignoto. Quindi per noi non esiste, e forse per fortuna, si dovrebbe anche dire. Da questo punto di vista, la coscienza non è certamente quello che crediamo sul piano del contributo che può dare al comportamento morale, ovvero una facoltà che abbia tutto sotto controllo, in modo garantito e non intermittente e precario. Probabilmente l'evoluzione di questo tratto psicologico è funzionale alle operazioni di autoinganno, cioè a immagazzinare ed elaborare soprattutto le false informazioni che consentono di ingannare noi stessi allo scopo di ingannare meglio gli altri (Trivers, 2011). Di fatto, si tratta di una funzione altamente plastica e potente, che dipende dalla modificazione delle connessioni neuronali come conseguenza dell'esperienza o dell'apprendimento, quindi, dallo spettro di possibili e incalcolabili integrazioni tra specifiche strutture neuronali, spontaneamente e costantemente in attività e create selettivamente attraverso la varietà dell'esperienza. Ne deriva che alcune esperienze possono dar luogo più di altre a forme di organizzazione dinamica del cervello in grado di produrre e manifestare una capacità attentiva nei confronti di stimoli e ragionamento, che consentono di smascherare gli inganni e possono ridurre il livello di autoinganno, nonché espandere l'autonomia intesa come autogoverno nell'elaborazione del confronto continuo tra le aspettative e le condizioni selettive fornite dal contesto. Tra queste esperienze si potrebbe considerare di particolare rilevanza, per l'acquisizione da parte del cervello di livelli e forme di connettività capaci di incrementare la consapevolezza individuale, l'istruzione strutturata. Essa viene imposta nel corso della maturazione del cervello durante l'infanzia e l'adolescenza, quando cioè avvengono i processi di costruzione e rassodamento delle connettività cerebrali deputate a integrare l'apprendimento nei diversi domini comportamentali. Si può ipotizzare che questa condizione sia all'origine della nostra «seconda natura», come la chiama Edelman (2006), cioè delle esperienze personali e delle costruzioni culturali che ci appaiono tipicamente umane, eppure sganciate dalla nostra natura fisica: una condizione resa possibile dal fatto che la natura umana è stata dotata dall'evoluzione di un cervello con proprietà particolari, come l'illusione di avere una coscienza che ha il controllo sul comportamento. Non è però inverosimile immaginare che alcune esperienze o apprendimenti, in particolare a livello di contenuti, siano più efficaci di altri nel dotare l'illusione del controllo di strumenti che rendono la «seconda natura» capace di capire e governare o sfruttare al meglio delle sue possibilità la «prima» (Corbellini, 2011).

La coscienza, o quel che crediamo tale, ha potere causale sul comportamento? Dai primi esperimenti di Benjamin Libet negli anni Ottanta[23], si sa che processi cerebrali inconsci e automatici precedono la consapevolezza di una decisione e che sono responsabili del comportamento volontario umano. Libet ha dimostrato, infatti, che gli atti volontari sono preceduti da un cambiamento elettrico nel cervello, il cosiddetto potenziale di preparazione (*readiness potential* o RP), rilevabile sperimentalmente 550 millisecondi prima dell'attivazione del movimento muscolare. I soggetti diventano consapevoli dell'intenzione di agire soltanto 350-400 millisecondi dopo il potenziale di preparazione, ma 200-150 millisecondi prima dell'atto motorio. Ciò equivale a dire che i processi volontari, anche se percepiti come frutto di un ragionamento cosciente, sono mossi da processi inconsci. Questo è quanto dedotto dalla relazione temporale tra attività cerebrale e intenzione cosciente di compiere un movimento volontario.

Nell'esperimento di Libet, ai soggetti veniva chiesto di piegare un dito in un momento a loro scelta mentre osservavano il

[23] Libet *et al.*, 1983; Libet, 1985; cfr. Libet, 2004.

movimento circolare di un orologio (che compiva un ciclo completo in 2,56 secondi). Inoltre, essi dovevano ricordare e riferire quando, sulla base della posizione dell'orologio, avevano avvertito l'impulso a muovere il dito. Per gli sperimentatori, l'impulso al movimento riferiva la sensazione del soggetto di voler agire, cioè l'intenzione cosciente o volere (*will*). Già dalla metà degli anni Sessanta, si erano identificati i potenziali di prontezza (RP), segnali elettrici che testimoniano la preparazione al movimento, che sono originati da una regione detta area motoria supplementare (SMA) e che sono rilevabili mediante encefalogramma. L'esperimento di Libet dimostrava, quindi, che il cervello decide prima che la decisione diventi consapevole. Risultati di questo tipo, da Libet in poi, sono stati accolti criticamente, mettendo in dubbio di volta in volta l'affidabilità di valutazioni cronologiche o l'imprecisione dei soggetti nel determinare tempo e posizione di oggetti in movimento o, ancora, la scelta di una variabile come il potenziale di prontezza che riguarda solo le regioni del movimento, escludendo quelle della decisione, come, per esempio, le regioni prefrontali. L'esperimento di Libet costituisce tuttavia un riferimento imprescindibile per gli esperimenti e le discussioni successive.

Nel 2008 (Soon *et al.*, 2008), l'esperimento è stato replicato con metodologie radiologiche. La risonanza magnetica funzionale, che, avendo una bassa risoluzione temporale, non fornisce indicazioni cronologiche per eventi a intervalli piccoli come centinaia di millisecondi, consente però di localizzare nel cervello l'evento con maggiore precisione, a intervalli maggiori. Nell'esperimento sulla decisione cosciente, i soggetti osservavano, dall'interno dell'fMRI, uno schermo in cui una sequenza di lettere si aggiornava in modo casuale ogni 500 millisecondi. I soggetti dovevano decidere liberamente quale premere tra due pulsanti di risposta (destro e sinistro), posti sempre all'interno della macchina, e riferire quale lettera compariva sullo schermo al momento della decisione cosciente. Il risultato ha confermato i dati di Libet. Regioni cerebrali si attivano tra i 7 e i 10 secondi prima della decisione cosciente: la corteccia frontopolare (FPC) o area di Brodmann 10 (BA10) e la corteccia parietale dal precuneo alla corteccia cingolata posteriore. Non si può escludere il coinvolgimento di altre aree predittive. Va detto che l'area di Brodmann in gioco è considerata, anche sulla base di studi neuropsicologici sulle lesioni, sede di processi di codifica e conservazione delle intenzioni: le persone con lesioni in quest'area hanno difficoltà a conservare in memoria piani di azioni da eseguire.

Ha ancora senso, dunque, dire che si è consapevoli delle proprie azioni? I risultati degli esperimenti *à la* Libet vengono normalmente collegati alla discussione sul libero arbitrio, cioè al problema se «siamo davvero liberi?» (De Caro *et al.*, 2010). Ma quello che i risultati di Libet e di esperimenti simili semmai dimostrano – o come la maggior parte di questi dimostra, anche se la questione rimane controversa – è che non siamo *coscienti* di quando davvero prendiamo le decisioni. Del resto i titoli degli articoli di Libet e di Soon e colleghi fanno riferimento rispettivamente all'«iniziativa cerebrale inconscia» (Libet, 1985) e a «determinanti inconsci delle decisioni libere» (Soon *et al.*, 2008)[24].

Questo non equivale esattamente a porre la questione del libero arbitrio in termini metafisici, confacenti alla tradizione filosofica classica, secondo cui il problema del libero arbitrio è un problema di sovra-causazione tra volontà umana e forze deterministiche (onniscienza divina o leggi fisiche). Nella tradizione filosofica, si trattava piuttosto di dar risposta al quesito riguardante il rapporto tra libertà del volere e determinismo, in uno spettro di posizioni che vanno dall'incompatibilismo al compatibilismo. Per dire meglio: *incompatibilista* è chi ritiene che libero arbitrio e determinismo siano posizioni inconciliabili, *compatibilista* chi invece crede che lo siano (e l'onere della prova spetta soprattutto ai fautori del compatibilismo). Il dibattito classico, peraltro, attribuiva un ruolo primario alla «libertà» e un ruolo decisamen-

[24] A dirla tutta, in contrasto con chi interpreta i suoi esperimenti in modo radicale (per esempio Wegner, 2002), Libet mantiene comunque l'idea di una qualche libertà della volontà cosciente, attraverso il «libero veto» (cfr. Libet, 2004). Sulla base dei msec di scarto tra attivazione cerebrale e consapevolezza, Libet sostiene che, sebbene la volontà cosciente non dia inizio alle azioni volontarie, possa intervenire sul risultato o sull'esecuzione dell'azione, optando per continuare l'azione o mettere il veto.

te marginale alla «volontà» all'interno del concetto di «libero arbitrio» (*free will*), al punto tale che una delle più note enciclopedie filosofiche, la *Routledge Encyclopedia of Philosophy*, definisce l'espressione come «il nome convenzionale di un tema che è meglio discusso senza far riferimento alla volontà (*will*)»[25].

Ovviamente, nel dibattito riguardante il libero arbitrio, la parola «libertà» si discosta da altri sensi più comuni e conosciuti come la libertà *sociale* (se si è liberi rispetto a un altro soggetto, il quale non può impedire che si faccia qualcosa, né punire nel caso in cui la si faccia; se questo soggetto è lo Stato, tale libertà è *politica*) o la libertà, cosiddetta *d'agire*, per cui si ha la capacità e l'opportunità di eseguire un'azione. L'idea di libero arbitrio cela l'idea che l'azione è frutto di una scelta non condizionata.

Effettivamente, il nostro modo comune di pensare al libero arbitrio è esattamente quello della capacità di un ipotetico *self* di scegliere se agire o se non farlo. La concezione psicologica del libero arbitrio come auto-determinazione è, quindi, alla base del diritto penale. Il cuore della nozione di imputabilità in tutti i codici penali occidentali risiede nella caratteristica di *volontarietà* (la cosiddetta «capacità di volere») dell'azione criminale, oltre che nella caratteristica di comprendere il significato delle proprie azioni (la cosiddetta «capacità di intendere»). Questa nozione di libero arbitrio è quella su cui orientiamo, cioè, le nostre comuni condotte sociali.

Dunque il concetto di coscienza così come lo usiamo, cioè riferito a un'entità sovraordinante e dotata di potere causale, sembrerebbe non avere senso. E, comunque, non c'è «nessuno» che prende decisioni. In che senso, allora, possiamo dire di essere autori del nostro volere?

Per sentirci effettivamente *attori* principali nelle nostre scelte e condotte crediamo di dover avere un numero sufficiente e solido di ragioni in grado di giustificarle (Moran, 2001). Tuttavia, le recenti teorie sulla coscienza e sull'auto-conoscenza ci dicono che «costruiamo» le ragioni delle nostre scelte e azioni successivamente, illudendoci di ricordarle come temporalmente precedenti

[25] Strawson, 1998, p. 743.

e motivanti. La psicologia si è molto interessata a questo tipo di «false memorie». I bambini sono notoriamente avvezzi a forme di ricostruzione fantasiosa *a posteriori*. In termini tecnici, si dice che «confabulano» e questa capacità di inventare false memorie è stata dimostrata da diversi esperimenti (per esempio Ackil e Zaragoza, 1998).

Le osservazioni più interessanti sulla confabulazione, che è un fenomeno che si verifica generalmente in presenza di condizioni patologiche (come deliri, anosognosia ecc.), sono state fatte su adulti a partire dagli anni Settanta. Un primo esperimento riguardava la somministrazione di un placebo a dei soggetti affetti da insonnia (Storms e Nisbett, 1970). La pillola veniva somministrata riferendo che avrebbe prodotto tachicardia, irregolarità respiratoria e calore corporeo, che sono sintomi usuali dell'insonnia, ma permetteva alle persone di dormire poiché attribuivano a questa i sintomi percepiti. Alla richiesta di spiegare il perché si addormentavano prima, i soggetti confabulavano: riferivano che si erano rilassati per aver superato un esame, che avevano fatto pace con la fidanzata o che era più facile per loro addormentarsi durante la settimana.

L'esperimento più celebre rimane quello della scelta delle calze, condotto dagli psicologi Richard Nisbett e Timothy Wilson e apparso nel 1977 sulla rivista *Psychological Review* con un articolo, ormai divenuto un classico della letteratura del settore, intitolato «Telling more than we can know: Verbal reports on mental processes» (*Dire più di ciò che si sa: resoconti verbali sui processi mentali*). Per un *bias* cognitivo, nella scelta tra due paia di collant identici, le persone tendono a scegliere quello posizionato alla loro destra. Arrivano però a elaborare ragioni confabulatorie di vario tipo (la qualità, lo spessore, il colore e così via) per «spiegare» la loro scelta.

Anche il *self narrativo*[26], il nostro «io», il discorso interiore con cui ci raccontiamo a noi stessi, al livello di ciò che i filosofi della

[26] Si noti la differenza terminologica tra un'espressione tipica della lingua inglese, «sé» (*self*), e un'espressione più frequente nel dibattito tedesco, «Io» (*Ich*). Giovanni Jervis (1989, cap. 2 in Jervis, 2011) fa notare che esi-

mente chiamano «la persona», è un'illusione o se si vuole un autoinganno. È un prodotto fittizio, di grande utilità per il successo riproduttivo dei nostri geni o per il funzionamento dei contesti sociali, ma frutto del coordinamento tra i nostri stati cerebrali, cioè del cosiddetto *networking*. È un epifenomeno. Inoltre, il sé è uno strumento inattendibile per ricostruire i processi del livello sottostante a quello della persona o cosiddetto *sub*-personale, cioè le neurocomputazioni. Insomma, prendendo in esame quelle malattie neurologiche o psichiatriche che comportano fantasiose invenzioni da parte dei pazienti, come l'arto fantasma o i deliri, si è affacciata recentemente l'ipotesi che le ragioni che gli esseri umani normali riferiscono per giustificare le loro decisioni, e in generale la ricostruzione cosciente dei loro stati interni, sono una forma di confabulazione (Hirstein, 2006), una formulazione fantastica che difficilmente si può ricondurre alla catena causale effettiva che li ha prodotti.

Che rimane dunque della nostra coscienza? E della libertà/volontà? È vero che i problemi riguardanti la nozione di libero arbitrio esistono indipendentemente dalle neuroscienze e dipendono dall'assunzione categoriale di forze esterne come Dio o la natura (Roskies, 2006). La soluzione metafisica a queste domande è però spesso di scarsa utilità. Nel senso che gli esseri umani mostrano concezioni di senso comune sul libero arbitrio compatibiliste o incompatibiliste a seconda delle circostanze (Roskies e Nichols, 2008), anche se è probabilmente significativo il fatto che si tenda a essere compatibilitisti quando, anche all'interno di scenari deterministici, vengono stimolate reazioni più facilmente emotive e,

ste una concezione strutturale-oggettiva del sé, come realtà esistente, e una esperienziale-soggettiva, fenomenica, cioè come autopresentarsi dell'autocoscienza. Secondo Jervis, l'*Ich* tedesco e il *self* inglese hanno in comune questa seconda concezione, esperienziale-soggettiva, lontana da assunzioni di tipo spiritualistico, che nel dibattito tedesco sono, al contrario, ricondotte al termine *Selbst*. Per intenderci, il termine *sé* non indica un'entità, ma un vissuto fenomenico, è il modo con cui ci si autorappresenta a sé stessi, ci si oggettivizza mediante l'introspezione. Jervis puntualizza che questa traduzione diversa, dipendente dalle diverse concettualizzazioni nelle due lingue, ha generato molte confusioni nel dibattito, che si sono riversate anche nella versione italiana.

di conseguenza, che ci si possa permettere di essere incompatibilisti quando la scena sperimentale è meno emotivamente carica. È un fatto che la nostra nozione intuitiva di libero arbitrio riguarda proprio il nostro *sentimento* di controllo sulle nostre decisioni e azioni, piuttosto che il controllo stesso.

Volendo dare una caratterizzazione che a noi pare sensata, potremmo dire che si tratta di un tratto fenotipico, come qualunque altro tratto psicologico manifestato dall'organizzazione funzionale del cervello, quindi consentito da un profilo genotipico ed epigenotipico individualmente variabile sotto le pressioni selettive, soprattutto sociali, che hanno plasmato il comportamento adattativo umano individuale nel corso della filogenesi.

6
Le neuroscienze e il diritto

Gli avanzamenti neuroscientifici e neurotecnologici degli ultimi decenni hanno riproposto al diritto, specialmente – se non, per ora, quasi esclusivamente – in ambito penale, una serie di questioni che erano già state affrontate circa un secolo fa. Vale a dire se sia possibile identificare dei determinanti naturali e universali del comportamento criminale, se sia quindi possibile caratterizzare la criminalità come deviazione biologica per cui le persone che la manifestano mancano di un senso morale, cosa ne è dell'imputabilità alla luce della psichiatrizzazione del comportamento criminale e, infine, se il giudizio di responsabilità e lo scopo della pena debbano presupporre, o meno, la libertà del volere, e quindi implicare o meno una funzione retributiva della sanzione.

Nel contesto della cultura scientifica positivista di fine Ottocento e inizi Novecento, furono accesamente discusse le assunzioni psicologiche e sociologiche del diritto penale e, per alcuni decenni, nel contesto dei sistemi penali continentali o «romanistici», le idee dell'antropologo e criminologo Cesare Lombroso, in merito alla possibilità di caratterizzare attraverso le scienze positive il comportamento criminale, catalizzarono l'attenzione internazionale. Non è sbagliato richiamare quei frangenti e segnalare la coincidenza tra i problemi e le tesi allora discusse e i temi che vengono oggi affrontati. I temi odierni riguardano l'uso delle neurotecnologie per produrre prove nei tribunali o i richiami alle scoperte neuroscientifiche sulle basi funzionali della moralità per suggerire un ripensamento della logica su cui si fonda il giudizio penale. I problemi sono ancora gli stessi. Sono, però, migliorate straordinariamente la qualità e l'affidabilità delle metodologie utilizzate per acquisire e analizzare i dati, nonché sono cambiate le teorie scientifiche che inquadrano esplicativamente questi dati e che si possono utilizzare per trarre implicazioni sul piano dei sistemi di regole e leggi maturati e utilizzati per governare la convivenza sociale. È interessante e singolare il fatto che oggi, come un secolo fa, quel che accade in Italia sia oggetto di attenzione internazionale.

6.1 Le neuroscienze in tribunale

A seguito di un'aggressione fisica subita un'ora e mezza prima, quando veniva schernito da un gruppo di minorenni boliviani che lo appellavano con il termine «frocio», perché truccato agli occhi con il *kajal*, un algerino residente a Udine, di nome A.B., acquistava un coltello in un negozio e individuava presso la stazione ferroviaria di Udine la sua vittima, il colombiano W.F.N.P., solo somigliante a uno degli aggressori. Lo seguiva e uccideva con cinque coltellate. Accompagnato in ospedale per le ferite riportate da un amico ignaro dell'accaduto, B. veniva condotto in questura su denuncia dei medici e confessava. La sentenza di primo grado del Tribunale di Udine, del 10 giugno 2008, lo riconosceva colpevole di omicidio volontario e lo condannava a nove anni e due mesi di detenzione, senza l'aggravante della premeditazione.

Il 18 settembre del 2009, con un insospettabile primato rispetto ai tribunali del resto d'Europa, la Corte d'Assise d'Appello di Trieste[1] riduceva di un anno e due mesi la pena all'omicida, accogliendo le risultanze di nuove perizie di carattere neuroscientifico e attribuendo una particolare enfasi ai dati relativi al profilo genetico dell'imputato. Questa sentenza è stata riportata e discussa dalla rivista *Nature* (Feresin, 2009) come prima sentenza in Europa ad aver accolto l'istanza di «vulnerabilità genetica» al comportamento aggressivo e violento, e ha dato origine anche in

[1] Corte d'Assise d'Appello di Trieste, 18/09/2009, n. 5.

Italia a un dibattito sul problema dell'introduzione delle neuroscienze, nei termini di tecniche di neuroimaging e di genetica del comportamento, nei processi e nella dottrina penalistica.

Nel contesto forense il DNA viene comunemente usato per identificare su basi comparative individui presenti sulla scena del crimine, confrontando il profilo del o dei DNA eventualmente rilevati dall'indagine con il DNA di potenziali indagati. La genetica del comportamento aggiunge ora, a questo uso, una profilazione delle predisposizioni comportamentali[2] dell'indagato o dell'imputato. La predizione a partire dal DNA di caratteristiche visibili esternamente (EVC) di una persona ignota, come apparenza, genere e comportamenti (per esempio, aggressività), sulla base di indizi genetici della scena del crimine, è peraltro una potenzialità futura per la risoluzione retrospettiva dei cosiddetti *cold cases* (Kayser e Schneider, 2009), casi in cui i dati rilevati non collimano con alcun profilo genetico degli indagati, né con quanto contenuto negli archivi criminali.

Ma in che modo funziona l'uso dei dati di genetica del comportamento nell'ambito di un dibattimento penale? E quali implicazioni può avere nell'accertamento della responsabilità e, quindi, per stabilire l'imputabilità e il grado di colpevolezza del reo? Come definire, insomma, lo scopo della pena per un individuo determinato geneticamente alla violenza? Vediamo come sono state condotte e quali risultati hanno prodotto le perizie sinora accolte nei tribunali.

I periti del caso di Trieste, i neuroscienziati Pietro Pietrini e Giuseppe Sartori, non avevano studiato solo il profilo genetico dell'imputato, ma effettuato anche analisi psichiatriche, neuropsicologiche e neurologiche, diagnosticando all'imputato una psicosi con tratti impulsivi asociali e rilevando un quoziente intellettivo molto basso e scarsa attentività. Avevano inoltre accertato la presenza di polimorfismi genici, tra cui la variante a bas-

[2] Si ricordi, in merito, che il nostro Codice di Procedura Penale (art. 220 c.p.p., 2° comma) stabilisce la regola che le perizie sullo stato mentale dell'imputato sono ammesse ai soli fini della individuazione di eventuali stati psichici patologici, ma vieta di disporre di perizie di tipo personologico.

sa attività (*low-profile*) dell'allele MAOA (MAOA-*L*), modulatore dei neurotrasmettitori monoaminici (serotonina, dopamina, adrenalina e noradrenalina), che sembrerebbe attivarsi in contesti familiari di abuso e favorirebbe lo sviluppo di un'indole violenta (Caspi *et al.*, 2002). Il primo studio sul MAOA-*L* risale ai primi anni Novanta (Brunner *et al.*, 1993) ed è stato condotto su una famiglia olandese, i cui componenti di sesso maschile esibivano comportamenti prevalentemente impulsivi e correlati all'incapacità di controllo dell'aggressività, quello che tecnicamente viene definito disturbo antisociale, che avevano manifestato attraverso aggressioni, incendi dolosi, tentativi di stupro, esibizionismo.

Appena un anno dopo i primi studi sul MAOA, negli Stati Uniti vi fu il primo tentativo (*caso Mobley*, 1994), di fatto respinto, di evocare in tribunale questo stesso allele come prova a difesa di un rapinatore omicida condannato alla pena di morte. Stephen Mobley proveniva da una famiglia molto facoltosa, ma la sua biografia era quella di un criminale incallito. «La ricchezza aiuta a mettere in chiaro la patologia del reo-nato, mentre la povertà l'abbuia», verrebbe da dire, citando il controverso Cesare Lombroso (1876). Mobley aveva brutalmente ucciso con un colpo di pistola alla testa, senza motivo apparente se non il proprio personale sadismo, il commesso di una pizzeria del marchio *Domino*, che aveva rapinato. Aveva quindi proseguito a compiere altre aggressioni e rapine. Dopo l'arresto, la scritta *Domino* veniva fieramente esibita sul suo corpo come tatuaggio. L'appello confermò la condanna e Mobley fu giustiziato nel marzo del 2005 (cfr. Farahany, 2009). A partire dall'appello di Mobley, nel 1994, fino al *caso Landrigan* del 2007, la studiosa Deborah Denno (2009) ha trovato 48 sentenze penali[3] negli Stati Uniti in cui sono state presentate perizie di genetica comportamentale. Per la maggior parte sono state decisioni di corti d'appello in cui l'imputato è stato condannato alla pena di morte (37 casi)

[3] L'autrice puntualizza che la stima potrebbe non essere esaustiva. Questi casi sono stati estratti dai database di ricerca legale e dunque potrebbero esisterne altri, che non sono stati oggetto di pubblicazione accademica o resi pubblici.

o all'ergastolo (3 casi). Alla Vanderbilt University Law School, a sua volta, Nita Farahany ha raccolto un database personale dei casi in cui nelle corti statunitensi sono state portate prove neuroscientifiche (sia test di genetica comportamentale sia dati neurologici). Si può osservare un incremento nell'uso di questi strumenti dal 2005 al 2009 in un gruppo di 722 casi registrati (*Royal Society Report*, 2011, p. 14). Secondo l'articolo che su *Nature* commentava la sentenza di Trieste (Feresin, 2009), nei cinque anni precedenti al 2009 ci sarebbero stati in Gran Bretagna 20 tentativi di difesa – evidentemente falliti – basati sulla genetica comportamentale.

La sentenza di Trieste ha incontrato, nella letteratura internazionale, un'accoglienza tutt'altro che favorevole: al di là della banale attribuzione di «determinismo neo-lombrosiano» dalle fattezze genetiche (Urruela Mora, 2010), è stata messa in dubbio la solidità scientifica dei dati genetici della perizia (Forzano *et al.*, 2010). L'accusa di far rivivere le teorie di Lombroso, antropologo e criminologo ottocentesco, alimenta uno stereotipo caricaturale, che implica un giudizio negativo *a priori* verso qualunque tentativo di ipotizzare una correlazione tra marcatori biologici, rilevabili empiricamente, e comportamento criminale. Mentre Lombroso cercava tratti somatici per supportare, piuttosto che per falsificare, una teoria che spiegava l'origine di alcuni comportamenti criminali in termini di regressioni ataviche (cfr. Lombroso, 1876), le ricerche recenti non si riferiscono a presunte regolarità fenotipiche (come, per esempio, la forma o i connotati del cranio, volto compreso), né l'uso del neuroimaging per localizzare pattern di attività neurale correlati a comportamenti può esser liquidato come un ritorno alla frenologia.

La scienze biologiche dell'Ottocento abbondavano di dati, ma erano povere in strumenti di analisi e metodi. Di conseguenza l'aspirazione a rendere scientifiche le scienze dell'uomo cercava di supplire alla povertà di spiegazioni con un'enfasi retorica su quegli aspetti della teoria che meglio potevano intercettare pregiudizi culturalmente diffusi. È stato così che le teorie di Darwin e i dati antropologici occasionali sono stati adottati per avallare teorie sociologiche, dottrine penali, politiche razziali ed eugeniche, che di fatto rispondevano soltanto a impulsi umani canalizzati da logiche tecnocratiche illiberali.

Tuttavia le caricature di Lombroso non rendono giustizia all'onestà intellettuale dello studioso. L'approccio fisiognomico, da un lato, e la teoria della degenerazione, dall'altro, portarono Lombroso a cercare qualche specifica circostanza strutturale nel cranio di un famoso delinquente, il bandito calabrese Giuseppe Villella. Nel corso dell'autopsia effettuata sul corpo di questi, Lombroso osservò un'anomalia che chiamò «fossetta occipitale mediana», detta anche *la fossetta* (di Lombroso), e che considerò una sorta di segno atavico identificativo del «delinquente nato»[4]. Notò lo stesso segno anche in 7 su 44 crani esaminati di «grassatori» bolognesi. Raccolse altri indicatori somatici, in particolare del volto, che lo portarono a diagnosticare, per i delinquenti nati, fino al 35% di caratteri diversi dal normale. Benché usasse teorie sbagliate e metodi di ricerca un po' raffazzonati, nonché tirasse conclusioni affrettate, Lombroso suggeriva la ragionevole strada di naturalizzare l'approccio ai comportamenti antisociali e cercava di richiamare l'attenzione sull'inadeguatezza delle teorie criminologiche che giudicavano una stessa persona capace sia di un comportamento normale sia di uno socialmente deviante. Lombroso fu intellettuale dalle intuizioni non prive di originalità per la sua epoca, ingiustamente denigrato e banalizzato dalla criminologia a impianto sociologico che ha dominato il XX secolo (cfr. Gatti e Verde, 2012). Il punto è che l'immagine ereditata della concezione di Lombroso, secondo la scienza biologica dell'epoca, è quella di una criminologia strettamente deterministica, che non lascia scampo al criminale per nascita. Lombroso non era così ingenuo. Ed era socialista, per cui non poteva sminuire il ruolo dell'ambiente nel determinismo comportamentale. Infatti, la sua classificazione dei criminali non includeva solo i delinquenti nati, ma anche figure influenzate da condizioni predisponenti che potevano essere scatenate o inibite da determinanti ambientali e sociali. Benché ritenesse «incurabile» la «criminalità sempre più progrediente [...] del reo-nato», suggerendo per questo l'isola-

4 Lombroso paragona infatti il reo-nato al primitivo e al selvaggio.

mento capitale preventivo, egli proponeva per tutti i delinquenti un'istruzione adeguata, per renderli meno nocivi, e l'ipnosi e vari medicamenti per tentare di curarli.

L'idea di ereditarietà del comportamento criminale che emerge dalle critiche di neo-lombrosismo alle tesi della criminologia biologica contemporanea è spesso poco confacente alla concezione scientifica odierna, che ha confutato il determinismo genetico. Infatti, alla luce della moderna biologia, i geni hanno come unica funzione quella di codificare per le proteine, dipendendo il processo darwiniano della selezione naturale da variazioni genetiche spontanee che trovano un senso nel contesto di interazioni contingenti non prevedibili e avendo l'evoluzione prodotto sistemi fisiologici, come quello immunitario e quello nervoso, che possono apprendere dall'esperienza, quindi cambiare adattativamente in funzione dell'ambiente. Gli avanzamenti della ricerca genomica e postgenomica corroborano la nozione evoluzionistica per cui i geni non sono predittori di un «destino» biologico ineluttabile, ma predispongono, in modi statisticamente più o meno significativi e rilevabili, a manifestare particolari tratti, e in forme più o meno accentuate, a seconda dei contesti ambientali in cui matura il fenotipo individuale. Lo stesso profilo MAOA-*L* risulta associato a un comportamento antisociale nei bambini che hanno subito maltrattamenti e non in quelli che sono stati cresciuti da genitori amorevoli. L'uso di questo marcatore può tuttavia creare problemi poiché le correlazioni sembrano non essere equivalenti nelle diverse etnie e la sua presenza aumenta i rischi di discriminazioni[5].

[5] Un altro problema sollevato dal dibattito su questa e altre sentenze che fanno riferimento alle varianti di MAOA è stato infatti quello della possibile discriminazione etnica in contesti criminologici. Alcuni studi avevano evidenziato una correlazione tra l'opposta variante, il MAOA-H (*high profile*), e il contenimento degli effetti di abusi infantili solo nella popolazione bianca e non in quella non bianca, generando la conclusione che solo la popolazione bianca con questa opposta variante fosse meno predisposta, diversamente da quella non bianca, a commettere crimini violenti (Widom e Brzustowicz, 2006). Inoltre, uno studio molto recente ha evidenziato il pregiudizio percepito riguardo a questo gene predittore dell'aggressività (Schwarz e Beaver, 2011), il quale sembrerebbe aumentare la probabilità di arresto nei soggetti (soprattutto se di sesso maschile) in cui il gene è stato precedente-

Le nuove perizie neuroscientifiche non vanno inoltre alla ricerca solo di dati genetici. Nel caso di Trieste, per indagare l'incapacità di intendere e di volere dell'imputato, come già avevamo fatto notare, i due periti avevano condotto quattro tipologie di indagini (psichiatrica, neuropsicologica, neurale e genetico-molecolare) con metodologie di carattere empirico[6] (cfr. Sammicheli e Sartori, 2010). Praticamente un'eccezionalità nel nostro Paese per le perizie psichiatrico-forensi. E in queste indagini, i fattori genetici venivano considerati «solamente un frammento» del «complesso mosaico della personalità e del profilo psicopatologico dell'imputato»[7]. Nel nostro codice penale esiste comunque la caratterizzazione criminologica della *tendenza a delinquere*[8], la quale, pur prendendone ispirazione, si tende a giudicare come qualcosa di diverso dal criminale-nato di Lombroso (cfr. Di Cesare, 1975). Il «delinquente per tendenza» esclude l'idea che questa

mente individuato. Lo studio evidenzia come l'arresto sia conseguenza di un'interazione complessa tra pregiudizio e presenza di MAOA: né l'uno né l'altro singolarmente ne risultano predittori con alta probabilità.

[6] I quattro tipi di indagine comprendevano: indagine *psichiatrica* (test di personalità Milton III e Comprehensive Assessment of At-Risk Mental States); *neuropsicologica* (somministrazione del test delle matrici di Raven per la valutazione delle capacità di ragionamento astratto, di test di memoria verbale e autobiografica e di test di comprensione linguistica astratta); *neurale* (risonanza magnetica strutturale e funzionale per evidenziare eventuali alterazioni nella morfologia e nel funzionamento cerebrale); *genetico-molecolare* (la presenza del genotipo per alcuni polimorfismi tipici dei comportamenti psicopatologici).

[7] Pietro Pietrini, Intervista a Brainfactor, 2010. Disponibile online: http://brainfactor.it/index.php?option=com_content&view=article&id=278:sentenza-trieste-brainfactor-intervista-pietro-pietrini&catid=22:le-interviste-di-brainfactor&Itemid=13.

[8] «È dichiarato delinquente per tendenza chi, sebbene non recidivo o delinquente abituale o professionale, commette un delitto non colposo, contro la vita o l'incolumità individuale, anche non preveduto dal capo primo del titolo dodicesimo del libro secondo di questo codice, il quale, per sé e unitamente alle circostanze indicate nel capoverso dell'art. 133, riveli una speciale inclinazione al delitto, che trovi sua causa nell'indole particolarmente malvagia del colpevole» (art. 108, c.p.).

inclinazione sia collegata a infermità di mente[9], mentre la perizia di Trieste, esamina i geni nel contesto della diagnosi psichiatrica.

Sebbene il caso italiano abbia suscitato molti clamori, soprattutto sulla stampa nazionale[10], e un urgente quanto allarmistico dibattito parlamentare[11], l'impiego delle neuroscienze, in senso lato, nel diritto è oramai quasi una consuetudine nei paesi di *common law*, soprattutto negli Stati Uniti d'America. Negli ultimi anni sono diventati sempre più solidi gli studi che collegano il comportamento violento e la psicopatia a specifiche strutture cerebrali (cfr., per esempio, Wahlund e Kristiansson, 2009). La prova neuroscientifica negli Stati Uniti, soprattutto tramite fMRI, «è diventata uno standard nel *capital sentencing*»[12]. Il punto è che l'interpretazione dei risultati può assumere una doppia connotazione: se da un lato le neuroimmagini possono essere usate in senso favorevole al reo, per dimostrarne l'incapacità di intendere e di volere, esse possono anche essere chiamate in causa in senso opposto, per provarne la pericolosità sociale o addirittura il coinvolgimento. Lo psicologo Robert Hare, autore dei criteri per la psicopatia (*Hare Psychopathy Checklist*), la ritiene un'aggravante più che un'attenuante della responsabilità penale (cfr. Hare, 1998).

[9] «La disposizione di questo articolo non si applica se la inclinazione al delitto è originata dall'infermità preveduta dagli artt. 88 e 89» (art. 108, c.p.).

[10] Di seguito alcuni dei titoli nei quotidiani maggiori: «Via Cernaia, sconto di pena per l'assassino: è geneticamente predisposto alla violenza», *Messaggero Veneto*, 25 ottobre 2009; «È vulnerabile geneticamente. Sconto di pena al detenuto algerino», *La Stampa*, 25 ottobre 2009; «Il caso. Pena ridotta a omicida grazie a un gene: "Ha una predisposizione all'aggressività"», *La Repubblica*, 26 ottobre 2009; «Vulnerabile geneticamente? Sentenza razzista», *Messaggero Veneto* (Sezione Udine); «I colpevoli del crimine sono i geni "cattivi"? Riduzione di pena grazie all'analisi del DNA», *Il Corriere della Sera*, 8 novembre 2009; «Sconto di pena per l'assassino. È vulnerabile geneticamente», *Il Giornale*, 9 novembre 2009; «Exploring links between genes, violence, environment», *Chicago Herald Tribune*, 25 febbraio 2010.

[11] Seduta n. 241, 29 ottobre 2010.

[12] Sinnott-Armstrong *et al.*, 2008, p. 359.

L'aspettativa di disporre di «impronte neurali» (*brain fingerprinting*), catturate da dispositivi di varia natura che registrano i picchi dell'attività elettrica o metabolica nel cervello in relazione a ciò che il soggetto conosce, da portare in tribunale come prove, dovrebbe essere coltivata con prudenza. Negli Stati Uniti, in particolare, si lavora per mettere a punto sistemi validi allo scopo di identificare menzogne o tentativi di inganno sia in fase investigativa sia in fase processuale. Al momento poche compagnie (come la Cephos e la No Lie MRI) propongono metodi di *lie detection* attraverso fMRI, mentre l'elettroncefalogramma è stato ammesso come prova negli Stati Uniti sin dal 2001 dal giudice di una Corte dell'Iowa nel caso di *Terry Harrington* (Sinnott Armstrong *et al.*, 2008).

Un primato singolare al riguardo spetta, tuttavia, all'India. Nel giugno del 2008, sulla base di risultati ottenuti con una macchina del tipo di quella ammessa nell'Iowa (*Brain Electrical Oscillations Signature*, o BEOS), una donna ventiquattrenne di nome Aditi Sharma è stata condannata all'ergastolo per l'omicidio dell'ex fidanzato Udit Barhati. Sharma, sposata con un altro uomo e trasferitasi a Delhi, avrebbe acconsentito a viaggiare fino a Mumbai per incontrare Barhati in un McDonald's della città, dove, secondo i giudici, l'avrebbe avvelenato mettendo dell'arsenico nel suo cibo. Sharma ha sempre affermato di essere innocente, eppure la macchina avrebbe provato il contrario. Nel successivo grado di giudizio della Bombay High Court, la donna è stata rilasciata su cauzione per insufficienza di prove e in questo caso la BEOS non è stata menzionata[13].

L'uso di questi dispositivi rimane controverso. L'immagazzinamento delle esperienze nel cervello è un processo complesso, altamente individualizzato e difficilmente le tecnologie disponibili possono rilevare indicatori neurali affidabili della menzogna. Alcune ricerche mostrano, per esempio, che l'fMRI rileva ciò che si crede e non la sincerità di un racconto. In un compito di ricono-

[13] Cfr. Murphy (2009) *Update on indian BROS case: accused released on bail*: http//blogs.law.stanford.edu/lawandbiosciences/2009/04/02/update-on-indian-beos-case-accused-released-on-bail/.

scimento di volti, il risultato era positivo se le persone *credevano* di aver visto il volto in oggetto, indipendentemente dal fatto che lo avessero visto o no (Rissman *et al.*, 2010).

Una questione che va inoltre affrontata è che gli indicatori usati sono stati selezionati attraverso sperimentazioni in cui ai soggetti veniva chiesto di mentire, e le bugie spontanee o quelle dette con sincerità probabilmente provengono da attività neurali diverse.

6.2 Lo statuto delle prove neuroscientifiche nei tribunali

Ancora due casi giudiziari italiani, dopo quello di Trieste, hanno sollevato un dibattito su quest'ultimo aspetto dell'utilizzo del *brain scan*. Nel primo[14], S.A., una ragazza di Cirimido in provincia di Como, dichiarata colpevole dell'omicidio e dell'occultamento del cadavere della sorella, nonché di un brutale doppio tentativo di uccisione di entrambi i genitori, è stata condannata il 5 maggio 2011[15], con rito abbreviato, a vent'anni di reclusione, invece che all'ergastolo. La ragazza era stata arrestata in flagranza di reato nell'ottobre del 2009 per aver tentato di uccidere la madre, trovata in casa parzialmente cosciente e con il grembiule in fiamme. Già dall'estate erano in corso indagini sul suo conto. A luglio S. si era recata dai carabinieri per denunciare la sorella M. di appropriazione indebita a danno della ditta di famiglia. M., però, era misteriosamente scomparsa da ben due mesi senza che

[14] Alcuni titoli di stampa del caso di Como sono stati i seguenti: «Un delitto scritto in geni e cervello», *Avvenire*, 13 maggio 2011; «Essere assassini è una questione di DNA», *Libero*, 14 maggio 2011; «Omicidio di Cirimido, venti anni di carcere per Stefania Albertani», *Il Giorno*, 20 maggio 2011; «Uccise la sorella, vent'anni di cella e manicomio giudiziario», *La Provincia - Quotidiano di Como*, 20 maggio 2011; «Cervello malato, niente ergastolo», «Verso una svolta per la "psichiatria forense"», *Avvenire*, 24 maggio 2011; «Uccise la sorella a causa della morfologia del cervello», *Il Corriere di Como*, 20 agosto 2011; «Cirimido, uccise la sorella. "Alterati i suoi geni"», *La Provincia*, 30 agosto 2011.

[15] Tribunale ordinario di Como, 20/05/2011, n. 536.

i familiari ne sporgessero denuncia, convinti da S. che si fosse volutamente allontanata per un viaggio, probabilmente perché depressa. Le forze dell'ordine, giunte nell'abitazione della famiglia A., avevano rinvenuto il cadavere carbonizzato di M. nel giardino della villetta. L'impalcatura accusatoria contro S. rilevava un progetto criminoso ai danni dell'intera famiglia: sequestro, riduzione in incapacità e omicidio della sorella, occultamento del cadavere di quest'ultima, procurata incapacità nei confronti del padre mediante somministrazione di psicofarmaci, tentato omicidio di entrambi i genitori attraverso manomissione dell'automobile di famiglia, tentativo di strangolamento della madre. Le prove a suo carico erano schiaccianti.

Dopo diverse diagnosi contrastanti, l'imputata veniva ritenuta dalla Corte di Como, secondo quanto emerso dalla seconda consulenza della difesa sul suo corredo genetico e sulla struttura e funzionalità cerebrale, in condizioni di parziale incapacità di intendere e di volere all'epoca dei fatti. I consulenti tecnici di parte erano gli stessi esperti che avevano svolto la perizia di Trieste. I test di genetica molecolare rilevavano una predisposizione al comportamento aggressivo e violento[16]. Inoltre, i test neuropsicologici[17] evidenziavano gravi deficit della memoria autobiografica, della capacità di controllo dell'azione impulsiva, della valutazione e della scelta di comportamenti in contesti sociali. Da ultimo, risultanze di neuroimaging (usando la morfometria basata sui voxel) completavano il quadro diagnostico per l'imputata: alterazioni nel cingolo anteriore, collegate solitamente alla psicopatia.

[16] La sentenza di Como risulta più analitica, rispetto a quella di Trieste, facendo presente il carattere probabilistico del ragionamento medico.

[17] Le tecniche neuropsicologiche utilizzate sono state le seguenti: Implicit Association Test (IAT) e Timed Antagonist Response Alethiometer (TARA) per testare l'amnesia dissociativa; Dissociative Experiences Scale (DES) per l'esperienza dissociativa. Inoltre la sentenza riporta una lista di test di personalità effettuati sull'imputata: il Millon Clinical Multiaxial Inventory III (MCMI III) sullo stile di personalità e su eventuali aspetti disadattativi e patologici e sulla presenza di sindromi cliniche gravi; il Minnesota Multiphasic Personality Inventory (MMPI-2) per la tendenza alla simulazione dei disturbi psichici; il Psychopathic Personality Inventory-Revised (PPI-R) per caratteristiche della personalità tipiche della psicopatia.

Conclusione: disturbo dissociativo dell'identità (DID)[18], la nuova versione di ciò che un tempo veniva chiamato *disturbo di personalità multipla*. Ritenendola comunque «persona socialmente pericolosa», a rischio cioè di reiterare condotte criminose e violente, il giudice disponeva il ricovero per un periodo non inferiore a tre anni, da iniziare prima della pena da scontare[19].

Al caso di S.A. se ne è aggiunto uno a Cremona (Tribunale ordinario di Cremona, 19/07/2011, n. 109), passato in sordina tra gli articoli di stampa[20], ma degno di nota. Un commercialista è stato accusato di aver molestato una stagista. Per costruire l'imputazione a suo carico non sono state tuttavia usate prove tradizionali, bensì metodologie di carattere neuropsicologico. La stagista (dunque la presunta vittima) è stata sottoposta a due tipi di test, l'Implicit Association Test (IAT)[21] e il Timed Antagonistic Response Alethiometer (TARA), che evidenziano, attraverso associazioni implicite, l'attribuzione del ricordo e la sua valenza emotiva. I risultati dei test proverebbero, per il perito Giuseppe Sartori, che la ragazza ha in sé il ricordo di quanto narrato, come causa di un danno post-traumatico da stress.

Precedentemente, questa tecnica era stata usata nei tribunali nazionali una sola volta, sebbene non accolta, nel processo per

[18] Che il disturbo della personalità multipla sia un genere *naturale*, esista cioè realmente, è stato spesso messo in dubbio (cfr. Hacking, 1995). Cfr. anche Farina e Liotti (2011).

[19] Nel calcolo della pena, il giudice del Tribunale di Como ha ritenuto opportuno azzerare l'aumento che sarebbe conseguito alle circostanze aggravanti con la diminuzione che sarebbe derivata dalla constatazione della seminfermità mentale. Non ha tuttavia concesso le attenuanti generiche e ha ridotto dunque di un terzo la pena (trent'anni) per la tipologia del rito.

[20] Titoli di stampa sul caso di Cremona sono stati: «Commercialista condannato, come funzionano i test», *Il Secolo XIX*, 23 febbraio 2012; «Violenza sessuale, "neuroscienze" incastrano commercialista», *Il Secolo XIX*, 23 febbraio 2012; «Ecco il test della verità sui ricordi che fa condannare l'imputato», *Il Corriere*, 24 febbraio 2012.

[21] Sul sito dell'Università di Harvard è possibile effettuare una prova del test IAT per testare le proprie eventuali idee pregiudiziali implicite su temi quali il genere, il razzismo, l'omosessualità, il peso ecc. Versione in italiano: https://implicit.harvard.edu/implicit/italy/takeatest.html.

calunnia contro Annamaria Franzoni, la madre del delitto di Cogne, e il suo consulente tecnico svizzero, accusati da un vicino di aver apposto volutamente false impronte digitali nell'abitazione del delitto. La sentenza definitiva del processo *Cogne bis* rifiutava i risultati del test IAT della difesa, effettuato da Pietrini e Sartori, per i quali nella memoria della Franzoni non vi sarebbero tracce della manipolazione, concludendo che l'imputata fosse solo un'abile dissimulatrice[22]. Queste tecniche sono diverse dalle cosiddette macchine della verità (*lie detection*), cioè il classico poligrafo, che registra i cambiamenti fisiologici durante il racconto, o nelle versioni moderne e più sofisticate che registrano picchi di attività cerebrale, perché non è obiettivo dei test stabilire se il ricordo è vero o no, ma soltanto se la persona lo possiede e a che cosa è emotivamente associato.

Gli avanzamenti delle conoscenze neuropsicologiche e neuroscientifiche relativamente alla natura della memoria possono provocare qualche smottamento nelle aspettative di oggettività dei procedimenti giudiziari. Questi, di fatto, si fondano essenzialmente proprio sulla memoria, che entra in gioco nelle fasi di interrogatorio e confronto, nella raccolta delle testimonianze e nel verdetto dei giurati, che devono ricordare gli elementi emersi nel dibattimento. Per le neuroscienze, però, la memoria non è un processo di *registrazione*, bensì di *ricostruzione*. La memoria umana è cioè fuorviante, poiché tutti noi produciamo regolarmente false memorie, e siamo influenzati dagli stati emotivi passati o attuali e dalla nostra storia personale, per quanto riguarda il modo di ricordare e quindi il recupero degli eventi in cui siamo stati attori o testimoni. Senza dimenticare che dovrebbe valere un diritto alla riservatezza per i nostri ricordi, che potrebbe essere minacciato nel momento in cui fosse possibile rilevare le impronte mnestiche del nostro cervello, utili ai fini di un'indagine. L'impatto delle neuroscienze sull'uso della memoria nei dibattimenti potrebbe anche riguardare la possibilità di suggerire l'assunzione di farmaci per potenziare la memoria, per

[22] Tribunale ordinario di Torino, Sez. Terza Penale, 19/04/2011, n. 2029.

esempio dei giudici e dei giurati, al fine di rendere più efficace ed efficiente il funzionamento dei procedimenti giudiziari (per una discussione sul tema, cfr. per esempio il recente Lavazza e Inglese, 2013).

Ai casi descritti, si è aggiunto il caso del pediatra di Vicenza D.M., condannato per violenza sessuale su sette minori sue pazienti e per produzione di materiale pedopornografico. A seguito del riscontro nell'imputato di segni neurologici, deficit cognitivi e alterazioni di personalità, oltre che del comportamento sessuale di recente insorgenza, i consulenti della difesa avevano disposto EEG e RM, rivelando la presenza di una patologia tumorale intracranica (cordoma del *clivus*). Alla rimozione chirurgica del tumore era seguita la remissione pressoché completa del quadro clinico. Ad aver prevalso sono state però le interpretazioni dei periti del giudice, che hanno minimizzato dati clinici e letteratura scientifica di riferimento, concludendo per la piena capacità dell'imputato all'epoca dei fatti (Tribunale ordinario di Venezia, 24/01/2013, n. 296. Comunicazione personale del Prof. Pietro Pietrini). Ciò apre a riflessioni sulla ricezione in Italia di criteri di regolamentazione della prova empirica clinica e (neuro)scientifica, nonché sulle competenze del giudice, in situazioni di pareri diagnostico-peritali discordanti, per l'esercizio della sua funzione di *peritus peritorum*.

Se l'Italia risponde con qualche perplessità ai problemi collegati all'uso delle neurotecnologie nel contesto dei procedimenti giudiziari, il sistema della giustizia criminale statunitense promuove numerosi progetti di ricerca mirati alla comprensione neuroscientifica della condotta criminale, tra cui uno dei più recenti e degni di nota è il progetto *Law and Neuroscience*[23], finanziato nella prima fase (2007-2010) dalla Catherine T. MacArthur Foundation per 10 milioni di dollari (Farahany, 2009). Nel 2011 il finanziamento è stato rinnovato per 4.85 milioni di dollari e denominato *New Research Network on Law and Neuroscience*. Gli obiettivi di questi progetti erano e sono di stabilire se gli stati mentali degli imputati e dei testimoni, ma anche dei giudici,

[23] Sito web: http://www.lawneuro.org/.

siano accessibili empiricamente, e cosa tale eventuale possibilità possa significare per il diritto, di accertare la capacità di un imputato di autoregolare il proprio comportamento ed eventualmente di verificare come le prove neuroscientifiche dovrebbero essere ammesse e valutate nei casi individuali[24].

Negli USA il diritto penale sta vivendo una vera e propria crisi paradigmatica e si appresta a transitare verso un «mondo post-freudiano» (Denno, 2005). L'impatto dell'approccio psicodinamico sulle disposizioni riguardanti le condizioni in base alle quali si può accertare la presenza di una *mens rea* (concetto nel quale rientra la nostra capacità di intendere e di volere al momento di compiere l'atto delittuoso) era stato, infatti, lampante al momento della loro redazione, negli anni Cinquanta e Sessanta, anni in cui il freudismo dominava nel contesto psicologico statunitense.

Negli anni recenti, le neuroscienze sono entrate materialmente nelle corti e hanno concretamente suggerito nuove risposte alla questione, risposte che sollecitano una valutazione empirica delle assunzioni che sono alla base dell'accertamento della responsabilità nel quadro del cosiddetto *Model Penal Code.* Tuttavia l'uso delle prove neuroscientifiche in quel paese, ma oggi anche in altri paesi tra cui l'Italia, deve passare attraverso una valutazione che in qualche modo cerca di essere obiettiva e di ridurre l'arbitrarietà del giudice quando si tratta di decidere se ammettere o meno una perizia o di scegliere gli esperti e le metodologie di indagine.

Gli standard a cui la prova neuroscientifica deve attenersi sono, negli Stati Uniti, regolamentati da una serie di sentenze e statuti. Dal 1923 lo standard di riferimento è stato quello del caso *Frey vs. US* (1923), che riguardava, peraltro, l'ammissibilità della prova del poligrafo e che prevedeva in modo generico che la perizia si basasse su metodi accettati come rilevanti dalla comunità scientifica. Nella maggior parte delle giurisdizioni, ma non in tutte, la *Frey rule* è stata sostituita dai criteri Daubert (enunciati in

[24] Negli anni Ottanta era già stato finanziato dal Dipartimento della Giustizia e realizzato un progetto, il *Biosocial Project*, che prevedeva di analizzare un database medico per acquisire informazioni sui determinanti biologici dei comportamenti antisociali (Denno, 1990).

Daubert vs. Merrell Dow Pharmaceuticals, 1993) che richiamano gli standard di accettazione dei risultati scientifici: la teoria o la tecnica deve poter essere controllabile e confutabile (1. Falsificazione in termini popperiani); deve essere stata oggetto di revisione tra pari e di pubblicazione (2. *Peer review*); deve essere nota o calcolabile la percentuale d'errore (3. *Error rate*); deve aver riscontrato una generale accettazione da parte di una comunità scientifica rilevante (4. Accettazione scientifica); il suo uso deve avvenire nel contesto di standard e controlli periodici (5. Vitalità). I criteri Daubert, che nascevano da un contenzioso circa gli effetti collaterali dovuti all'uso di un farmaco antinausea in gravidanza (il Benedectin), sono stati evocati anche dalla giurisprudenza italiana in una recente sentenza su un caso di morte da amianto (la cosiddetta *Sentenza Cozzini*)[25].

Riguardo alla datazione dell'origine del legame tra neuroscienze e sistema della giustizia, i pareri sono discordanti (cfr. Santosuosso, 2009). Eppure, anche se per alcuni tale datazione può farsi risalire alla fine degli anni Sessanta con l'identificazione di criteri per la morte cerebrale (Annas, 2007), non si può non considerare l'accelerazione verificatasi grazie all'incremento nell'uso delle nuove macchine tomografiche negli anni Ottanta e soprattutto nei Novanta. Il primo caso al mondo (Khoshbin e Khoshbin, 2007) in cui la non colpevolezza fu dedotta dal risultato di una tomografia computerizzata, che evidenziava un'atrofizzazione cerebrale localizzata, ritenuta sintomo di un disturbo organico nel cervello, ma soprattutto causa di schizofrenia, è stato un caso che sconvolse l'America e che riempì le pagine della stampa mondiale: quello dell'attentatore del presidente USA Ronald Reagan, John Hinckley, nel 1981. Oltre alla prova radiologica, la psicosi di John Hinckley aveva chiare manifestazioni comportamentali e un contenuto decisamente bizzarro: egli nutriva un'ossessione per l'attrice Jodie Foster, dalla quale era stato denunciato per *stalking*. Hinckley aveva attentato alla vita del Presidente degli Stati Uniti per emulare il film *Taxi driver* (1976), in cui Robert De Niro, infatuato della giovane prostituta interpreta-

[25] Cass., Sez. IV Penale, 13/12/2010, n. 43786.

ta dall'attrice, trama di uccidere un candidato presidenziale. Dieci anni dopo, nel 1992, Herbert Weinstein simulava il suicidio della moglie, che aveva ucciso, gettandone il cadavere dal loro appartamento al dodicesimo piano di Manhattan. Il suo avvocato tentava la strada della PET per dimostrare il legame tra una cisti cerebrale, nella membrana aracnoidea, e la presunta infermità mentale dell'imputato: Weinstein otteneva un patteggiamento. A partire da allora, di sentenze simili se ne sono succedute molte.

Pur non possedendo una stima reale dei casi giudiziari rilevanti nel nostro Paese, un caso che può considerarsi tra i precursori in Italia è quello del cosiddetto «Mostro di Terrazzo», degli anni Novanta. Così fu appellato dalla stampa Gianfranco Stevanin, killer seriale reo confesso per il quale i consulenti della difesa tentarono la strada della diagnosi di una patologia comportamentale post-traumatica attraverso tecniche neuroradiologiche (EEG, TAC, RNM). Nel 1976, diversi anni prima dei delitti, Stevanin aveva infatti avuto un grave incidente con la moto, riportando trauma cranico ai lobi frontali e al lobo temporale destro, ritenuto alla base dei comportamenti che avrebbero condotto agli omicidi. La discussione sull'interpretazione dei risultati degli esami neurologici, quanto la vicenda processuale furono controverse, ed ebbero in ultimo grado esito negativo (cfr. Fornari e Galliani, 2003).

Un altro tema di giustizia penale, in cui le neuroscienze dimostrano di aver molto da dire, che ha fatto e sta facendo discutere, è quello della «maturità» cerebrale in relazione all'imputabilità, questione che permette di discutere in nuova veste il problema dei limiti di età al di sotto dei quali la legge pone una presunzione di incapacità. Minorenni che commettono crimini sono completamente responsabili, e dunque imputabili? L'interrogativo è stato sollevato dal celebre caso di due adolescenti irrequieti e violenti, che si sono macchiati di un crimine tanto efferato quanto apparentemente inspiegabile (*Roper vs. Simmons*, 2005). Il protagonista della storia, un diciassettenne di nome Christopher Simmons, ha esposto a due amici il progetto di uccidere qualcuno a caso, entrandogli in casa, derubandolo e gettandolo vivo, dopo averlo legato e imbavagliato, da un ponte. Solo uno degli amici si prestò a compiere con lui l'efferato delitto, che fu perpetrato in una notte di settembre del 1993, fu ripreso con una videocamera e diventò oggetto di vanto per Simmons. Arrestato, Simmons confessò e fu condannato a morte. Nel processo di appello, l'avvocato presentò delle immagini cerebrali per sostenere che il cervello del ragazzo non aveva compiuto la sua maturazione e che, come per coloro affetti da ritardo mentale (*Atkins vs. Virginia*, 2002), si doveva escludere la pena capitale. La condanna fu commutata in ergastolo.

Indipendentemente dal problema della liceità generale dell'esecuzione capitale, il caso solleva la questione generale dell'imputabilità dei minori. Secondo quanto messo in luce dalla difesa di Simmons, per esempio, il cervello dell'adolescente non aveva ancora pienamente sviluppate le aree da cui dipendono la decisione e il controllo degli impulsi (cioè le regioni prefrontali). Un adolescente sarebbe dunque meno colpevole di un adulto dei crimini che commette. Da tempo si dibatte su quale possa essere un ponderato limite d'età per la responsabilità penale; poiché nel Regno Unito sembrerebbe essere troppo basso (coincide con dieci anni in Inghilterra e dodici anni in Scozia), la Royal Society sta conducendo a riguardo una battaglia che vede coinvolti i suoi neuroscienziati. La tesi è sempre che il cervello non sarebbe adulto fino a quindici-diciotto anni, sebbene l'età si stia spostando sempre più avanti. Il governo inglese, però, ha rifiutato la proposta di innalzamento dell'età in cui si diventa penalmente responsabili[26]. Mentre la Corte Suprema sta esaminando due casi di sentenza capitale comminati a minorenni, va detto che sembra avere sempre meno senso parlare di una soglia di maturità psico-cognitiva valida per tutti. Avrebbe più senso indicare una soglia, anche elevata per essere garantisti al massimo, ma con delle eccezioni fondate su prove neuropsicologiche di pericolosità sociale.

Per quanto riguarda l'Europa, la situazione generale dell'applicazione delle neuroscienze nelle corti è meno chiara. Già dieci anni fa, in un report dedicato alla genetica comportamentale (*Genetics and human behaviour: the ethical context*, 2002), il

[26] *Age of criminal responsibility «too low», experts say*, BBC News, 13 Dicembre 2011: http://www.bbc.co.uk/news/uk-16153045.

Nuffield Council on Bioethics esprimeva scetticismo circa l'utilizzo di queste ricerche in ambito giuridico per determinare la responsabilità. In particolare, sosteneva che «non si può affermare che (le varianti genetiche) assolvano gli individui dalla responsabilità delle loro azioni», ma lasciava comunque una porta aperta alla possibilità di scoperte future. A dicembre del 2011, proprio la Royal Society (UK), una delle più antiche e prestigiose accademie scientifiche del mondo, si è pronunciata con una serie di raccomandazioni etiche sull'utilizzo delle neuroscienze nel diritto[27]. Su come queste, cioè, potrebbero o dovrebbero influenzare la legge, prendendo comunque una posizione decisa: le scienze della mente non rivoluzioneranno completamente né la prassi né la teoria giuridica, ma ci sono già importanti implicazioni pratiche e molte di più ce ne saranno negli anni a venire. Le raccomandazioni sono rivolte soprattutto a coloro che dovrebbero maneggiare le neuroscienze in contesti legali e al mondo accademico, perché promuovono la discussione, la revisione, la spiegazione, l'approfondimento, la ricerca delle conoscenze neuroscientifiche utili in ambito legale. Il documento dedica anche alcune pagine a un'applicazione di cui si discute poco: l'accertamento del dolore. Il dolore è un'esperienza soggettiva, ma oggi se ne conoscono dettagliatamente i correlati neurali, per cui in un contenzioso che deve valutare, per esempio, il danno causato da un incidente, le neurotecnologie consentiranno non solo di accertare se una persona prova davvero dolore, ma anche di quantificarne l'intensità.

È oramai un fatto che le neuroimmagini sono sempre più spesso «prove» che vengono presentate nelle corti di tutto il mondo. Salvo i casi citati, però, la frequenza del loro utilizzo nei tribunali italiani è ignota ed è possibile che buona parte del loro contributo nei procedimenti sia un sommerso dai connotati e dagli effetti imprevedibili. Nell'arco di un decennio, a partire dal 1995, anche nel nostro Paese abbiamo comunque assistito a cambiamen-

[27] Cfr. http://royalsociety.org/uploadedFiles/Royal_Society_Content/policy/projects/brain-waves/Brain-Waves-4.pdf.

ti: se nel 1995 una sentenza della Cassazione Civile[28] classificava la PET come «nuovo metodo diagnostico», nel 2005 una sentenza della Cassazione Penale[29] a Sezioni Unite su imputabilità e vizio di mente (peraltro spesso menzionata per aver incluso i disturbi di personalità nel concetto di infermità) auspicava «la necessaria collaborazione tra giustizia penale e scienza», mentre nel 2006 una sentenza in Cassazione Penale[30] discuteva proprio l'utilizzo della PET come prova, giudicata tale solo nel caso in cui consenta di «acquisire nuovi elementi fattuali di valutazione».

L'uso delle neuroimmagini ha indotto alcuni studiosi a chiedersi se questo genere di prova influenzi le decisioni della corte o dei giurati, nel senso di essere ritenuta superiore o più affidabile di altre prove. La questione è stata studiata empiricamente. Una prima ricerca rilevò che l'eventuale prova che un imputato stesse mentendo, basata su neuroimmagini piuttosto che sull'uso del poligrafo o su rilevamenti termometrici, influenzava il giudizio di colpevolezza in un procedimento penale, nel senso che era considerata «più valida». Uno studio più recente e meglio strutturato ha però dimostrato che l'uso delle neuroimmagini come prova di responsabilità penale non ha alcuna influenza sul verdetto dei giurati: le prove neuroscientifiche sono ritenute più valide di quelle clinico-psicologiche per stabilire se una particolare condizione clinica dell'imputato diminuiva all'epoca dei fatti la sua capacità di controllare i suoi comportamenti, ma questa differenza non influenza il verdetto finale (Schweizter *et al.*, 2011).

Anche il verdetto di colpevolezza o innocenza, emesso da un giudice o da una giuria, è il prodotto dell'attività di uno o più cervelli e anche questi cervelli sono stati infatti esaminati nel processo di valutazione delle prove e di scelta della sanzione da comminare in caso di colpevolezza. Ciò che ne è risultato è che chi si trova a prendere decisioni nel corso di un procedimento giudiziario usa parti diverse del cervello per stabilire la pena e per accertare la responsabilità (Buckholtz *et al.*, 2008). Mentre sono le aree del cer-

[28] Cass. Civ., 27/04/1995.

[29] Cass. Pen., Sez. Unite, 25/01/2005, n. 9163.

[30] Cass. Pen., Sez. V, 18/05/2006, n. 37452.

vello emozionale che presiedono alla scelta della punizione in relazione al tipo di crimine, nell'accertamento della responsabilità e nella discriminazione tra diversi scenari risultano attive le aree prefrontali dell'emisfero destro. Queste aree, tra l'altro, sono le stesse coinvolte nella decisione di punire comportamenti economici iniqui e non è implausibile che gli stessi processi cognitivi, mediati dalla corteccia prefrontale, siano implicati tanto nelle decisioni di carattere giudiziario relative a terzi quanto nel mettere in atto una regola economica che media gli scambi personali.

La relazione tra neuroscienze e diritto, a ogni modo, riflette una doppia dimensione[31]. Da una parte, emerge l'impatto di queste scienze sulla prassi giuridica nelle corti, che abbiamo descritto nelle pagine precedenti. In quest'ambito gli accertamenti su base neuroscientifica e neurogenetica possono avere valenze differenti e dar luogo a decisioni diverse nei vari contesti giurisprudenziali, ovvero vi possono essere divergenze tra l'ambito medico e quello giuridico circa il fatto che un rilevamento strumentale e una perizia medica possano essere considerati effettivamente strumenti appropriati per stabilire una condizione patologica e correlarla a una perdita della capacità di intendere e volere. Si pensi, per esempio alla tossicodipendenza, che in ambito processuale non viene accettata come prova di infermità mentale[32], mentre è largamente dimostrato che alcune tossicodipendenze hanno una base genetica: il comportamento di chi assume droghe e commette reati non è più libero di chi ha bassi livelli di MAO o presenta un profilo clinico-psichiatrico sulla base dei quali sarà dichiarato non penalmente responsabile. Del resto, la stessa sociopatia o psicopatia viene accolta come prova di una minore responsabilità dell'imputato in alcuni sistemi giudiziari, ma non in altri, come, per esempio, negli Stati Uniti. Nelle prigioni statunitensi i detenuti con una diagnosi di sociopatia si avvicinano a un terzo della popolazione carceraria. Alcuni ricercatori ritengono poi che considerare imputabili di reato le persone con disfunzioni neuropsicologiche clinicamente accertate, mentre le persone con ri-

[31] Cfr. Garland, 2004; Santosuosso, 2009.
[32] A riguardo, artt. 91, 92, 93, 94, 95, c.p.

tardo mentale non lo sono, costituisca una palese violazione del principio di eguaglianza (Jones *et al.*, 2011).

I dati neuroscientifici vengono usati anche per stabilire l'entità della sanzione sia nel senso di una mitigazione sia nel senso di un aggravamento della pena e ciò dimostra che il contesto culturale condiziona, in ultima istanza, le ricadute pratiche dell'uso di questi strumenti.

Un ambito di applicazione che potrebbe diventare importante è quello della cosiddetta *neuropredizione*, ovvero la possibilità di usare dati neuroscientifici per stabilire la futura pericolosità del reo, cioè il rischio di recidiva, e per decidere conseguentemente gli interventi utili per prevenire ulteriori crimini. Ci sono buoni argomenti per suggerire l'uso delle neuroimmagini funzionali per accertare la presenza di fattori di rischio sia strutturali sia dinamici per una ricaduta in comportamenti criminali o di abuso di sostanze (come del resto si fa nella sentenza del tribunale di Como poc'anzi citata). I fattori di rischio statici, cioè immutabili, sono la storia criminale e la prima condanna detentiva; quelli dinamici riguardano appunto la possibilità di identificare dei correlati anatomici o fisiologici predittivi di recidive criminali. Ovviamente questa prospettiva deve fare i conti con l'affidabilità delle predizioni – quindi i criteri Daubert e comunque il filtro della valutazione dei giudici sarebbe dirimente – oltre che con le protezioni costituzionali a cui negli ordinamenti liberaldemocratici ha diritto l'imputato. Probabilmente l'argomento critico più pertinente è di natura morale, nel senso che la predizione del rischio di reiterazione del reato sarebbe di carattere statistico e farebbe riferimento non solo agli indicatori individuali (come peraltro dovrebbe essere in quanto il procedimento penale deve accertare nel merito solo il ruolo causale dell'imputato), ma anche ai dati aggregati relativi al gruppo all'interno del quale il reo viene incluso sulla base del tipo di crimine o degli indicatori biologici di recidiva.

In questa discussione abbiamo inquadrato l'impatto delle neuroscienze in particolare nell'ambito della giurisdizione penale, ma le neuroimmagini possono trovare applicazione anche nella giurisdizione civile, per esempio, nei casi di accertamento della responsabilità passiva, o di una condizione clinica pregressa che giustifichi l'impugnazione di un contratto, o di danni causati da un trauma fisico o psichico/emotivo. Con il rilevamento dei correlati neurali del disturbo post-traumatico da stress, se fosse confermato, sarebbe possibile stabilire se un evento traumatico di carattere emotivo, per il quale sia possibile determinare una responsabilità, abbia causato effettivamente un danno personale. L'applicazione che probabilmente avrà maggiore impatto riguarderà la determinazione e la quantificazione del dolore: è già possibile stabilire, infatti, se una persona sta provando dolore o lo finge, nonché la tipologia e l'entità del dolore stesso.

Lo studio dei rapporti tra neuroscienze e diritto riguarda anche l'eventualità che le scoperte neuroscientifiche recenti possano influenzare o modificare le consolidate assunzioni della giurisprudenza, come la libertà del volere, l'attribuzione di infermità mentale, la responsabilità penale o la risposta alla devianza. Il peso sempre maggiore assunto dalle neuroscienze nei tribunali ha sollevato una serie di questioni che sono alla base del funzionamento del diritto (Garland, 2004). Le neuroscienze riusciranno ad avere un reale impatto sul diritto, capovolgendone le categorie fondamentali? Quanto delle scoperte neuroscientifiche è già ragionevolmente utilizzabile in campo legale? Che tipo di paradigma di interpretazione delle neuroscienze appare come il più proficuo e sicuro per il diritto?

6.3 Le ricadute della ricerca neuroscientifica sui fondamenti del diritto

La ricerca neuroscientifica influenzerà o modificherà in qualche modo gli assunti, apparentemente consolidati, del diritto? La teoria aristotelica della responsabilità morale, esposta nell'*Etica Nicomachea*, è stata e rimane il fondamento degli standard di responsabilità, morale e giuridica, nella maggior parte dei paesi occidentali: un agente morale è responsabile, e quindi può essere rimproverato o elogiato per un'azione, se questa è volontaria. Ovvero, se quando l'ha compiuta aveva il controllo di quel che faceva, se era quindi consapevole dell'atto, conseguenze comprese. In USA, Canada e Inghilterra, per esempio, perché una persona sia dichiarata colpevole di un crimine: (a) deve aver eseguito l'azione (b) l'azione deve essere una violazione di una legge penale (c) deve avere una disposizione psichica (*state of mind*) criminale. Da un lato abbiamo, dunque, la condizione dell'*actus reus* (l'azione colpevole); dall'altro, la condizione dello *state of mind*, altresì nota come *mens rea* (mente colpevole), che coinvolge la volontarietà e la consapevolezza dell'agente di eseguire l'atto in questione. Perché possa esserci ragione di responsabilità, le due condizioni devono essere provate, oltre ogni ragionevole dubbio.

Più o meno quanto afferma, con un ragionamento un po' diverso, anche il codice penale italiano, che enfatizza soprattutto il *rapporto di causalità*, stabilendo che «nessuno può essere punito per un fatto preveduto dalla legge come reato, se l'evento dannoso o pericoloso, da cui dipende l'esistenza del reato, non è conseguenza della sua azione od omissione» (art. 40, c.p.). Ma subito dopo aggiunge che «nessuno può essere punito per un'azione od omissione preveduta dalla legge come reato, se non l'ha commessa con coscienza e volontà» (art. 42, c.p.) e puntualizza, nell'articolo successivo (art. 43, c.p.), i vari criteri soggettivi della responsabilità penale, non senza precisare che «nessuno può essere punito per un fatto preveduto dalla legge come reato, se, al momento in cui l'ha commesso, non era imputabile» (art. 85, c.p.). *Imputabile*, in particolare, è «chi ha la capacità di intendere e di volere». Una concezione questa, cosiddetta del «doppio binario»[33], che presume «imputabilità piena per gli adulti sani di mente ed esclusione di responsabilità totale/parziale per i minori e i folli»[34].

La responsabilità penale è quindi basata sulla capacità di autodeterminarsi e sulla consapevolezza, a loro volta fondate sul concetto filosofico di libero arbitrio. L'idea giuridica della responsabilità come la intendiamo oggi, peraltro, è un'acquisizione recente, che nasce alla fine del secolo XVIII e viene introdotta nel diritto moderno, con la connotazione offertale dalla rivoluzione francese, in collegamento con l'evoluzione dell'idea tutta illuminista dell'uomo

[33] De Leo, 1996, p. 19.

[34] *Ivi*, p. 20.

libero, concetto quasi impensabile nelle epoche precedenti, dominate da poteri assolutisti. Essa si è successivamente radicata nella cultura occidentale con l'etica del capitalismo (Weber, 1904-1905).

Nell'area di intersezione tra neuroscienze e diritto, ormai nota come «neurodiritto»[35], sono maturate le visioni contrapposte, che si dividono tra chi pensa che la responsabilità penale verrà minata dalle ricerche sul cervello, con conseguenti ripercussioni sugli ordinamenti, chi ritiene che le neuroscienze non avranno ripercussioni e chi sostiene, un po' paradossalmente, che «cambierà tutto e niente». Le ricadute delle neuroscienze possono essere di natura interna al funzionamento del diritto, contribuendo alla riformulazione della dottrina giuridica, o esterna, dimostrando che le dottrine, le pratiche e le istituzioni risultano di fatto logicamente o proceduralmente infondate (cfr. Morse, 2011a).

Cominciamo a vedere gli argomenti di chi dice che cambierà tutto. Il biologo evoluzionista Richard Dawkins è intervenuto nel 2006 sulla questione nei suoi tipici modi *tranchant*. L'assunto morale che è alla base della concezione retributiva sarebbe, per Dawkins, incompatibile con una visione scientifica del comportamento umano. Visione che, in questo caso, significa visione deterministica. Punire una persona per un reato, tanto più se efferato, è come punire un computer perché funziona male o prendere a calci una macchina perché si è rotta, o è difettosa. Chi commette un reato semplicemente funziona male. Nondimeno, per Darwkins, attribuire una responsabilità o una colpa si è rivelato un costrutto mentale utile e quindi è stato selezionato evolutivamente. Ne discende che sarà impossibile per noi accettare il punto di vista corretto che ci suggerisce la scienza del comportamento, cioè acquisire un punto di vista illuminato e ridere di queste nostre credenze irrazionali (Dawkins, 2006).

[35] Il termine *neurolaw* è apparso per la prima volta nel 1991 in un articolo di Taylor Sherrid per la rivista *Neuropsychology*. Ampiamente utilizzato in lingua inglese, comincia a diffondersi nei contesti accademici anche nella traduzione italiana. Di recente pubblicazione il volume *International neurolaw*, per i tipi della Springer (Spranger, 2012); un testo introduttivo italiano che reca il neologismo nel titolo è Picozza *et al.*, 2011.

L'approccio di Dawkins implica non tanto che cambierà tutto, ma che dovrebbe cambiare tutto, mentre non potrà cambiare niente. Di fatto egli solleva un interrogativo di fondo: se il comportamento morale è un comportamento naturale, che traduce il funzionamento normale di un meccanismo cerebrale, che differenza c'è tra un comportamento criminale e un comportamento patologico? In passato questa distinzione, basata su teorie psicologiche ingenue, appariva illusoriamente più chiara, poiché è idea comune che un comportamento criminale sia intenzionale, volontario e consapevole e un comportamento patologico sia la conseguenza di un difetto che compromette il funzionamento normale. Nondimeno per alcuni ricercatori la neurobiologia, in particolare lo studio della corteccia frontale, consentirà di spiegare causalmente e al limite predire i comportamenti criminali (Sapolsky, 2004). Se anche ciò renderà superfluo il concetto di «colpevolezza», la società non sarà mai tenuta a perdonare o a non fare nulla, ma continuerà ad avere l'onere di proteggere e proteggersi dai danni. A chi, come Stephen Morse, ritiene che equiparare gli uomini ad auto rotte voglia dire non trattarli più come uomini, Sapolsky risponde che in realtà è più umano questo approccio di quello che moralizza i comportamenti e trasforma gli uomini in «peccatori».

Al di là della critica, scontata ma inconsistente, per cui una spiegazione scientifica radicale del comportamento criminale, che lo riconduca a un malfunzionamento, priverebbe le persone di ciò che le rende speciali, se si vuol usare in modo coerente e appropriato la finzione della responsabilità morale è necessario forse fare un passo ulteriore. Per esempio, sollevando la questione di quale ruolo giocano i *mismatch*, ovvero le differenze ambientali nel contesto delle quali maturano le predisposizioni comportamentali, nel condizionare sia la produzione dei comportamenti giudicati illegali, e quindi perseguiti come reati, sia la costruzione dei giudizi e delle sanzioni di tali atti. Ma questo è un tema sul quale si tornerà nel capitolo conclusivo, che affronta la questione delle cause remote, cioè evolutive, del diritto.

La diatriba che nell'immediato impegna i neurogiuristi è: le neuroscienze stravolgeranno il diritto? Interverranno in modo rivoluzionario sulla teoria e sulla prassi giuridica? Si tenga presente, per ribadirlo ancora, che a essere minate attraverso le neuroscienze possono essere proprio tutte le concezioni che si reggono sulle categorie giuridiche di base messe in dubbio da questi studi, quelle concezioni cioè su cui gli ordinamenti di tutto il mondo occidentale si fondano. In modo particolare l'assunzione che le nostre azioni derivano da intenti consapevoli e che gli stati mentali che ci governano sono accertabili. Se tali categorie perdono consistenza scientifica, il diritto va riformato? O, viceversa, il nostro diritto è costruito in questo modo perché ha certi obiettivi, funziona per mantenere e proteggere la società proprio in questa veste, e dunque dovremmo continuare a utilizzarlo così com'è, indifferentemente da quanto verremo a sapere sul nostro cervello?

Non molto diversa, la seconda posizione, da quella di chi sostiene in altro ambito che la nostra psicologia di senso comune, con tutti i termini e le congetture mentalistiche che utilizziamo per rapportarci agli altri nelle nostre vite ordinarie, rimarrà sempre tale, indifferentemente da quanto verremo a sapere dalle neuroscienze. Per una ragione semplice: perché funziona. Una posizione esattamente alternativa a quella che ritiene, invece, che anche il nostro modo comune e quotidiano di rapportarci agli altri subirà radicali cambiamenti. Si potrebbe dire che diritto e psicologia ingenua non sono la stessa cosa. La seconda è una capacità naturale, universale e condivisa dal genere umano, su cui non vi è stato accordo negoziato culturalmente. Eppure, anche all'interno del diritto esistono correnti, come il giusnaturalismo, che fondano il diritto sulla natura che ci contraddistingue e di cui siamo parte. La discussione sembra richiamare il problema di una base naturale o convenzionale del diritto, che tanto ha impegnato i filosofi della disciplina fino a oggi. Il diritto ha un fondamento naturale o è frutto di un accordo all'interno di una comunità? E quando, comunque, la giurisprudenza utilizza categorie la cui spiegazione subisce delle modifiche da parte delle scienze naturalistiche, il diritto – naturale o convenzionale che sia – deve tenerne conto? Ovvero chi ha un'idea positiva o convenzionale del diritto è più refrattario ad attendersi una ricaduta delle neuroscienze?

La strategia per asserire che le previsioni di Dawkins (ma quali in realtà?) sono erronee può articolarsi come segue: si rinuncia all'idea che la mente sia il cervello, e si conclude che se il cervello è determinato dalle leggi fisiche, la mente è nondimeno libera e, in quanto tale, responsabile. Oppure, pur ritenendo che il libero arbitrio non esista e che il nostro cervello sia soggetto alla determinazione da parte di forze esterne, si può decidere di dar spazio a una nozione strumentale, convenzionale di responsabilità, da cui le società possano trarre comunque beneficio.

Vediamo la prima delle due posizioni: quella del giurista Stephen J. Morse (2006). Si tratta di una tesi che può sembrare, oggi, sbrigativa per chi è avvezzo alla filosofia della mente, ma è a tal punto di senso comune da risultare familiare anche all'uomo di strada. Risulta poi maggiormente familiare a coloro che si trovano ad avere a che fare con il diritto, il quale è nelle sue applicazioni pratiche e nelle sue teorizzazioni per lo più orientato da concezioni psicologiche ingenue, da teorie cioè che non hanno un assetto scientifico e non sono sorrette da dati sperimentali, né sono giustificate dal raffronto con spiegazioni fisiologiche. Morse sposa una forma di antiriduzionismo fisicalista[36]: sostiene che il riduzionismo materialista («la mente coincide con il cervello») non è affatto la migliore spiegazione possibile. In aggiunta, richiama l'idea della distinzione, celebre tra i filosofi antiriduzionisti, tra cause e ragioni. Per Morse un conto è spiegare le cause materiali di un nostro comportamento come alzare un braccio (del tipo «si è attivata una determinata fibra nervosa che ne ha attivata un'altra e così via»), altro è spiegare le ragioni per cui abbiamo condotto tale comportamento («il professore mi ha chiesto di farlo»). Ciò presuppone che le cause facciano riferimento al piano del cervello, le ragioni a quello della mente e che le due cose comunque non siano identiche. Inoltre, Morse assume

[36] Per alcune riflessioni di Morse sul dualismo, cfr. Morse, 2011b, p. 848. Per Morse, il dualismo non è una posizione delle persone più informate; tuttavia, egli ritiene che, anche se «può sembrare che l'enfasi posta dal diritto sull'importanza degli stati mentali come cause del comportamento sia basata su una forma prescientifica, antiquata di dualismo», ciò non corrisponda al vero. Morse afferma inoltre che «almeno, gli stati mentali sono dipendenti da o sopravvengono agli stati cerebrali, ma né le neuroscienze né le altre scienze hanno dimostrato che gli stati mentali non giochino un ruolo casuale indipendente e parziale».

che gli uomini siano esseri auto-coscienti e razionali, che agiscono per delle ragioni. Ma, soprattutto, che la mente e le sue ragioni, pur appartenendo a un mondo a sé stante, abbiano un potere causale perfino sul fisico, cioè possano indurre il nostro corpo a comportarsi in un certo modo. Altrimenti, se la mente non avesse potere sulle nostre azioni corporee, come potremmo mai incolpare qualcuno di aver materialmente ucciso una persona?

Morse fa spesso presente di non avere indagato approfonditamente le basi metafisiche del suo pensiero, che ha finalità più pratiche e attinenti alla sfera del diritto. Nel tentativo di dar corpo alla sua versione dell'antiriduzionismo, alcuni studiosi (quali Michael Pardo e Dennis Patterson) riconducono la posizione di Morse a quella del monismo anomalo di Donald Davidson, mentre altri (ad esempio Katrina Sifferd) ritengono che sia più similare a quella di John Searle. [Cfr. interventi nel corso della conferenza *Law and neuroscience: the work of Stephen Morse*, tenutasi presso l'European University Institute di Firenze nei giorni 9 e 10 giugno 2013: http://neurolawconference.com/.]

Una concezione, quella antiriduzionista, che riceve puntuali controargomentazioni da parte di filosofi e scienziati contemporanei (cfr. Kim, 1998, 2005). In breve, l'etichetta «antiriduzionismo fisicalista» appare un ossimoro, a cui si ricorre per dar spazio o, da un lato, a una forma mascherata – e caldeggiata dal senso comune – di dualismo in senso classico, che incappa nel problema della sovra-determinazione causale, o dall'altro a un mero epifenomenismo. Il dualismo sposato dal senso comune, unito a un'avversità nei confronti della conoscenza scientifica da parte dell'uomo comune, è alla base dell'atteggiamento di rifiuto che emerge ogni qual volta la scienza tenta di aver voce in capitolo su una qualche particolare questione apparentemente lontana dalla sua specifica attività. Questo atteggiamento si è manifestato storicamente anche nei rapporti tra scienza e diritto[37]. Non se la cava meglio la versione meno radicale del dualismo, legata a concezioni funzionaliste, che i filosofi chiamano il «dualismo delle proprietà», secondo cui non esistono due sostanze diverse, ma

[37] De Cataldo Neuburger, 2009; Lavazza e Sammicheli, 2012.

la stessa sostanza può manifestarsi con proprietà descrivibili dalla fisica e proprietà esaminabili dalla psicologia.

Lasciando da parte il dualismo, torniamo alle acquisizioni delle neuroscienze nel campo morale. Gli uomini, dai dati che emergono, non sono né coscienti, né intenzionali, né potenzialmente razionali: non è dimostrata l'esistenza di qualche realtà, anche emergente, che non coincida con l'attività del cervello e che ne ha il controllo. Inoltre, la responsabilità è un concetto da esaminare alla luce di concezioni quali il determinismo e la chiusura causale del mondo fisico (la teoria secondo cui solo entità del mondo materiale hanno potere causale, escludendo pertanto la mente; ovvero è il nostro cervello individuale che causa i nostri comportamenti).

Per Morse, scoperte neuroscientifiche che effettivamente possano dirci qualcosa sulla mente umana sono irraggiungibili per principio; quindi, «le nozioni ordinarie di responsabilità sono sicure, sebbene le neuroscienze possano portare delle prove a supporto della tesi che alcune condizioni che la indeboliscono sono più prevalenti di quanto pensiamo»[38]. Tutto viene ricondotto, dunque, all'impossibilità di spiegare il rapporto mente-cervello.

In un contributo più recente (Morse, 2011a), nel riferirsi al tentativo di traduzione delle neuroscienze in legge, Morse ha proposto, sulla falsariga di un celebre titolo cinematografico, un interrogativo che esprime scetticismo riguardo alle problematiche, care a Quine, della traduzione radicale: *Lost in Translation?*. In breve, contrariamente a quanto molti sembrano credere, l'intera questione sarebbe, a parere di Morse, mal posta, perché le dottrine penali non presuppongono affatto il libero arbitrio a fondamento della responsabilità penale e sono perfettamente consistenti col determinismo. Anche se il determinismo è vero, dice Morse, alcune persone agiscono e altre no; alla legge non interessano tesi metafisiche come il libero arbitrio, ma se l'imputato ha commesso il crimine o no. L'unico modo in cui le neuroscienze possono costituire una sfida giuridica è che arrivino a «dimostrare

[38] Morse, 2006, p. 47.

in modo conclusivo che la psicologia della giurisprudenza è sbagliata e che noi non siamo creature per cui gli stati mentali sono causalmente efficaci»[39]. In base alla visione di Morse, i contributi delle neuroscienze sono così modesti da non permettere interventi né genuini né radicali.

Se però riteniamo, come nel nostro caso, che la mente e il cervello siano esattamente la stessa cosa, ovvero che la mente sia un'illusione conveniente per tenere insieme delle funzioni del cervello in quanto organo deputato a controllare adattativamente il comportamento, l'idea che il diritto si orienti su categorie del senso comune può sembrare insoddisfacente.

Michael Gazzaniga è un neuroscienziato ma, pur sposando una visione riduzionistica di mente e cervello, fa parte del fronte per cui comunque le neuroscienze e il diritto hanno divergenze sostanziali e non appianabili (per esempio, Waldbauer e Gazzaniga, 2001).

Un paragone tra uomini e orologi o robot, similare a quanto proposto da Dawkins, è, in una concezione di questo genere, «inadeguato». Se le neuroscienze considerano il cervello alla stregua di orologi o robot, cioé come una macchina automatica – affermano Waldbauer e Gazzaniga – «disponiamo però di altri modi di considerare le persone che ammettono giudizi di responsabilità: li possiamo definire "ragionatori pragmatici". Proprio perché la responsabilità non può essere assegnata agli orologi non significa che non sia attribuibile alle persone. In questo senso, gli esseri umani sono speciali; sono differenti sia dagli orologi sia dai robot»[40].

Ma cosa sarà mai questa specialità? Per Gazzaniga:

> La questione della responsabilità (come quella di chi può guidare lo scuolabus) è una scelta sociale. Nei termini delle neuroscienze, nessuno è più o meno responsabile per qualsiasi sua azione. Ognuno di noi fa parte di un sistema deterministico che un giorno comprenderemo pienamente nella teoria.[41]

[39] *Ivi*, p. 534.
[40] Waldbauer e Gazzaniga, 2001, p. 357.
[41] Gazzaniga, 2005, p. 110.

Per questo egli sostiene che le neuroscienze non scopriranno mai il correlato cerebrale della responsabilità: la responsabilità è «una costruzione sociale», ovvero qualcosa «che esiste nelle regole di una società e non nelle strutture neuronali del cervello»[42]. In qualità di costruzione sociale umana, la responsabilità non è indagabile per Gazzaniga a livello cerebrale. Da qui, la sua celebre frase «nessun pixel e nessuna immagine del cervello in azione potranno mai mostrarci la colpevolezza o la non colpevolezza»[43].

Eppure, in merito all'influenza delle neuroscienze sul diritto, c'è chi ha espresso una posizione mediana. Per Joshua Greene, psicologo morale che abbiamo menzionato tra i nomi di spicco per gli esperimenti nel campo delle neuroscienze dell'etica, e il collega Jonathan Cohen, «per la legge, le neuroscienze cambiano tutto e niente» (Greene e Cohen, 2004). L'idea di Greene e Cohen è che le nuove scoperte delle neuroscienze possano essere assimilate in modo agevole ai principi giuridici esistenti, senza cioè particolari sconvolgimenti. E questo perché i principi in questione, da un lato, non prendono posizioni decisive sulla basi neurali del comportamento criminale e, dall'altro, sono principi operativi il cui scopo è catturare il nostro senso intuitivo di giustizia. Insomma, i risultati delle neuroscienze costituiranno «nuovi dettagli, nuove fonti di prova, ma niente per cui la legge sia essenzialmente impreparata»[44]. Al massimo, le neuroscienze daranno una nuova veste alla legge pre-esistente, che rimane fondata, però, su una concezione intuitiva della giustizia.

Prendiamo per esempio il caso affrontato come paradigmatico dai due psicologi, il libero arbitrio. Per Greene e Cohen, la dottrina giuridica attuale vive una situazione ambigua. Essa *afferma* di fondarsi su intuizioni libertarie del libero arbitrio: la giurisprudenza presuppone una nozione metafisica debole di libero arbitrio perfettamente compatibile con il determinismo. Tuttavia, la giurisprudenza sembra *far appello* anche a una nozione metafi-

[42] *Ibidem.*

[43] *Ivi*, p. 108.

[44] Greene e Cohen, 2004, p. 1775.

sica troppo ambiziosa di libero arbitrio, una nozione che risulta minacciata dal determinismo e in modo più incisivo dalle neuroscienze cognitive attuali e future. La posizione di Greene e Cohen è elaborata in modo più sofisticato di quelle finora espresse. Cerchiamo di analizzarla nel dettaglio.

Alla base di una posizione di questo tipo vi è l'esplicitazione di una differenza fondamentale di due versioni del senso comune: ciò a cui le *persone comuni* sono realmente interessate e ciò a cui la *legge* è ufficialmente indirizzata. Sebbene la legge si fondi su una concezione ordinaria delle categorie giuridiche, cioè su intuizioni comuni come quelle di libero arbitrio o di colpevolezza rispetto a un illecito, Greene e Cohen ritengono che senso comune e categorie giuridiche non coincidano. Questo divario può emergere in contesti come i tribunali, in cui viene presentata l'informazione scientifica che è rilevante per spiegare le cause del comportamento criminale e che però i giudici possono o meno accettare sulla base dell'autonomia dei principi di dottrina giuridica. In alcuni casi, l'informazione scientifica spinge le persone comuni a dubitare che certi individui posseggano realmente la capacità di essere responsabili in senso morale e davanti alla legge, ma quest'informazione può anche dimostrarsi irrilevante sul piano e per gli scopi della legge stessa e può dunque condurre i giudici in altre direzioni. Le neuroscienze, dunque, possono rendere evidente il divario tra senso comune e giurisprudenza così inteso, mettendo in crisi nel pensiero dell'uomo comune alcune posizioni radicate: *in primis*, la nozione libertaria e ordinaria di libero arbitrio, ma anche il modello retributivo della pena che ne consegue (chi compie volontariamente azioni illegali deve essere punito). Più vantaggioso sarebbe, quindi, un modello consequenzialista della pena, che resiste anche in assenza di libero arbitrio, ma non implica la cancellazione della responsabilità, promuovendo più efficacemente, a detta dei due psicologi, il *welfare* futuro. A differenza del retributivo, secondo il quale chi compie atti criminali *merita* di essere punito, il consequenzialismo, che emerge dalla tradizione dell'utilitarismo classico, ritiene la pena giustificata dagli effetti benefici futuri sulla società (la prevenzione dal crimine, attraverso l'effetto deterrente della legge, e il contenimento degli individui pericolosi), ha carattere maggiormente normativo e, in linea di principio, giustifica forme meno accettabili di pena (la pena di morte, se i benefici sono maggiori dei danni).

Allo stesso tempo, però, Greene e Cohen affermano che, sul piano del funzionamento del diritto, le neuroscienze non cambieranno nulla. Perché? Secondo questi autori, la legge è una cornice teorica coerente per la valutazione della responsabilità del reo e le neuroscienze non minacceranno questa valutazione. Solo se saranno in grado di cambiare le nostre intuizioni morali, allora influenzeranno anche il diritto. Perché, come dicevamo poc'anzi, ciò che conta è che ciò che interessa alla legge, vale a dire stabilire e far rispettare le norme della convivenza civile, non coincide con ciò che interessa o si aspettano le persone a livello di senso comune.

Per chiarire la questione, i due psicologi concepiscono un esperimento mentale, ispirato a un argomento frequente nelle discussioni a carattere filosofico su libero arbitrio e responsabilità (Rosen, 2002). Questo esperimento mentale prende il nome da un film della fine degli anni Settanta con Gregory Peck e Laurence Olivier, *I ragazzi venuti dal Brasile* (*Boys from Brazil*). Nel film, una squadra di ex nazisti rifiugiatisi in Brasile mette a punto una serie di esperimenti genetici per creare dei bambini con il DNA di Hitler e un ambiente che riproduca fedelmente gli accadimenti della sua infanzia (per esempio, ogni bambino viene esposto alla morte del proprio padre, esattamente come accadde a Hitler e così via). Supponiamo, sul modello del film, di creare – ci suggeriscono Greene e Cohen – un ipotetico burattino vivente, Mr Puppet, coinvolto in qualche azione criminale, e di mettere in atto un controllo stretto (al 95%) di tipo genetico e ambientale su questa creatura. Difficilmente le nostre intuizioni ci porterebbero a credere che un essere di questo tipo, quasi completamente indirizzato all'atto criminale dalle trame degli scienziati, sia responsabile delle sue azioni. Eppure, agli occhi della legge lo sarebbe, poiché essa risponde ad altri tipi di interrogativi. Per esempio, il Signor Burattino era razionale al tempo dei suoi misfatti? Per quanto ne sappiamo, sì. Allora il Signor Burattino, ci dicono Greene e Cohen, è indistinguibile dal criminale colpevole prototipico, pienamente responsabile agli occhi della legge.

Quando la legge si interroga sulla razionalità di un imputato, non si domanda, come farebbero spontaneamente le persone, se qualcos'altro potrebbe essere stato la causa ultima delle sue azioni (il cervello, i geni, l'ambiente). Il fatto che le azioni del Signor Burattino siano determinate da forze esterne non lo rende molto diverso dal nostro essere determinati dalle leggi fisiche che regolano l'universo. In un senso molto credibile, «siamo tutti burattini»[45]: gli effetti combinati di geni e ambiente determinano tutte le nostre azioni.

Le neuroscienze possono fornire gli strumenti per comprendere la natura meccanicistica dell'azione umana in modo da aggirare gli argomenti filosofici. Sono le neuroscienze a mettere in luce quegli eventi che sono più rilevanti per identificare la responsabilità morale e quella giuridica, e che chiariscono perché insistiamo nell'attribuire libero arbitrio a noi stessi e agli altri. Esse ci indicano quali sono i meccanismi che danno luogo al nostro senso di libero arbitrio e perché lo fanno, oltre a chiarirci come questi meccanismi possono servirci per smantellare i presupposti della nostra idea che il libero arbitrio sia qualcosa di dato a priori e uguale per tutti, piuttosto che un modo personale di soppesare in termini di controllo causale la realizzabilità di aspettative per il futuro che emergono alla coscienza. Cosa fare? Per esempio, si potrebbe adottare un modello della giustizia che non debba riferirsi ad alcuna nozione di libero arbitrio e che sposi una nozione rivisitata di responsabilità. Per Greene e Cohen, per esempio, questo modello coincide col consequenzialismo e con l'idea che è responsabile chi contribuisce al benessere sociale. Si tratta in qualche modo di un'idea non lontana da un «welfarismo penale», che potrebbe rispondere alle considerazioni del giurista David Garland, il quale denuncia appunto il declino della funzione riabilitativa della pena senza considerare che quella funzione venne concepita nel contesto di un'impianto positivista della giustizia penale.

[45] *Ivi*, p. 1780.

7
Neuroetica e filosofia: verso un matrimonio di convenienza?

L'originalità della neuroetica sta nell'aver riavvicinato, dopo la problematica stagione del positivismo tardo-ottocentesco, e sulla base di nuove scoperte e ipotesi riguardanti la localizzazione e le dinamiche fisiologiche dei costituenti neurobiologici delle scelte e dei giudizi morali, questioni di carattere morale e questioni di carattere neurale. Che la neuroetica rappresenti un terreno di confronto critico tra istanze di natura etico-filosofica, socio-politica e neuro-comportamentale, e che possa caratterizzarsi attraverso l'identificazione e trattazione di una pluralità di temi con obiettivi e tesi diversificate, è una constatazione banale. Così come è abbastanza evidente che il fascino che esercita la neuroetica consiste nel fatto che consente di accostare nuovamente problemi che per un certo periodo sono stati ritenuti epistemologicamente tra loro incommensurabili; per cui sia chi desidera e sia chi teme l'esplorazione di questa sorta di «buia caverna»[1], si può sbizzarrire nel fantasticare chissà quali ricadute per le idee maturate sul terreno della riflessione neuroetica o nel paventare il peggiore degli scenari, che produrrebbe la contaminazione o l'erosione dello specifico umano da parte di tesi che lo riconducono a fatti e processi del tutto comuni nella natura vivente.

Il problema più interessante è se le ricerche e le discussioni in corso stiano prefigurando un salto di qualità almeno nell'impostazione naturalistica di alcune questioni filosofiche di fondo. Ovvero se i contenuti e i prodotti della ricerca interdisciplinare sulle basi neurali e comportamentali delle relazioni morali che si in-

[1] Cfr. *Introduzione*.

staurano in diversi contesti sociali possono davvero influenzare, e in modo migliorativo, le idee che vengono utilizzate al livello dei processi decisionali per migliorare il funzionamento delle società umane. In altre parole, la questione di fondo è se la riflessione neuroetica può riaprire una nuova stagione per il naturalismo filosofico, fondata su nuove idee scientifiche pertinenti e su dati metodologicamente affidabili, consentendo di superare le secche epistemologiche in cui il costruttivismo nelle sue versioni più radicali, cioè quelle della più recente trasfigurazione dell'idealismo, ha trascinato la filosofia, contribuendo altresì a diffondere o a rafforzare relativismo e pregiudizi antiscientifici nelle scienze sociali.

In qualche misura il problema viene già affrontato dalla cosiddetta *neuroetica filosofica*. A questa è dedicato quest'ultimo capitolo, dove si proverà a sostenere che è fondamentale per un'efficace e costante diffusione dei temi e delle idee della neuroetica la costruzione di una *filosofia*, informata dalle neuroscienze, che sia in grado di orientare la ricerca di soluzioni per questioni pregnanti come quelle sollevate dagli avanzamenti delle conoscenze e delle tecnologie sul cervello.

7.1 Chi si occupa di neuroetica e con quali scopi?

La neuroetica è un «arcipelago»[2], che raccoglie persone provenienti dalle esperienze professionali più disparate (medici, psicologi, biologi, filosofi, letterati, sociologi ecc.), interessate a comprendere qualcosa su aspetti cruciali dell'umanità sociale; ancor più della psicologia, peraltro, perché non prevede un professioni-

[2] Nello stesso senso in cui Giovanni Jervis scriveva che «la psicologia è un grande arcipelago; e solo in parte si può dire che sia una scienza» (2002, p. 63). Oltre che allo status epistemologico critico della disciplina, Jervis si riferiva al fatto che molti degli autori di libri di psicologia non sono psicologi, ma professionisti o improvvisati di tutte le sorti, e che questa disciplina si barcamena tra lodevoli aspirazioni e imbarazzanti cadute in logiche esplicitamente commerciali o autopromozionali. La neuroetica – non differentemente dalla bioetica, peraltro – è un'impresa che richiama questa descrizione.

sta della materia. Non è certamente una scienza, e neanche una disciplina di per sé, ma un terreno di discussione che mescola competenze diverse e affronta questioni scottanti che sembrano suggerirci conclusioni molto lontane dal nostro modo spontaneo di rappresentarci a noi stessi. E questo perché, come per la psicologia intuitiva per cui si è soliti ricorrere all'analogia copernicana, anche per l'etica ingenua «le distorsioni di prospettiva legate all'egocentrismo "naturale" o "spontaneo" della nostra mente sono più gravi che per l'astronomia intuitiva»[3]. La neuroetica alterna attività encomiabili a incertezze, celando il rischio di fuorvianti e spiacevoli abbagli teorici o applicativi. Sicuramente, costituisce al momento uno «specchietto per le allodole», un giaciglio rassicurante o semplicemente una prospettiva allettante, ma anche ingannevole: le prospettive della neuroetica non sono soluzioni definitive, come non lo sono quelle della scienza, che è una ricerca continua e in evoluzione. Ma il punto è che non sono neanche soluzioni in senso proprio; sono constatazioni e riflessioni da interpretare caso per caso. Non per questo, però, quello che rientra sotto l'etichetta di neuroetica deve necessariamente essere frutto di scherno o sospetto, perché racchiude approfondimenti utili e degni di interesse. La neuroetica è dunque un punto di incontro e di confronto, ma con quali obiettivi?

Da un lato si è sviluppata una neuroetica empirica o *applicata*[4], che ha come obiettivo di offrire nuove prospettive, sostenute dalle acquisizioni neuroscientifiche, per quesiti di carattere bioetico come consenso informato, sicurezza, diagnosi e cura dei malati mentali; o anche per quesiti relativi all'impatto delle nuove tecnologie e conoscenze neuroscientifiche, che consentono di caratterizzare le emozioni morali e le capacità di autocontrollo nei singoli individui e quindi stabilire l'applicabilità di concetti chiave per l'amministrazione della giustizia, come capacità di intendere e di volere, responsabilità penale e imputabilità nei soggetti criminali e così via.

[3] Jervis, 2002, pp. 67-68.
[4] Cfr. Illes, 2007; Northoff, 2009.

Esiste però, abbiamo visto, anche un piano più speculativo o teorico della riflessione neuroetica dove si cerca di fornire nuove risposte a problemi tradizionali come il rapporto tra etica e natura, in particolare quella umana. La neuroetica è quindi, in ultimo, che cosa? Una teoria etica o un'etica applicata? In entrambi i casi, la locuzione appare di per sé in difetto. In generale, l'etica non è mai soltanto un progetto teorico. Si tratta di una disciplina con aspirazioni pratiche. Anche quando si chiama *metaetica*. Le neuroscienze sono un'impresa scientifica, dunque non filosofica, ma hanno oggi l'ambizione di indagare questioni che si rivelano, in ultimo, le stesse che hanno mosso la tradizionale ricerca di tipo etico-filosofico, in termini tecnici, le cosiddette questioni «fondazionali» per l'etica. Vale a dire: in che modo potrebbe/dovrebbe costruirsi un'etica? A seconda proprio di come la parte applicativa dell'etica si relaziona con quella teorica (cfr. Allhoff, 2010), l'etica può costruirsi seguendo tre direzioni: dall'alto verso il basso, la teoria è una guida per i casi da esaminare; dal basso verso l'alto, sono i casi a fare la teoria; in senso riflessivo, teoria e casi si reciprocano. Ma la neuroetica ha fini pratici o teorici?

Eric Racine (2010) distingue tre orientamenti per la neuroetica nel dibattito contemporaneo: l'approccio *knowledge-driven*, quello *technology-driven* e quello *healthcare-driven*. Dimentica, evidentemente, la *neuroscience and law perspective*. Ma questo non ci sorprende se consideriamo il fatto che alcuni neuroeticisti non sembrano interessarsi affatto al tema delle ricadute nel campo del diritto, o comunque se ne tengono volutamente a distanza[5].

Una neuroetica guidata dalle conoscenze (*knowledge-driven*) è quella proposta da Adina Roskies, sul modello della neurofilosofia (Churchland, 1986): «nell'imparare qualcosa in più sulle basi neuroscientifiche del ragionamento etico, o anche dell'auto-rappresentazione e dell'auto-consapevolezza, possiamo rivedere i

[5] Nell'introduzione al suo *Pragmatic Neuroethics*, Eric Racine puntualizza esplicitamente che all'interno del libro: «i temi giuridici legati alle neuroscienze non vengono affrontati» (2010, p. XI).

nostri concetti etici»[6]. Scopo della neuroetica, per la Roskies, sarebbe quindi l'utilizzo delle neuroscienze per indagare, riaggiustare, sovvertire o, se necessario, eliminare gli assunti degli approcci filosofici tradizionali. Si tratta di un nuovo orizzonte di conoscenza.

Paul Wolpe (2004), invece, rifiuta l'idea che le neuroscienze del pensiero morale rientrino nell'etica (cfr. Farah e Wolpe, 2004) e ritiene che la neuroetica sia mossa dagli sviluppi tecnologici (*technology-driven*), non soltanto nel senso generico per cui le tecnologie più avanzate sul cervello darebbero vita a nuove problematiche nei settori della salute e del sociale, ma perché la neuroetica è «definita dalle tecnologie che esamina, piuttosto che da qualche approccio filosofico particolare» (Wolpe, 2004). Racine e Judy Illes (2008), infine, enfatizzano l'intreccio tra bioetica e neuroscienze, in particolare riguardo agli aspetti clinici (*healthcare-driven*). L'«integrazione dell'etica di specialità mediche (neurologia, psichiatria e neurochirurgia) con l'etica delle ricerche correlate» ha come scopo quello di «migliorare la cura dei pazienti».

La discussione rischia tuttavia, in modo immotivato, di chiudersi in un vicolo cieco. In questi casi, distinguere tra scienza di base e applicata non è di alcun aiuto. La scienza non è che un'attività di *problem solving*. E anche nel risolvere problemi pratici si può accrescere la conoscenza, così come nell'affrontare problemi di natura conoscitiva si raffina la capacità di far fronte a problemi pratici. È giusto che la neuroetica si impegni in visioni monolitiche e inflessibili? Per Eric Racine (2010), la risposta è no. Giustamente. La neuroetica applicata si configura al meglio quando sposa un approccio *pragmatico*, di cui Eric Racine si fa promotore. Mentre Judy Illes (per esempio, 2007) difende un atteggiamento pragmatico ma anche empirico. La risoluzione delle sfide etiche sollevate dalle scienze del cervello deve aver luogo attraverso un processo sociale e scientifico di negoziazione, soprattutto per quanto riguarda l'impatto delle neuroscienze di base e cliniche sul piano delle politiche sociali e/o sanitarie, più che le ricadute di queste sulla percezione del sé individuale.

[6] Roskies, 2002, p. 22.

Ma le radici storiche della neuroetica rimangono, in ultima istanza, filosofiche!

7.2 Quale filosofia per la neuroetica?

La neuroetica più speculativa si ispira, in modo abbastanza evidente, alla neurofilosofia, che possiamo genericamente definire come un insieme di approcci volti a ripensare i problemi filosofici tradizionali alla luce delle scoperte e delle idee sul funzionamento del cervello umano. In un caso, abbiamo un dibattito locale di filosofia (delle scienze o etica), applicata ai concetti, ai fondamenti e alle metodologie delle neuroscienze; nell'altro, un dibattito che fa dei risultati neuroscientifici la base empirica per riconsiderare questioni filosofiche tradizionali (di filosofia della scienza o morali).

Se però nel termine neuroetica c'è un'evidenziata ambiguità semantica (etica delle neuroscienze o neuroscienze dell'etica), la neurofilosofia è un approccio ben caratterizzato e distinto dalla filosofia delle neuroscienze. La neurofilosofia si propone come neuroscienza applicata alle questioni filosofiche. Anche la neurofilosofia ha una doppia veste (Bickle *et al.*, 2010), ma c'è una differenza fondamentale. La filosofia delle neuroscienze e la neurofilosofia sembrano condividere approcci epistemologici similari, guidati in genere da una forma più o meno radicale di naturalismo. L'etica delle neuroscienze e le neuroscienze dell'etica testimoniano invece una spaccatura, in termini di impostazioni teoriche e metodi, che esiste tra bioetica tradizionale e scienze cognitive. Sono due diversi orientamenti, oltre che due vere e proprie visioni inconciliabili della mente (Buller, 2006). Davanti ai neuroeticisti, sembrerebbe profilarsi un *aut aut*: o si è eticisti delle neuroscienze o neuroscienziati dell'etica.

Da un lato, l'etica delle neuroscienze sancisce l'autonomia della sfera del discorso morale sui fatti del cervello e si erge a giudice delle discipline empiriche che li riguardano. Propone così una base per l'impegno normativo e valoriale, per un certo verso, ma soprattutto una supremazia del piano normativo su quello dei fatti. Se si costruisce nei termini tradizionali una *bioetica* delle neuroscienze, le neuroscienze dell'etica diventano una mera ricerca sulle elaborazioni umane della morale, senza alcun potere di influenza su questa. Gli studiosi con un orientamento religioso prediligono questa direzione. Dall'altro, la conoscenza inerente le basi psiconeurali della capacità dell'azione e del giudizio che consideriamo morale non fa che ricaratterizzare, ma forse anche mettere in dubbio criticamente, i concetti cardine dei nostri sistemi di valori, quali autonomia, libero arbitrio o responsabilità personale. Cerca di spiegarli e, spiegandoli, dà loro una veste tale per cui essi finiscono con avere dei contorni ben diversi da quelli che il senso comune e una morale fondata sul senso comune hanno dipinto. Magari, come abbiamo già visto nei precedenti capitoli, propendendo anche per il loro abbandono. Che fare allora?

Anche il ruolo da attribuire alla filosofia è diverso. Per gli eticisti delle neuroscienze, la filosofia è un'impresa di senso comune, autonoma e *a priori*, che elabora i criteri a cui le neuroscienze debbono attenersi. In altre parole, la dimensione valoriale di senso comune viene ritenuta a sé stante e l'impresa *neuro*etica considerata niente più che una forma di bioetica relativa agli interventi su un organo privilegiato, ammesso si pensi che il cervello sia più importante, che dire, del cuore.

La neuroetica può aspirare, però, a qualcosa in più. Non solo servendosi del bagaglio teorico che proviene dalle scienze del cervello per orientare le scelte nella vita di tutti i giorni, ma utilizzando anche il bagaglio empirico sul cervello *per costruire una filosofia* minimamente coerente con la realtà. O la neuroetica è un'impresa filosofica naturalistica, oppure è solo un altro tentativo di prolungare l'agonia dell'etica. Realisticamente: si può costruire un'etica rivolta all'uomo senza tener conto della natura umana?

L'antinaturalismo di principio ha distolto i bioeticisti dagli impliciti assunti naturalistici di qualcuno degli sviluppatori della materia di cui si occupavano e da forme di naturalismo più appropriate per essa, che in realtà non appare «né sconnessa dalla conoscenza empirica né soggiogata a essa»[7]. La neuroetica che

[7] Racine, 2008, p. 93.

affronta il problema di discutere in senso naturalistico le assunzioni filosofiche delle dottrine etiche si trova a mediare un preesistente dibattito filosofico particolarmente ricco e articolato, in cui la resistenza e la paura sono per lo più generate dal tentativo di difendere le proprie roccaforti professionali. Ma cosa significa, nella pratica, affrontare le questioni etiche in senso naturalistico, *alias* neuroetico? Significa una cosa semplice: il rifiuto del fondazionalismo. Non ci sono principi etici fondamentali, che emergono da un'indagine *a priori*. Come sostengono Doris e Stich: «la teorizzazione etica dovrebbe essere (in parte) una ricerca a posteriori largamente permeata di considerazioni empiriche rilevanti»[8]. L'anti-fondazionalismo è d'altronde un tratto comune a tutte le forme di naturalismo (Nannini, 2007). Ma c'è qualcosa che va chiarito, onde evitare fraintendimenti.

Essere naturalisti in neuroetica non dovrebbe voler dire, perché non avrebbe gran che senso, essere dei «naturalisti etici»; cioè non vuol dire credere che i valori morali sono *naturali*, né tantomeno vuol dire essere dei «realisti etici», cioè ritenere che i valori morali *esistano nella realtà*. Quando si dice che i valori sono riconducibili ai fatti, non si può intendere che fatti e valori coincidono o che bisogna derivare i secondi dai primi, ricadendo nella temuta fallacia naturalistica. Il naturalismo in neuroetica *non* dovrebbe intendersi come un'«etica naturalizzata». Su quel fronte si è già lavorato, senza andare da nessuna parte.

Essere naturalisti in neuroetica vuol dire aderire a una forma di «naturalismo cognitivo» (Nannini, 2007), che riguarda soprattutto un modo di costruire una «filosofia della mente», in particolare la «mente morale». Implica cioè due cose. Uno: escludere qualsiasi dottrina del soprannaturale (è un *materialismo*) ed escludere che esistano entità non appartenenti al mondo fisico (è un *monismo*). Due: osteggiare una filosofia meramente speculativa che sottrae lo studio di una parte della realtà alle scienze empiriche per affidarla a qualche riflessione a priori, estranea all'ambito della ricerca sperimentale, contraddicendo il principio fondamentale del naturalismo, che consiste nella *chiusura causa-*

[8] Doris e Stich, 2005, p. 115.

le del mondo fisico (Kim, 1998, 2005). A dirla in parole povere, è una forma di *scientismo* (Rosenberg, 2011), senza dare al termine, come accade di solito, una connotazione valoriale negativa.

Per il naturalista o scientista, tutto quel che conosciamo e possiamo conoscere non è prodotto da fattori sovrannaturali ma è riconducibile a processi o meccanismi che sono parte del mondo naturale, e tutti i fatti e i fenomeni sono spiegabili, in linea di principio, sulla base dei metodi e delle teorie che scaturiscono dall'approccio scientifico. Questo, lo ripetiamo, *non* significa che *tutto quel che viene creato dal funzionamento del nostro cervello è reale nello stesso senso in cui lo è il cervello*. Significa soltanto che tutto ciò che è oggetto delle scienze umane e sociali (perfino della storia e dell'arte, compresi il libero arbitrio, le norme e i valori morali) è natura, in quanto *prodotto dall'attività di strutture naturali*, quali sono i nostri cervelli che interagiscono con altre articolazioni funzionali che possono esistere del mondo (fisico).

In questo senso, un naturalista in neuroetica è un «naturalista cognitivo» (Nannini, 2007): i concetti alla base delle nostre teorie etiche, quali responsabilità o autonomia, vengono ripensati alla luce delle teorie neuroscientifiche per definirne più funzionalmente l'applicabilità, così come i valori e le norme morali; una strategia scientificamente coerente dovrebbe poi tentare di inquadrare tale funzionalità, studiando queste prestazioni come potenzialità adattative consentite dai cervelli umani a fronte di pressioni selettive nel corso della storia naturale della nostra specie e, successivamente, come risposte, sempre adattative, a contesti culturali ecologicamente cangianti.

Grazie alle capacità adattative del nostro cervello, possiamo parlare anche di ciò che non esiste materialmente o che introduciamo nel linguaggio mediante convenzioni: il naturalismo non minaccia l'etica, come molti ritengono. O, almeno, non «più di quanto il formalismo non minacci la matematica»[9]. Né ciò minaccia il cosiddetto pluralismo (epistemologico, si intende) poiché non nega affatto la pluralità dei metodi delle varie scienze o i vari linguaggi, ma richiede solo che le teorie, provenienti dall'im-

[9] Nannini, 2007, p. 91.

piego di vari metodi, «soddisfino in ultimo gli stessi *criteri* di validità formale»[10].

Proviamo a chiarire meglio. Un neuroeticista coerente dovrebbe essere consapevole che confrontandosi con le neuroscienze si trova già a lavorare con delle linee guida. Egli può tranquillamente non essere in grado di sostituire i nomi di concetti inesistenti (come quelli psicologici, i valori o i precetti etici convenzionali) con espressioni prive di qualunque illusorietà ontologica: la strategia eliminativista proposta dalla neurofilosofia, come intesa dai Churchland, è giusto una... strategia. Se vuole essere coerente, deve tentare di giustificare la presenza e di comprendere l'origine di questi concetti, in quanto prodotti dell'attività del cervello, dell'incontro tra i nostri cervelli e dell'adattamento di questi all'ambiente naturale secondo modalità di tipo evolutivo. Tutto ciò al fine di modellare l'etica (anche quella che ha come oggetto le neuroscienze) sulle più approfondite e affidabili conoscenze della specie umana di cui disponiamo.

Il che *non* significa che il dover essere vada dedotto dall'essere. Vuol dire che il *dover* essere è implicato dal *poter* essere. Le norme etiche *non* dovranno né potranno mai essere derivate dall'osservazione biologica o dall'esperienza. Né saranno mai *leggi* biologiche (nel senso che la parola legge assume nel contesto dell'epistemologia neopositivista). In quanto regole create dall'attività umana sociale per l'uomo, però, esse risultano sottoposte ad alcuni vincoli di carattere biologico, di cui dobbiamo o dovremmo essere consapevoli quando decidiamo di farne nostre alcune, per quelli che consideriamo gli scopi (contingenti). Le scienze biologiche e neurologiche, infatti, ci mettono di fronte a una prospettiva fattuale che fa da cornice alle teorie morali, evidenziando i limiti e i vincoli della natura degli esseri umani: una teoria normativa fondata sull'autonomia, sulla responsabilità, sulla razionalità non può non tener conto di quelle che risultano essere le capacità effettive degli esseri umani, spesso molto lontane da quello che le teorie normative prescrivono. È singolare che questo concetto sia stato capito molto chiaramente da un let-

[10] *Ivi*, p. 87.

terato che divorava la letteratura scientifica in ambito biologico, cioè Paul Valéry, come ha dimostrato il filosofo Gabriele Fedrigo (2005). Ma è sempre piuttosto sorprendente scoprire quanto fossero epistemologicamente lucidi e meno ingenui delle caricature che ne sono state disegnate i biologi e fisiologi positivisti (Gozzano, 2007).

7.3 Desiderio e paura: ambiguità della neuroetica e dissonanze epistemologiche

Non è solo l'idea che le emozioni abbiano a che fare con quella sfera del comportamento che chiamiamo «morale», una scoperta di cui abbiamo ampiamente dato conto nel capitolo quinto, a rendere la neuroetica un terreno d'interesse. In molti si aspettano che le nuove conoscenze sulle basi biologiche dell'agire morale cambieranno il nostro modo di costruire, maneggiare, comprendere *le* morali, intese come sistemi di valori e norme diversificati culturalmente, o come fattori prevalentemente esterni. Ovvero, disegneranno dei confini di possibilità e applicabilità entro cui dar vita alle nostre teorie morali. Questo programma, bisogna riconoscere, appare in prima istanza deflazionistico. Prima di tutto: come fanno le emozioni a influenzare ogni aspetto della vita mentale? Poi: se le emozioni influenzano ogni aspetto della vita mentale e umana, tra cui il ragionamento e l'azione morale, con buona pace per i timorosi della fallacia naturalistica, possiamo trarre delle conclusioni, e quali, su che cos'è e come deve essere la morale? Insomma: che conseguenze avrà tutto questo?

Le conseguenze che si possono immaginare sono, per un lato, affascinanti e, per un altro, desolanti. Innanzitutto, possiamo comprenderci e sfruttare al meglio le nuove conoscenze per capire *come* migliorarci. Nondimeno, siamo più incerti riguardo a che cosa corrisponda questo obiettivo di miglioramento. Dovremmo, infatti, rinunciare a molte delle illusioni, dei veri e propri *idola*, come li riconosceva già Bacone vaticinando la nascita della scienza moderna, che ci fanno sentire sicuri nel nostro agire quotidiano, che crediamo ci guidino nelle scelte. E magari cominciare a pensare che le nostre scelte morali valgono, in termini strettamente naturalistici, come quelle di chi agisce all'opposto: è questo il senso di quello che il filosofo statunitense Alexander Rosenberg ha chiamato *nice nihilism* (Rosenberg, 2012). Non possiamo giustificare logicamente e a priori perché preferiamo Albert Sabin, l'inventore di uno dei vaccini contro la polio, a Hitler, ma intuitivamente e a posteriori colleghiamo i loro comportamenti a preferenze intuitive innate. Il fatto che ciò avvenga a posteriori implica che se non si è stati esposti in qualche modo alla conoscenza di chi fosse Hitler e di quel che ha fatto, è probabile che ci si possa non render conto di star diventando seguaci di un nuovo «Hitler». È il contesto ecologico che estrae dalle nostre potenzialità quei comportamenti, inclusi quelli che chiamiamo morali. Comportamenti che ci avvantaggiano nella sopravvivenza e che dunque consentono l'espansione demografica e la crescita economica che ci trasciniamo appresso ed espandono la portata dei valori che sono risultati adattativi per motivi contingenti.

La neuroetica non potrà, quindi, evitare di affrontare il problema delle origini evolutive del nucleo di disposizioni morali condiviso da tutte le culture e le società, che è strutturato in un determinato modo perché tutti *noi* discendiamo da un piccolo gruppo di uomini della specie *Homo sapiens* che tra 100 e 60mila anni fa ha iniziato a colonizzare l'intero pianeta. Il fatto che abbiamo tutti lo stesso nucleo di disposizioni morali implica che possiamo incontrare difficoltà ad agire secondo regole imposte che non tengano conto della nostra natura. Ma qual è questa natura?

Ebbene, innanzitutto sappiamo che è molto diversa da come ci percepiamo. Non vi è argomento più gettonato nel dibattito cognitivista. L'insieme di concezioni psicologiche sulla «mente» che le persone ordinarie sono inclini ad assumere, in senso più generico la psicologia di senso comune o del *popolo* (*folk psychology*), sono quasi tutte infondate. Le intuizioni di senso comune, quando sono universali, quindi distribuite attraverso tutte le culture e maturano spontaneamente negli individui, sono istanziate in qualche modo nel genoma e nel cervello, cioè in un qualche *modulo* o *meccanismo di teoria della mente* che ha un'origine evolutiva e la funzione di spiegare e predire il comportamento.

Tra queste capacità c'è quella che ci serve per spiegare e predire i comportamenti altrui, facendo inferenze su quel che accade nelle altre menti (credenze, desideri, intenzioni ecc.), che è stata definita *mindreading*, ed è risultata – nonché, tuttora, rimane – essenziale per la nostra esistenza sociale (cfr. Stich e Nichols, 2003).

È inevitabile chiederci che cosa fare quando la scienza contraddice gli assunti fondamentali di queste teorie ingenue, di fronte cioè alle prove, ottenute con metodi scientifici, che il modo in cui ci spieghiamo il mondo, spontaneamente e intuitivamente, produce credenze false. Come dobbiamo usare le spiegazioni più plausibili o controllate che ci fornisce la scienza? Le reazioni possono essere di tre tipi. Quella più scontata è di ignorare ciò che dice la scienza, usando vari argomenti, che in ultima istanza mirano a depotenziare lo statuto epistemologico dei metodi e delle spiegazioni scientifiche. In altre parole, normalmente si considera irrilevante per le decisioni morali la conoscenza dei fatti, ovvero si cerca di invocare un'ontologia speciale per l'uomo. Quella altrettanto scontata, ma meno frequente, è di chiedere che ci si sintonizzi tutti sulla visione scientifica del mondo, ovvero che si scelga il vero e si abbandoni il falso. Questa posizione non tiene conto che sono un'irrisoria percentuale in una qualunque società coloro che in genere cercano e preferiscono una verità fondata su fatti scientificamente controllati.

La terza non è una via di mezzo, ma un punto di vista semplicemente realista, cioè fondato su una comprensione scientifica, in particolare sulla conoscenza dei fatti che riguardano le basi evolutive del nostro comportamento, di come stanno le cose e di cosa è possibile fare di quel oggi sappiamo. Darwin e poi una schiera numerosa di biologi evoluzionisti hanno dimostrato che la selezione naturale non premia i tratti o i comportamenti perché questi rispecchiano il mondo come è, né perché procurano il benessere individuale o quello della specie, ma perché danno un vantaggio o non comportano uno svantaggio per la sopravvivenza, e quindi aumentano le chance riproduttive. Mentre è ragionevole pensare che i processi fisiologici che ci mantengono in vita e i comportamenti innati utilizzino gli stimoli ambientali per elaborare informazioni veritiere sull'ambiente fisico e sociale circostante, in quanto funzionali per la sopravvivenza e la riproduzione sulla base di milioni di anni di sintonizzazione ottenuta per tentativi ed eliminazioni degli errori, lo stesso non si può dire per le dimensioni coscienti dell'esperienza. In questo caso, ci sono ampie prove che larga parte delle idee culturali prodotte su basi intuitive sono sbagliate, e che, di fatto, l'informazione accumulata e utilizzata a livello cosciente non serve tanto a migliorare la nostra conoscenza del mondo, quanto alla manipolazione sociale: cioè serve a convincere gli altri e, in generale, ad auto-ingannarci per essere più efficienti nell'adottare le strategie di inganno.

Lo psicologo evoluzionista Robert Trivers (2011) ha dimostrato che l'inganno pervade la storia della vita sulla terra, dalla competizione all'interno dei genomi ai rapporti familiari e sociali, e che l'autoinganno si è evoluto per rendere la menzogna più efficace. Ingannando in primo luogo sé stessi si riesce a ingannare meglio gli altri: si risparmia il carico cognitivo che comporta la menzogna consapevole e si evita di esprimere i più apparenti indicatori somatici. In noi convivono diversi livelli di elaborazione delle informazioni sul mondo in cui ci troviamo, che organizziamo partendo da stimoli fisici raccolti attivamente dai nostri apparati sensoriali. Una parte di queste informazioni è veritiera, ed è quella elaborata a livello inconscio, che, di fatto, ci tiene in vita e produce le scelte (o direttamente o a livello di possibilità). Un'altra parte delle informazioni, quella elaborata consapevolmente, è prevalentemente falsa. Non si contano gli studi di psicologia sperimentale da cui risulta che manipoliamo l'informazione che emerge alla coscienza. Ci rappresentiamo meglio di come siamo, tendiamo a denigrare gli altri (soprattutto se non fanno parte della nostra cerchia sociale), diventiamo più falsi e manipolatori. Quando ricopriamo posizioni di potere, ci consideriamo moralmente superiori e siamo di regola ipocriti, ci illudiamo di avere sotto controllo o di sapere prevedere l'evolvere di una situazione, costruiamo teorie sociali per rilevare gli imbrogli a nostro danno (e allo stesso tempo per imbrogliare gli altri) e inventiamo dei falsi racconti personali. E l'elenco potrebbe continuare.

In noi convivono, quindi, verità e menzogna, ovvero più «identità». Una condizione regolarmente registrata e usata da diversi test psicologici, tra cui l'Implicit Association Test (IAT), che rileva le divergenze tra i livelli di elaborazione consapevole e inconsapevole dei nostri giudizi. Inoltre, si possono identificare moduli inconsci dediti all'inganno e correlati anatomici le cui caratteristiche o la cui disattivazione sono predittive di maggiori o minori capacità d'inganno e di autoinganno. Trivers definisce l'autoinganno «il sistema immunitario della psiche», poiché è anche alla base degli effetti placebo che, per il tramite di una terza persona, il terapeuta, spesso ci aiutano a star bene. Nella misura in cui serve al benessere individuale, sul piano sociale l'autoinganno è all'origine delle più terribili tragedie, che vanno dalle separazioni familiari, alle guerre e ai disastri aerei e spaziali, alle manipolazioni dei fatti storici, dove le nazioni si raccontano falsità nel presunto interesse delle cosiddette «patrie» (Trivers non ha difficoltà a trovare nella storia degli Stati Uniti, del Giappone, di Israele, della Turchia e così via, esempi di falsità storiche sancite statalmente).

Soprattutto le religioni si sono evolute per facilitare l'indottrinamento alla falsità. Ci sono prove che la religiosità favorisce, con qualche prezzo, la salute e aumenta la cooperazione, ma inibisce il pensiero razionale, l'unico strumento che riesce a smascherare l'autoinganno. L'autoinganno colpisce anche i sistemi di conoscenza, e l'influenza dell'autoinganno aumenta con il crescere del contenuto «sociale» di una disciplina accademica. Le scienze sperimentali sono l'unica forma di sapere ad avere sviluppato e adottato un efficace meccanismo anti-inganno e anti-autoinganno. Per questo hanno avuto un così grande successo. Le scienze sociali (dall'economia alla sociologia, all'antropologia culturale, alla filosofia ecc.) sono invece più in ritardo, perché chi le pratica tende spontaneamente, e in concorso con i colleghi, a deformare la realtà a vantaggio di chi ha o mira ad avere un controllo sociale. L'invenzione della scienza ha cominciato a far luce sulle falsità delle conoscenze e dei ragionamenti intuitivi riguardanti il mondo naturale, ovvero come e perché i fatti della natura e della vita, biologicamente intesa, accadono nel modo in cui accadono. Capire, ovvero spiegare e predire i fenomeni naturali usando concetti, teorie e leggi vere, o anche solo più verosimili, ha consentito di acquisire un controllo formidabile sull'ambiente e quindi di migliorare strepitosamente, nel tempo, la qualità della vita delle persone che si sono trovate a nascere e morire nei paesi dove la scienza è stata valorizzata. Ma l'intuizione ingenua – impropriamente identificata col lamarckismo – per cui si dovrebbero/potrebbero trasmettere ereditariamente i tratti adattativi, è anch'essa falsa: nel senso che i bambini nascono con le stesse predisposizioni epistemologiche, in termini di cognizioni naturali o morali, dei nostri antenati, che cercavano di sopravvivere e riprodursi nella savana pleistocenica.

Quello che è accaduto, storicamente, per quanto riguarda le conoscenze del mondo fisico e biologico (cioè la ricerca e la scoperta, non assolutamente definitiva, proprio grazie all'applicazione del metodo scientifico, delle leggi che fanno funzionare il mondo) sta ora avvenendo per il mondo sociale e politico, cioè per le dimensioni cosiddette morali dell'esistenza. Lo studio scientifico del cervello e del comportamento stanno mettendo in discussione, dimostrandole false, le idee culturali elaborate a partire dalle nostre intuizioni e introspezioni. E a questo punto la domanda si trasforma: ci si chiede ora se da queste scoperte scaturiranno altrettanti benefici per la qualità delle nostre vite e per quelle dei nostri discendenti, come è accaduto grazie alle innovazioni tecnologiche in campo produttivo o medico. La risposta non è scontata, perché se la morale è cablata nelle nostre strutture emotive, e dato che queste sono più antiche rispetto a quelle da cui dipendono le cognizioni logico-formali e la capacità di sottoporre le esperienze a controlli, è ragionevole pensare che si debbano utilizzare strategie differenziate in rapporto ai contesti per ottenere questi benefici. Una simile prospettiva, però, richiederebbe una sorta di coordinamento «superorganico» che includa l'intera popolazione umana, e una sottrazione o concezione di libertà e/o diritti in funzione delle condizioni socio-politiche locali. Insomma, qualcosa che non sarà mai realizzabile, se non al prezzo di far a meno della cosiddetta libertà liberale.

Nel tempo, gli psicologi sperimentali hanno condotto una serie di ricerche volte a comprendere come le persone si rappresentano la conoscenza, in particolare le loro credenze intuitive (quello che pensano spontaneamente), focalizzandosi soprattutto sulle epistemologie spontanee *esterne*, in analogia con la terminologia introdotta per la psicologia del senso comune (cfr. Stich e Nichols, 2003). Questo perché, se nell'ambito specifico della psicologia ingenua sono state suggerite varie ipotesi sui meccanismi che implementerebbero questa capacità, non vi sono chiare ipotesi di un meccanismo interno univoco di conoscenza ingenua. Si è preferita piuttosto l'idea che innanzitutto questa capacità sia un processo metacognitivo. E, in aggiunta, che non tutte le intuizioni siano generate nello stesso modo, ma da processi differenti. Peraltro, i processi coinvolti nel generare credenze intuitive non corrispondono necessariamente a quanto intuitivamente ci si potrebbe aspettare. Per quanto riguarda i giudizi morali, per esempio, come abbiamo visto, essi vengono generati in modo praticamente automatico, usando intuizioni spontanee modulate solo in parte dalla cultura, ma sono comunemente rappresentati come il prodotto dell'elaborazione consapevole e volontaria di un agente libero. È possibile comunque interpretare questa rappresentazione di un agente consapevole e libero, questa epistemologia morale spontanea, che confligge con l'epistemologia scientifica degli agenti (quella delle neuroscienze), in analogia con quanto viene detto per la psicologia ingenua: che sia il prodotto naturale di un meccanismo della socialità e del suo incontro evolutivo con l'ambiente.

Rimane da chiarire perché questo meccanismo della socialità, frutto dell'interazione tra vari sistemi e che si presta a modulazioni differenziate in rapporto a differenti contesti ecologici, produce spontaneamente una falsa rappresentazione di come funzioniamo. Perché questa forma di autoinganno è risultata e risulta adattativamente vantaggiosa e quali sono le modalità secondo cui questa rappresentazione si diffonde culturalmente ed è funzionale alla socialità (cfr. Marraffa, 2011)? Insomma, la rappresentazione mentale di noi stessi come autocoscienti, liberi, intenzionali ecc. è anche una rappresentazione *pubblica*, ovvero è distribuita su tutto il gruppo culturale ed è veicolata attraverso l'indottrinamento da una generazione all'altra. Il perché di questa distribuzione ecologica sembra ovvio, nella misura in cui entra in risonanza con sistemi cognitivi (Sperber, 1996) che funzionano in modo simile e che governano le rappresentazioni mentali, ma anche la loro epidemiologia (per esempio Boyer, 2001). È quasi intuitivo, ovviamente nel contesto di un ragionamento evoluzionistico, ritenere che le rappresentazioni (e le meta-rappresentazioni) forniscano, rispetto anche ai costi della loro elaborazione, comunque presenti, un vantaggio cognitivo per il sistema che le produce: di fatto, migliorano le capacità di controllo sull'ambiente. Meno facile è riuscire a spiegare in che modo la socializzazione di queste rappresentazioni può avere beneficiato i nostri antenati e in che misura le disposizioni e le potenzialità acquisite nel corso del lungo processo evolutivo consentono, e allo stesso tempo condizionano, la costruzione e il funzionamento delle forme di ordine morale, che le società umane sono riuscite a elaborare dopo la transizione neolitica.

Che la relazione tra i meccanismi che producono comportamenti nell'ambito che chiamiamo morale e i meccanismi di apprendimento culturale sia molto stretta è cosa tacita. Anche intuitivamente sappiamo che buona parte di ciò che apprendiamo viene dall'interazione con gli altri e che, perché la comunicazione funzioni in modo evolutivamente vantaggioso, chi comunica deve suscitare fiducia, deve cioè risultare credibile e affidabile per quello che sta comunicando. Ma non è necessario, in prima istanza, che quello che dice sia vero. Anzi, in alcune situazioni, quando la cosa più importante è la relazione emotiva di simpatia che si deve instaurare, probabilmente deve essere distante dal vero.

Comportamenti morali e apprendimento culturale sono entrambi alla base delle capacità di socialità nei mammiferi e hanno quale massimo comun denominatore la fiducia. Per questo Patricia Churchland (cfr. 2011) ha fatto della disposizione alla fiducia (*trust*) il cardine della propria visione neuroetica (il titolo del suo ultimo libro è appunto *Braintrust*). Per Churchland, la socialità (in termini di fiducia) è un sistema complesso di capacità, in cui sono coinvolti processi a vari livelli, dalla produzione di ormoni (come l'ossitocina, fondamentale nel parto e nella cura materna) a una rete di strutture cerebrali (tra cui la corteccia insulare e la corteccia cingolata). Il legame micro-riduzionistico tra fiducia e ossitocina nella Churchland, anche se inteso in modo sistemico, in relazione cioè agli effetti complessi sul sistema, coglie la questione in modo sbrigativo. L'ossitocina costituisce inoltre un riferimento molto di moda tra le ipotesi micro-riduzionistiche di molti fenomeni (l'attaccamento, l'autismo, la socialità e perfino l'amore).

I comportamenti morali sarebbero, nella prospettiva di cui la Churchland si fa promotrice, frutto dell'interazione di quattro processi a carico del cervello: la cura e i meccanismi di attaccamento sin dall'infanzia, il riconoscimento di stati psicologici negli altri (meccanismi di empatia e *mindreading*), la risoluzione di problemi in un contesto sociale e l'apprendimento di pratiche sociali. L'attaccamento è una teoria cognitivo-evolutiva che evidenzia come nel bambino lo sviluppo di certi stili di cognizione è dipendente dagli stili interattivi di relazione (sicuro, evitante, ambivalente, disorganizzato) con il suo *caregiver* o la sua figura di attaccamento (cfr. Attili, 2007). Sebbene la teoria in ambito psicoterapico si sia concentrata sul legame tra stili di attaccamento insicuri e sviluppo di psicopatologie (per esempio, Liotti e Farina, 2011), va comunque preso in considerazione il fatto che le differenze individuali negli stili di attaccamento danno luogo a capacità per la produzione di *strategie condizionali* rispetto a partner diversi, proprio sulla base del fatto che, da un punto di vista evoluzionistico, gli organismi biologici sono predisposti ad adattarsi all'ampia varietà di condizioni ambientali che si presentano durante l'ontogenesi. Queste strategie condizionali, riprodotte in contesti di cura extra-parentale, sono alla base dei comportamenti di socialità: le abilità sociali, generando mutualismo e reciprocazione, contribuiscono alla sopravvivenza e al successo riproduttivo. Di base, però, lo sviluppo di un attaccamento sicuro costituisce un prerequisito per lo sviluppo della capacità di instaurare relazioni sociali equilibrate. Le persone con questo stile di attaccamento si conformano agli ordini ricevuti per «consenso», non per obbedienza (Stayton, Hogan, Ainsworth, 1971), sono autonome, hanno controllo di sé, sono cooperative e risolvono i conflitti in modo competente, cioè negoziando, e quindi né mediante comportamenti aggressivi né mediante comportamenti evitanti. Queste persone sono anche in grado di instaurare, quando le circostanze sono favorevoli, relazioni di fiducia e di accettazione dell'altro. Ciò non esclude che possano essere aggressive al momento opportuno, quando cioè la situazione lo richiede, e la loro interpretazione dei segnali degli altri come minacciosi sia funzionale a un recupero dell'equilibrio.

I meccanismi di fiducia hanno certamente un significato evolutivo importante perché le capacità che realizzano (dalla cura parentale ai legami affettivi extraparentali, fino alla cooperazione e alla reciprocazione) garantiscono la sopravvivenza e il benessere degli esseri viventi, soprattutto dei mammiferi. Un problema cruciale è come e perché dalla cura parentale si sia poi passati, nella storia evolutiva, alla cura in ambito extraparentale. Probabilmente hanno giocato più fattori. Da un lato il *social exchange*, lo scambio sociale, in termini di *reciprocazione* (Trivers, 1971), ma probabilmente anche la capacità, indubbiamente vantaggiosa, di evitare danni da parte degli altri: gli psicologi Leda Cosmides e John Tooby (1989, 1992, 2005; Ermer *et al.* 2007) hanno costruito la loro carriera professionale sull'ipotesi di un meccanismo computazionale detto «scopri-imbroglioni» (*cheater detection mechanism*), che si sarebbe selezionato per favorire riproduzione e sopravvivenza e che, come effetto secondario rispetto alla funzione di consentire lo smascheramento dell'inganno altrui, ha probabilmente promosso anche lo scambio sociale. Come dire che le nostre socializzazioni sono soprattutto meccanismi che ci permettono di stringere alleanze per evitare i danni dell'inganno e, in contesti ancestrali, la morte, ma anche gli effetti controproducenti delle gerarchie di dominanza all'interno dei gruppi sociali (Boehm, 2012).

Le persone cooperano per un *benefit* reciproco e, come risultato di questa reciprocazione, si ritrovano a star meglio che se non si fossero aiutate. Ma lo scambio sociale non avrebbe potuto evolversi nelle varie specie, se prima non si fosse sviluppata l'abilità di capire chi ci imbroglia, ovvero chi trae vantaggi dagli altri senza ricambiare o addirittura danneggiandoli. Perché come ha insegnato lo studio del dilemma del prigioniero, in cui si deve decidere se cooperare o defezionare senza sapere in anticipo che cosa farà l'altro, ingannare è vantaggioso per il singolo contingentemente, ma a fronte di interazioni reiterate, cooperare lo è di più. La socialità è soprattutto il prodotto di strategie di difesa per tutelare la nostra sopravvivenza *individuale*, nonché quella di coloro con cui siamo imparentati e che fanno parte di un gruppo sociale e da cui in ragione di una storia comune ci aspettiamo reciprocazione.

Pertanto può essere vero: a) che il funzionamento complesso, nelle strutture cerebrali deputate dei mammiferi, di molecole come l'ossitocina, evolutivamente molto antiche (700 milioni di anni), è responsabile del senso di auto-rappresentazione sociale e di appartenenza a un gruppo sociale, che dal punto di vista evolutivo favorisce l'auto-conservazione; b) che nell'uomo tutto questo si è tradotto nello sviluppo di capacità morali. Per Churchland: «Quasi certamente questi meccanismi non furono inizialmente selezionati per supportare alcuni generici interessi sociali, ma solamente per assicurare che la femmina avesse le risorse e lo stimolo per allattare, difendere, e più in generale per dedicare sé stessa al benessere dei suoi piccoli fino a che questi non fossero indipendenti»[11]. Il legame tra attaccamento, socialità e comportamento morale, tratti che costituiscono uno spettro di azioni riconducibili a un singolo *continuum* biologico, rimane tuttavia qualcosa di ancora più complesso rispetto a quanto gli studiosi siano riusciti a capire[12].

Non c'è bisogno di ipotizzare una grammatica morale, per pensare a forme di universalità, perché ciò che emerge è comunque l'idea che la conoscenza morale sia radicata in capacità e

[11] Churchland, 2011, p. 46.

[12] Dal punto di vista ontogenetico, per esempio nell'uomo, la relazione di attaccamento tra bambino e *caregiver*, sulla base di una sintonizzazione reciproca, è il terreno per lo sviluppo di quelle capacità cognitive che produrranno la socialità, *in primis*, mentalizzazione e intelligenza in senso lato (attenzione, memoria, ragionamento, problem-solving). Un quesito cruciale riguarda quei cambiamenti evolutivi che hanno determinato che i cervelli dei mammiferi estendessero il *caring*, al di là della cura di sé stessi e del proprio corpo, alla prole e successivamente alla non prole, fino alla socialità. Perché mai è accaduto tutto ciò? Che tipo di significato evolutivo potrebbe avere?

disposizioni naturali e spontanee. Questo tipo di concezione si contrappone all'idea che la morale sia definita da regole (cfr. Churchland, 2011, cap. 7); ciò escluderebbe dal comportamento morale molti degli animali altamente sociali non umani (dotati di sofisticati comportamenti di cura) perché le regole necessitano del linguaggio verbale. Inoltre, molte regole confliggono tra loro. Possedere disposizioni naturali non implica, tuttavia, che siamo necessariamente solo «angeli», ma che esistono in noi strutture e meccanismi di natura biologica che realizzano tutte le sfaccettature della socialità, rendendoci al contempo tanto «angeli» quanto «demoni» (cfr. Pinker, 2011). Questo significa anche che non è fruttuoso, ai fini della conoscenza, rifugiarsi in schematismi che oscillano radicalmente da una visione rousseauviana a una hobbesiana della natura umana, dalla nostalgia per uno stato di natura socialmente idilliaco allo sdegno per la bellicosità naturale tra esseri umani, magari con progetti di rieducazione coatta in un senso o nell'altro, e sempre con la richiesta di sottomettersi a qualche forma di autorità. Il mondo separato e allo stesso tempo mescolato di istinti e ragione, come abbiamo potuto constatare nel capitolo quinto, è probabilmente una delle componenti di una concezione generale che preferisce costringere all'accettazione di certi precetti. L'autoaffermazione e la cooperazione non sono due atteggiamenti alternativi, ma atteggiamenti che si compenetrano. La necessità di tutelare sé stessi, che ingenera competizione in situazioni di scarsità di risorse, è la base anche della reciprocità (Jervis, 2002).

Se sembrano esserci disposizioni naturali alla socialità, con un senso evolutivo, molte di queste sono strategie adattative prodotte da un meccanismo che si è sviluppato per rispondere alle esigenze di un ambiente ancestrale di cacciatori-raccoglitori, ben diverso da quello odierno (*mismatch*). Se queste disposizioni potevano avere un senso nell'ambiente ancestrale, non c'è da meravigliarsi che esse possano in alcuni casi risultare dannose o predisporre a disturbi del comportamento nell'ambiente odierno, creato dall'attività culturale umana. Ovviamente molte strategie, la maggioranza di certo, che fanno parte del nostro bagaglio comportamentale ancestrale continuano a essere adattative (questo fenomeno è detto *persistence*), prima fra tutte la dinamica che governa le relazioni di fiducia e i processi di inganno e autoinganno. E va presa in considerazione la possibilità che per varie ragioni questi meccanismi per la socialità possono danneggiarsi (*breakdown*) e che esistono, come abbiamo visto, strategie per potenziarli (*enhancement*). Per questo è necessario che tutte queste disposizioni vengano evidenziate e ben caratterizzate, perché non risultino d'ostacolo, ma invece d'ausilio alla promozione della socialità nel contesto socio-politico odierno.

Che cosa c'entra la scienza con tutto questo? Il punto è che modalità ingenue e metodo scientifico, nella maggior parte delle situazioni, si trovano in conflitto. Che si sia dunque continuisti o discontinuisti riguardo alla loro relazione (che si pensi cioè che la scienza sia una sofisticata evoluzione del senso comune o che sia un'alternativa non spontanea), il senso comune e la scienza perseguono obiettivi differenti. Il primo è una strategia naturale euristica di risoluzione rapida e pragmatica dei problemi nel mondo reale. Il metodo della scienza, invece, mira alla conoscenza. Inoltre, il secondo risulta spesso contro-intuitivo e molto più artificiale del primo. Non solo l'esperienza ordinaria non è avvezza alla prova o al rapido abbandono delle spiegazioni confutate, poiché la tendenza al conservatorismo è spesso più forte dell'adeguatezza osservativa, ma la scienza si serve di modelli teorici predittivi allo scopo di definire e spiegare entità e processi che, per larga parte, non sono direttamente accessibili all'esperienza. La neuroetica è un'impresa in continuità con la scienza (è naturalistica) ed è per questo che crea disagio. La maggior parte delle controversie della neuroetica nascono dal fatto che *epistemologie spontanee* ed *epistemologie scientifiche* sulla morale confliggono e che è difficile occuparsi di problemi verso i quali siamo in qualche modo programmati naturalmente, ma con modalità ben diverse. Ciò che va nuovamente ricordato però sono le diverse finalità. Il nostro modo naturale di rappresentarci il comportamento sociale, che è pure molto utile per le nostre attività quotidiane e per affrontare al meglio il mondo di tutti i giorni, con tutte le strategie che la natura ci ha fornito per rappresentarcelo e gestirlo, non è utile per spiegarlo scientificamente. Ma c'è di più: talvolta queste strategie ingenue possono essere di impedimento, perché possono direzionarci verso strade inefficaci in un ambiente socialmente complesso come quello odierno, così diverso da quello in cui queste strategie si sono originate. Ciò che dobbiamo cercare di comprendere allora è come occuparci di etica oggi alla luce della neuroetica. E questo ci riporta all'etica naturalistica.

7.4 Verso una neuroetica evoluzionistica

Jonathan Moreno (1999) ritiene che la bioetica sia una forma di naturalismo, anche se non riconosciuto, perché utilizza metodologie interattive e persegue obiettivi pratici, impegno sociale e apertura alle voci emarginate[13]. Nella varietà di posizioni odierne sulla questione del naturalismo in etica, tre noti filosofi, Owen Flanagan, Hagop Sarkissian e David Wong (2007), hanno dato vita, mentre erano affiliati alla Duke University, a una versione *ecologica* e pluralista del naturalismo applicato all'etica che hanno chiamato il «naturalismo della Duke» (*Duke naturalism*).

L'anti-fondazionalismo metodologico dovrebbe essere la filosofia di base anche dell'impresa neuroetica, e questo vuol dire concepire la neuroetica in una veste disciplinare che richiama l'«epistemologia naturalizzata» di Quine (1969). Come fanno notare questi autori, anche la neuroetica, come l'epistemologia naturalizzata, ha una componente *descrittivo-genealogica*: studio di capacità e propensioni umane importanti per la vita morale, come simpatia, empatia, egoismo e così via; studio dei modi in cui apprendimento, coinvolgimento e risposte morali implicano emozioni e quali emozioni; analisi di che cosa sono e perché si manifestano disaccordi morali; spiegazione di cosa fanno le persone quando esprimono giudizi normativi e, dunque, che cosa accade quando le persone educano i giovani, cercano di migliorare il clima morale, propongono soluzioni per questioni eticamente controverse e così via.

[13] Cfr. Racine, 2010, pp. 53-54.

Ma la neuroetica ha anche una componente *normativa*? Analogamente a come in epistemologia ci si deve confrontare sull'analisi delle norme di inferenza e delle credenze, delle forme di conoscenza del ragionamento ordinario e di quello scientifico, del rapporto tra i canoni della tradizione logica e statistica e le modalità di ragionamento spontaneo? La componente normativa della neuroetica è, per Flanagan e colleghi, riassumibile in una massima: «i fini delle creature stabiliscono cosa è buono per loro». Così come non tutte le forme di vestiti calzano agli esemplari della specie *Homo sapiens*, anche per le norme morali, possiamo constatare che non tutte si accordano al nostro modo di essere. La neuroetica sembra dunque una disciplina in continuità con la tradizione del pragmatismo americano, dato che il suo naturalismo filosofico è, in ultima istanza, una versione del pragmatismo: un naturalismo metodologico che mira a conoscere la realtà utilizzando i sistemi che si dimostrano empiricamente più efficaci e valutabili, per poter intervenire su di essa. Per il naturalismo della Duke, l'etica è parte dell'*ecologia umana*, poiché ha come scopo quello di contribuire al benessere degli esseri umani, individui e gruppi in ambienti naturali e sociali. Questo significa che la selezione delle norme per valutare le pratiche sociali dipende da caso a caso e dall'analisi di vari fattori, sulla base delle prospettive che emergono da indagini diverse (biologia evoluzionistica, neuroscienze, psicologia cognitiva, sociologia, economia ecc.), purché accomunate da un impianto naturalistico.

Nondimeno, non esistono dimostrazioni inconfutabili delle norme morali (Sinnott-Armstrong, 2006; Rosenberg, 2012), né criteri definiti per stabilire che cosa è buono e che cosa cattivo. È palese che non esista un unico sistema di valori morali. Né esiste un insieme di passi, un'operazione deduttiva o una regola o un algoritmo, che conduca alla migliore soluzione dei problemi di carattere morale. Il progresso morale stesso, calcolato in termini di riduzione della conflittualità e di un aumento della soddisfazione, percepita maggiore per il fatto di vivere all'interno di un particolare sistema di valori, rispetto a chi vive in un sistema morale diverso, sembra dipendere da una negoziazione tra capacità naturali, eventi e storia istituzionale. Le descrizioni fattuali dell'architettura funzionale del cervello, l'abbiamo già detto, non sono direttamente rilevanti per raccomandazioni, prescrizioni o asserzioni di norme morali. Nondimeno, le norme sono anche costrutti cerebrali, cioè il prodotto dell'interazione comunicativa e adattativa di strutture biologiche che hanno dato vita a realtà socio-culturali, dalle quali ricevono, in seguito, stimoli di ritorno da elaborare informativamente. Per sapere ciò che può essere una norma nel suo senso prescrittivo, è indispensabile rivolgersi a un'analisi delle risorse cognitive effettive dell'agente, un'analisi che le neuroscienze cognitive tentano di fornire. La neuroetica quindi decifra la rete di connessioni causali tra varie prospettive: neurobiologico-evolutiva, socio-culturale e storico-contingente. Ciò permette di comprendere che cosa possa aver dato origine alle norme morali in un dato momento dell'evoluzione e della storia umana e di valutarne il carattere universale, specificato attraverso le decisioni individuali e condiviso dai membri della specie umana, quanto il loro carattere convenzionale o particolare.

Ripetiamo che da qui a pensare che tutto questo ci possa permettere «di eliminare certe teorie morali perché psicologicamente e biologicamente irrealistiche»[14], il salto logico è francamente eccessivo. Alcuni autori hanno però sostenuto che le conoscenze sulla cognizione umana potranno contribuire a migliorare le capacità morali umane e che ciò può ottenersi per mezzo della multidisciplinarietà (cfr. per esempio Kalis, 2010). In che cosa potrebbe consistere un tale «miglioramento»? Quello che la psicologia cognitiva ci dice sulla pervasività dei processi di autoinganno, e la neuropsicologia dell'apprendimento ci illustra su quando e come avvengono i cambiamenti neuroanatomici, che corrispondono all'acquisizione degli schemi di risposta agli stimoli ambientali, indica chiaramente che l'aspettativa di riuscire a usare la neuroetica per diffondere una cultura fondata su idee morali psicologicamente e biologicamente più realistiche è un'illusione. Bisognerebbe forse seguire una strada diversa. Diversa da quella di aspettarsi che si possa discutere e decidere in maniera consapevo-

[14] Casebeer e Churchland, 2003, p. 171.

le e condivisa di utilizzare conoscenze che sono peraltro, in prima istanza, rifiutate sulla base di pregiudizi epistemologici o culturali in generale. Il miglioramento potrebbe in realtà avvenire attraverso la promozione di esperienze e modalità di apprendimento che indirettamente promuovono la socialità, per quanto oggi sappiamo di abbastanza certo circa le caratteristiche peculiari attraverso cui questa si manifesta nella specie umana. In particolare, strategie di educazione che aumentino il numero di adulti, e quindi di genitori, capaci di istaurare relazioni di attaccamento di tipo sicuro (l'autonomia dipende dall'autostima e l'autostima dipende da relazioni affettive sicure). Questi genitori potrebbero essere persone che hanno avuto una solida istruzione al metodo scientifico, oltre che ovviamente una efficace formazione umanistica all'uso corretto e creativo della grammatica, che insieme possono favorire il configurarsi di capacità critiche, e autocritiche, insieme a una refrattarietà verso l'autoritarismo, una preferenza per posizioni moderate (ma non conservatrici) e onestà intellettuale. Ciò favorirebbe anche le strategie di relazioni parentali e di cooperazione che riducono i conflitti sociali. Per semplificare, si dovrebbe tirar fuori il lato umano più simile ai bonobo, primati dal temperamento mite e socialmente cooperativi, che non quello che caratterizza gli scimpanzé, organizzati in rigidi sistemi gerarchici e molto aggressivi nella difesa del rango (cfr. Hare *et al.*, 2007, Rilling *et al.*, 2011; per una discussione, Churchland, 2011, cap. 4).

Una strategia che potrebbe dare risultati interessanti dovrebbe puntare su tre obiettivi. *In primis* favorire un'*educazione emotiva* sin dall'infanzia, improntata su emozioni positive che sono alla base della formazione di personalità sicure e «autonome», in quanto una maturazione del sistema limbico non improntata da traumi consente di usare con più affidabilità e pertinenza il valore emotivo delle esperienze per apprendere e consolidare la funzionalità adattativa di un nuovo comportamento e favorisce lo sviluppo proficuo di capacità di mentalizzazione (Liotti e Farina, 2011). In secondo luogo, si dovrebbe promuovere l'*istruzione scientifica*, che addestrando al pensiero controintuitivo e al controllo ed eliminazione delle teorie non supportate da prove, potenzia lo sviluppo delle strutture neurali, cioè le aree frontali, che sono deputate alla pianificazione degli obiettivi, alla verifica dei risultati e all'aggiustamento dei comportamenti finalizzati al perseguimento degli obiettivi (cfr. Corbellini, 2011). L'educazione scientifica, che andrebbe somministrata soprattutto nella fase dello sviluppo adolescenziale, cioè quando giunge proprio a maturazione la connettività frontale, potenzia anche la componente *fluida* dell'intelligenza e in questo modo aiuta a cercare soluzioni innovative dei problemi attraverso procedimenti di negoziazione tra differenti strategie. Infine, si dovrebbe cercare di allevare i «cuccioli» umani in *condizioni ambientali* a bassa conflittualità sociale, sia a livello della struttura familiare sia su un piano più allargato (Hare *et al.*, 2007). Quest'ultimo aspetto, cioè la possibilità di vedere ridursi le tensioni psicologiche interindividuali nella soluzione delle controversie, dipende molto dall'implementazione dei primi due obiettivi e, verosimilmente, si tratta di una condizione che ci si può aspettare si realizzi in una fase successiva.

Siamo del tutto consapevoli che questa «pensata» non è in linea con l'orientamento teoretico, di impianto antinaturalista, prevalente in Italia, del pensiero sociologico e politico che viene insegnato in ambito accademico e utilizzato nella ricerca sociale e nella discussione politica. Cioè, con l'ingenua credenza che la bontà umana sia frutto di... buone intenzioni. Quindi, una strategia come quella appena descritta probabilmente non troverà mai l'accordo o l'interesse di nessuno: anche perché abbiamo visto che non c'è «nessuno» dentro agli individui fisici con cui conviviamo socialmente. Quindi quell'insieme strutturato di stimoli fisici che esterniamo quasi continuativamente verso i nostri consimili non viene letto e interpretato da un qualche «io» che giudica. Verosimilmente può solo entrare in risonanza o meno con attività ed elaborazioni cognitive ed emotive che sono in corso in altri cervelli, e che hanno una probabilità non pari a zero di avere qualcosa in comune alle costellazioni di stimoli prodotte dal nostro cervello. Peraltro, sul piano filosofico, se è vero che il libero arbitrio e la volontà non esistono, non c'è proprio niente e nessuno a cui far appello per discutere e decidere razionalmente sulle strategie da implementare per migliorare il funzionamento della società. Chi scrive ritiene che si può tentare di agire, per lo meno, su un piano pratico, raccogliendo la lezione di alcuni sistemi politico-economici, più o meno ispirati al modello della liberaldemocrazia, dove negli ultimi duecento anni si sono diffuse conoscenze e valori che hanno migliorato l'esistenza umana. La storia di questi ultimi due secoli, in particolare in occidente, ma da circa mezzo secolo anche in altri paesi, suggerisce di puntare sull'insegnamento delle scienze e del metodo scientifico, per mettere in moto un processo autocatalitico in grado di produrre non solo uomini e donne più intelligenti, ma anche moralmente migliori, e quindi spontaneamente portati a favorire lo sviluppo di un attaccamento sicuro nei bambini e a promuovere ambienti sociali e politici minimamente conflittuali. Uno di noi (Corbellini, 2011) ha mostrato che la nascita della scienza moderna, insieme allo sviluppo dell'economia di mercato, ha concorso a mettere in moto e far funzionare un sistema politico-sociale, a diffondere valori che hanno incrementato la ricchezza economica e l'aspettativa di vita, ridotto le malattie, la violenza e le diseguaglianze e concorso a creare e implementare regole di convivenza civile e politica che hanno potenziato i diritti e le libertà individuali.

Quando parliamo di educazione scientifica in senso generale, ci riferiamo alla formazione giovanile alla *ricerca*, guidata dalle metodologie che sono proprie delle scienze empiriche, come per esempio il controllo delle osservazioni e la verifica sperimentale delle ipotesi, l'uso del pensiero controintuitivo e dell'astrazione, la matematizzazione delle spiegazioni e l'analisi statistica dei dati. L'obiettivo è di far capire i processi di pensiero che entrano in gioco nell'attività concreta che può condurre un ricercatore adulto alla scoperta scientifica. Tutto questo raramente accade nelle nostre scuole, e perfino nelle nostre università, anche in quelle in cui l'educazione scientifica è predominante, perché è più comodo fornire un'istruzione nozionistica, cioè priva di profondità storico-critica o di un'esperienza sperimentale. L'attività di ricerca scientifica, che include ovviamente la matematica come strumento essenziale, potenzia le strutture che producono appunto la cosiddetta «intelligenza fluida», fonte di capacità di pensiero e astrazione che favoriscono la produzione di strategie di *problem-solving* e la creatività, e diversa dalla cosiddetta «intelligenza cristallizzata». Ovviamente, alle capacità di astrazione e immaginazione contribuiscono anche altre discipline, come le arti, a cui però la formazione scientifica aggiunge criteri di controllabilità intersoggettiva che sono necessari in contesti in cui le conclusioni dovranno poi essere condivise da più soggetti, come accade appunto nella socialità.

Oltre che allenati al gioco della scoperta, il cui contesto è pragmatico e tutt'altro che rigidamente algoritmico, come avevano invece erroneamente creduto i neopositivisti, occorre che le «regole» del gioco vengano esplicitate, nelle loro potenzialità e nei loro limiti epistemologici. Esattamente come accade per l'apprendimento del linguaggio: si impara con l'uso, ma viene potenziato e diventa incredibilmente ricco con lo studio della grammatica. A un miglioramento delle strategie di insegnamento dei contenuti e dei metodi delle scienze empiriche possono contribuire l'uso funzionale della storia della scienza e della filosofia della scienza, grazie alle quali si possono fornire agli studenti risposte oneste e rigorose alle domande che sorgono spontanee sulle contraddizioni tra l'esperienza comune di soluzione quotidiana dei problemi e il processo di ricerca scientifico delle conoscenze nei vari ambiti.

Sarebbe molto utile, anche in considerazione del peso culturale sempre più rilevante che assumono la scienza e la tecnologia nella cultura, che le future generazioni fossero criticamente consapevoli del fatto che la scienza non è infallibile e il suo metodo non è qualcosa di graniticamente definito o in grado di produrre risposte definitive a prescindere dalla condizioni prescritte dalle teorie e dal contesto in cui vengono effettuate le osservazioni. Questo i filosofi delle scienze l'hanno spiegato chiaramente. Nessuna persona davvero intelligente potrà sostenere che le procedure e i risultati della scienza sono costruzioni arbitrarie. Perché è una sciocchezza. Consentire ai giovani di maturare una formazione epistemologica coerente, li educa a dei criteri di scelta tra teorie, le quali sono sempre in discussione: questo è l'aspetto di maggiore interesse, perché è una base metodologica per lo sviluppo di quelle capacità che Aristotele avrebbe definito nel suo complesso «saggezza pratica». Il legame con l'etica, forse, è a questo punto più chiaro. Il comportamento etico prevede la condivisione convenzionale di alcune «regole» o «valori», che sono però in continua discussione e revisione, esattamente come le teorie scientifiche. Per noi questa è ovviamente una metafora perché, come abbiamo avuto modo di ripetere, non c'è bisogno di assumere che regole e valori etici siano oggettivi, reali o naturali, e soprattutto che siano universali.

Fatto sta che l'educazione scientifica favorisce, nei paesi in cui è promossa, il rispetto delle regole civili e al contempo democrazia e anti-autoritarismo (Corbellini, 2013). Essa previene dagli effetti disastrosi che si verificano in contesti in cui prevale una cultura radicalmente relativistica, per cui tutto risulta lecito sul piano etico, o contesti in cui prevale una cultura dogmatica, magari teologica, per cui le regole sociali sono date, incontestabili e non c'è spazio alcuno per la contestazione.

Che ruolo può avere la neuroetica in questa visione? Potrebbe concorrere a diffondere un atteggiamento cognitivo nuovo, che riconosce e promuove con argomenti importanti e validi i vantaggi di un'istruzione interdisciplinare, ma con una forte e prevalente componente scientifica. Questo perché la tipologia di conoscenze che la neuroetica mette a disposizione favorisce quel *training* che comporta la necessità di figurarsi scenari che non si danno spontaneamente all'immaginazione cognitiva e morale, e che ci inducono ad adottare prospettive che vanno contro le nostre disposizioni naturali. Ciò però non corrisponde alla sola capacità offerta dalla filosofia tradizionale di figurarsi mondi possibili, ma all'unione di questa con la capacità offerta dalla scienza di operare una scelta che sia il frutto di un controllo empirico. Questo allenamento cognitivo viene originato da molte discipline che permettono il potenziamento delle capacità di ragionamento astratto, che ha sede in strutture come la corteccia prefrontale, che abbiamo visto essere importanti proprio per le competenze sociali. E dà luogo allo sviluppo di una serie di capacità che sono presupposte per giudicare qualcosa moralmente, nonché per evitare o tenere sotto controllo gli impulsi innati che ci portano spesso a essere irrazionalmente conservatori o gerarchici. Insieme al rispetto dei criteri di formalità tipici delle discipline scientifiche, queste capacità, che sono alla base dello sviluppo e del mantenimento di un sistema di valori liberali e democratici, consentono di maturare un atteggiamento di onestà intellettuale (cfr. ancora Corbellini, 2011).

Detto questo, pensiamo di non avere prefigurato uno scenario ciecamente ottimistico, un'utopia baconiana in stile *Nuova Atlantide*: siamo consapevoli che l'educazione al metodo scientifico è una strategia non perseguibile in tutte le situazioni o sufficiente di per sé alla promozione di comportamenti individualmente più «morali». Una percentuale cospicua, e forse la maggioranza, dei giovani che vivono oggi sul pianeta non riesce neppure a superare la soglia minima di scolarità (cinque anni), che secondo diversi studi rappresenta il limite necessario perché una persona possa comprendere i valori di una convivenza civile democratica (Friedman *et al.*, 2011). Come speriamo sia emerso nel corso del libro, ciò può avvenire purché non siano presenti predisposizioni biologiche individuali o condizioni ambientali che orientino il singolo in altre direzioni[15], che possono andare a svantaggio degli altri o anche a svantaggio dell'individuo stesso, e impedire che l'istruzione consapevole alla scienza, e dunque alla moralità, trovi terreno fertile su cui attecchire.

[15] Si veda la distinzione introdotta precedentemente tra *breakdown*, *persistence* e *mismatch*, cioè la presenza nell'individuo di un deficit neurocognitivo, l'attivazione di un meccanismo adattivo o di un meccanismo selezionato in un ambiente mutato.

8
In conclusione: non è colpa di nessuno

[...] gli uomini sbagliano nel ritenere di essere liberi. Tale opinione consiste soltanto in questo, che sono consapevoli delle loro azioni e ignari della cause dalle quali sono determinati. Questa dunque la loro idea di libertà, che non conoscono alcuna causa delle loro azioni. Dire infatti che le azioni umane dipendono dalla volontà sono parole di cui non hanno alcuna idea. Che cosa sia infatti la volontà e in che modo muova il corpo, ignorano certamente tutti; coloro che si fanno vanto di altre cose e immaginano sedi e dimore dell'anima di solito suscitano il riso o la nausea.

Baruch Spinoza, *Etica*, Parte prima, «Di Dio», prop. XXXV

Sin dall'antichità, e in modo esplicito con Aristotele e l'*Etica Nicomachea* (Libro III), uno degli interrogativi centrali dell'etica è stato quando e come ritenere qualcuno responsabile delle proprie *azioni*, in relazione alla volontarietà o meno di compierla. Visto quanto abbiamo esposto finora su identità personale, coscienza, libero arbitrio e capacità di giudizio, vista l'idea di un certo istintivismo nel decidere e nell'agire, dobbiamo concepirci come non responsabili moralmente, come impossibilitati alla scelta, come causalmente determinati? La colpa è tutta del cervello e il cervello risponde a un destino tracciato nei geni?

Un discorso di questo genere non è affatto nuovo. Sappiamo che il concetto dell'autodeterminazione, su cui le teorie normative fondano la responsabilità, ha avuto un'evoluzione controversa nella storia della filosofia e delle scienze psicologiche. La tradizione lega causalmente coscienza e comportamento, ma questo legame è risultato, da molto presto, qualcosa di abbastanza labile. E oggi sappiamo che la coscienza non sta a monte del comportamento, ma ne è parte. E, forse, anche parte marginale. Per quanto riguarda la responsabilità morale, abbiamo visto che l'ambito in cui l'idea viene evocata (filosofia, teoria politica, diritto) ne traccia confini completamente diversi: in relazione al determinismo, in un caso; rispetto al problema dell'equità sociale, nel secondo; come base dell'imputabilità, nel terzo. Non solo: la responsabilità non è un concetto unitario, come ha fatto notare il filosofo e giurista Herbert L. A. Hart (cfr. capitolo sesto). L'esempio, che offriva Hart, del capitano della nave che, ubriaco, provoca un grave incidente è utile per comprendere la differenza tra i vari sensi di responsabilità cui abbiamo già accennato.

Il capitano è responsabile di aver fatto arenare la nave (responsabilità causale), ma è anche responsabile per ciò che accade al suo equipaggio e ai passeggeri (responsabilità del ruolo) ed è responsabile penalmente della sua condotta (responsabilità per obbligo). Per possedere però tutte queste responsabilità, è necessario che il capitano sia in una condizione psicologica tale da soddisfare il senso generale di responsabilità. In particolare, il capitano dovrebbe, in prima istanza, possedere la capacità di *comprendere* cosa viene richiesto di fare o non fare (dalla legge, dalle norme morali, o dalle prescrizioni tecniche contingenti basate su conoscenze teoriche e fattuali sul funzionamento della nave e le procedure di navigazione), di *decidere* cosa fare e di *controllare* la propria condotta alla luce delle proprie decisioni, una serie di capacità che si assume posseggano gli adulti normali. In seconda istanza, dovrebbe esservi assenza di patologie mentali o di un'alterazione indotta da sostanze psicotrope, che possano minarne la normale capacità di comprensione e controllo. È la responsabilità come *capacità*, dunque, secondo la tradizione morale e giuridica, che garantisce la causalità consapevole e volontaria di un'azione da parte di un agente, il quale solo sulla base di tale capacità può comprendere il suo ruolo e i suoi obblighi sociali.

La responsabilità come capacità è anch'essa una costruzione multifattoriale. Non è una capacità di per sé, ma un concetto astratto e derivato, che si fonda sull'idea della presenza integrata di una serie di condizioni psicologiche che devono essere soddisfatte (ragionamento, memoria, coscienza, volontà ecc.). Le neuroscienze hanno chiarito che anche i soggetti sani hanno capacità psicologiche imperfette e soggette a errori sistematici, e che alcune di queste potrebbero essere addirittura illusorie, come nel caso dell'auto-conoscenza e dell'auto-determinazione. Insomma: niente capacità, quindi niente causalità sulle azioni e ovviamente nessuna responsabilità? Le neuroscienze possono contribuire a risolvere la questione?

Per Adina Roskies, il tema della responsabilità in chiave neuroscientifica è stato mal concepito. Le neuroscienze non possono risolvere quesiti metafisici, quale quello del libero arbitrio, ma gli studi sulle basi neurobiologiche delle decisioni chiamate volontarie «ci consentiranno di sviluppare una visione più sofisticata di responsabilità, che prende in considerazione sia le richieste cognitive sia le richieste di controllo fatte dalla nozione intuitiva e da quella giuridica di responsabilità, e di riconciliarle con una visione scientificamente orientata del cervello come sistema fisico che governa le nostre azioni»[1]. La Roskies predilige teorie compatibiliste sul libero arbitrio. Noi preferiamo lasciare da parte la questione metafisica, per rivolgerci piuttosto a un piano di considerazioni di tipo pratico. Anzitutto, il problema di attribuire responsabilità (a chi attribuirla e su quali basi) in contesti sociali. E come la Roskies suggerisce, è forse la nozione di *controllo*, e non quella di libertà, a costituire un interrogativo pertinente per le neuroscienze. Vedremo a breve in che senso. Per chiarire, a ogni modo, non ci interessa tanto se il controllo corrisponda effettivamente alla capacità di «fare altrimenti», ma ci preme comprendere questa nozione nel contesto del «funzionamento proprio di un sistema» e delle sue parti componenti.

La rappresentazione intuitiva di responsabilità, su cui è stata elaborata quella giuridica, la definisce in negativo: una persona è ritenuta responsabile moralmente (e legalmente) delle proprie azioni a meno che non possa essere dimostrato che certe condizioni nella persona o nell'ambiente ne riducano o giustifichino

[1] Roskies, 2006, p. 423.

la responsabilità. Il senso comune adotta quindi, per la responsabilità, una specie di equivalente di quanto teorizzato da Quine (1960) con il *principio di carità* per la traduzione radicale di lingue esotiche sconosciute. Principio trasferito da autori come Donald Davidson e Daniel Dennett nel contesto intenzionale dell'attribuzione di credenze (il cosiddetto *mindreading*): l'assunzione di razionalità del parlante o dell'agente. Se non si assume che il parlante (o l'agente) è razionale, è impossibile tradurre i suoi enunciati (o attribuirgli degli stati mentali a partire dalle sue azioni). Se se ne dimostra l'irrazionalità, per esempio si evidenzia la presenza di un disturbo mentale, la traduzione o l'intenzionalizzazione risultano impraticabili[2]. Tradotto nel discorso della responsabilità, tutto questo equivale a dire che, per essere giudicato moralmente o penalmente, si deve assumere che l'agente sia responsabile nella *capacità*; a meno che non incorrano prove del contrario.

Quell'insieme di condizioni che costituiscono la responsabilità come capacità sono un assunto fondamentale del nostro senso comune nella valutazione delle azioni altrui. Nel valutare le azioni compiute dagli altri, presupponiamo in prima istanza che gli altri siano razionali, consapevoli ecc. Nulla ci vieta di pensare che, anche in questo caso, come ipotizzato nel caso della teoria della mente, il meccanismo cognitivo dell'attribuzione della «colpevolezza» sia un mezzo fornitoci dall'evoluzione per cavarcela nel mondo sociale, un mezzo che ci aiuta a organizzare i sistemi biologici e artificiali complessi in modelli di comportamento maneggevoli e predittivi. Effettivamente gli studi sulle radici neuroevolutive della punizione altruistica (*third-party punishment*), il nucleo fondante della giustizia moderna, sembrano andare in questa direzione (cfr. Buckholz e Marois, 2012): questa capacità è prettamente umana, poiché si riscontrano solo competenze di *second-party punishment* in primati come gli scimpanzé, e si forma intorno ai 3 anni, età in cui comincia a evidenziarsi lo sviluppo di capacità come il *mindreading* e il giudizio morale.

[2] Cfr. per esempio Bortolotti (2005) per una critica a questa visione della *background rationality* per l'attribuzione di credenze.

Strutture fondamentali, organizzate in una rete complessa, sono quelle di cui abbiamo precedentemente discusso: la giunzione temporo-parietale per il *mindreading*, la corteccia prefrontale dorso-laterale (DLPFC), la corteccia prefrontale mediana (mPFC) e l'amigdala. L'intervento dell'amigdala, e dunque delle emozioni, nella mediazione degli input di questa rete neuronale fa ipotizzare che l'emozione sia alla base del nostro modo spontaneo di punire qualcuno che ha commesso danno verso un altro. Quindi, oltre ad avere radice motivazionale, il modello spontaneo della pena sembra essere quello retributivo («ha quello che *merita*») (cfr. anche Haidt *et al.*, 2010). Un fatto che è in linea con quanto già si sapeva in merito alla cosiddetta punizione altruistica, cioè che le persone mostrano in modo spontaneo di voler punire chi ha defezionato in giochi su beni pubblici, anche se la punizione non porterà a benefici o avrà un costo (Fehr e Gächter, 2002). Questo introduce una questione importante. Nell'uso che il discorso giuridico fa di termini quali «colpa», «colpevolezza» e «colpevole» ciò che rischia di sfuggire è una distinzione fondamentale (cfr. Jervis, 1998) tra *colpevolezza* in senso stretto[3], cioè quella che viene accertata in termini di rapporti di causalità, il più possibile in modo oggettivo, e una dimensione interiore della *colpevolezza*, in cui in modo privato ci si fa carico dei propri atti e si prova quel sentimento negativo che è il *senso di colpa*. Più che di *colpevolezza* occorrerebbe parlare nel contesto giuridico solo di *responsabilità*, una dimensione sociale, pubblica e condivisa che concerne un'attribuzione. Come per molti altri meccanismi di utilità psicologica (cfr. Churchland, 1989), le teorie che derivano dal

[3] Il termine utilizzato da Jervis (1998) è «colpa». Sebbene sia termine d'uso comune e ricorrente nel dibattito psicoanalitico, preferiamo tuttavia sostituirlo con «colpevolezza» per non generare confusioni di tipo giuridico. In ambito giuridico, infatti, la colpa, in antitesi al dolo, indica la responsabilità verso atti illeciti compiuti in modo involontario. La colpevolezza, come noto, ha nel diritto questa duplice valenza cui Jervis fa riferimento, un elemento normativo-oggettivo e un altro psicologico-soggettivo, che danno luogo a due diverse concezioni della stessa. Cfr. le due voci Attili (2007) e Bergamasco (2007).

funzionamento automatico di questo meccanismo di attribuzione di responsabilità sono molto spesso false.

Ancora. Come abbiamo visto, le nostre capacità di auto-conoscenza attraverso l'introspezione sono fallaci – l'introspezione serve all'autoinganno e i cosiddetti Sé o Io, che dir si voglia, non esistono affatto – perché non abbiamo accesso immediato, privilegiato e autorevole ai nostri stati mentali. Tutto emerge come ricostruzione *a posteriori*, probabilmente come conseguenza di processi integrativi spontanei che risultano da specifici piani di connettività neuronale. Quando ci attribuiamo credenze, intenzioni, desideri, non lo facciamo per mezzo di un ipotetico «senso interno» che ci rappresenta le cose come sono, come abbiamo l'impressione che accada. Bensì mettendo in atto lo stesso tipo di strategia di attribuzione che usiamo quando interpretiamo gli stati mentali degli altri dall'esterno facendo deduzioni sul loro comportamento: è un calcolo che si basa sul riconoscimento di indizi (in questo caso indizi sensoriali sul nostro corpo, in un altro caso percezioni di eventi nel mondo come i comportamenti altrui passati e presenti) (Carruthers, 2011). Insomma, contro la tradizione filosofica, l'idea è che l'auto-attribuzione (verso sé stessi) e l'etero-attribuzione (verso gli altri) siano due processi praticamente identici. Dal punto di vista dell'ontogenesi, l'etero-attribuzione sembra formarsi nel bambino prima della capacità di «leggersi interiormente» e l'auto-attribuzione sembra originarsi sulla base di quanto imparato in precedenza nel tentare di decifrare gli altri (cfr. Carruthers, 2013). Questo vuol dire che non abbiamo accesso alle menti degli altri, se non in modo ipotetico (e questo lo sappiamo, anche intuitivamente); ma il bello (o meglio, forse per qualcuno, il *dramma*) è che non abbiamo accesso neanche alla nostra mente, se non solo in modo ipotetico. Praticamente, attraverso l'introspezione, non ci conosciamo affatto. Che conseguenze ha tutto questo per la responsabilità (cfr. King e Carruthers, 2012)? Non può forse voler dire che possiamo crederci responsabili e non esserlo, o esserlo e non sentirci tali? Crediamo intuitivamente di sapere che un'azione sia «colpa» nostra, ma magari non è così. Eppure anche stabilire dall'esterno se qualcuno è colpevole o meno non è così elementare.

Orbene, negli ultimi cinquant'anni, le neuroscienze si sono interessate al problema della decisione e del controllo degli impulsi dal punto di vista neurobiologico. Mentre c'è chi prospetta un'orizzonte deflazionistico se si accetta l'idea che la coscienza non sia in grado di causare il comportamento, si può anche pensare che una soluzione possa essere quella di una rivisitazione concettuale di nozioni che rischiano, se le si continua a usare nella loro accezione intuitiva, di non avere referenti. Dimentichiamo infatti che, per lo più, la psicologia si è adattata a una semantica di termini e nozioni preesistenti, ereditata dalla tradizione filosofica e frutto in larga parte di un abuso dell'introspezione. Non è assurdo pensare che, così come è accaduto per tante teorie che sono state abbandonate perché implicavano l'esistenza di qualcosa che non c'era – si pensi, con un esempio caro a Paul Churchland, alla teoria del flogisto –, un giorno potrà essere possibile non tanto esplorare in modo sistematico le differenze tra ciò che la tradizione definisce un'azione volontaria e una involontaria, ma tracciare in termini generali un profilo più tecnico e maggiormente controllabile da un punto di vista scientifico: «il profilo neurobiologico di un cervello che è sotto controllo, rispetto a quello di un cervello che non lo è»[4]. Tutto questo a partire dal tentativo di dar conto di casi prototipici dei disturbi della disfunzione del controllo, attualmente molto studiati: si pensi alle dipendenze, alla sindrome di Tourette, all'obesità, ai disturbi ossessivo-compulsivi.

La strategia di Patricia Churchland (per esempio, 2002, 2006) è una delle possibili soluzioni. Si tratta di un approccio eliminativista rispetto al problema della responsabilità, in cui è comunque chiara una prima differenza fondamentale con la concezione tradizionale: il problema del libero arbitrio cambia forma e diventa di scelte deliberate, consapevoli e intenzionali, effettuate in una condizione neurale quantitativamente definita, nel cui contesto un agente è un «sistema sotto controllo». Il controllo è una nozione quantitativa, che nasce dall'analogia con le macchine automatiche e poi con l'intelligenza artificiale, e si basa sull'attribu-

[4] Churchland, 2006, p. 11.

zione di un profilo computazionale ai processi neurali. Gli studi sulle lesioni e le neuroimmagini mostrano chiaramente l'esistenza di regioni e sistemi cerebrali importanti per il mantenimento del controllo. Dal punto di vista corticale, sono coinvolte – come abbiamo messo in luce nel capitolo 5 – strutture anteriori e mediane, implicate nella progettazione e nel ragionamento, quali quella orbitofrontale, frontale ventromediale, frontale dorsolaterale e corteccia cingolata. Dal punto di vista subcorticale, le strutture coinvolte sono quelle implicate nella produzione di emozioni, motivazioni o pulsioni: ipotalamo, amigdala, area tegmentale ventrale (VTA) e *nucleus accumbens* (parte dei gangli della base, cruciale nel sistema della ricompensa), che con la corteccia cingolata vanno a formare l'ormai celebre sistema limbico. Nella concezione generale, queste strutture sono interconnesse in un sistema complesso legato ai sistemi dell'azione. L'attività dei neuroni di questi sistemi è modulata, a livello molecolare, dalle proiezioni dei sei neurotrasmettitori lungo queste regioni (serotonina, dopamina, adrenalina, noradrenalina, istamina e acetilcolina).

Ciò che serve è identificare vari parametri del normale profilo dell'essere «sotto controllo»: in primo luogo, parametri che includano specifici *pattern* di normale attività tra le strutture coinvolte; in secondo luogo, la normale distribuzione degli assoni terminali e i normali pattern dei neurotrasmettitori (rilascio, *uptake*, co-localizzazione); in terzo luogo, i livelli dei vari ormoni; e così via. L'idea della Churchland (cfr. 2002, 2006) è che un insieme di *N* parametri sia identificato e rappresentato come una dimensione in uno spazio di parametri *n*-dimensionali. Questo modello semimatematico ha lo scopo di identificare, all'interno dello spazio *n*-dimensionale descritto, un volume (una quantità di spazio identificata da un solido a *n*-dimensioni) tale per cui un cervello che possegga quei parametri è un cervello sotto controllo. Pur assumendo che, dal punto di vista della biologia evolutiva, i cervelli si sviluppino normalmente in modo tale da poter essere rappresentati nel volume che costituisce la condizione «sotto controllo», va comunque puntualizzato che non esiste uno spazio definito di «normalità». Sia per un cervello sotto controllo sia per un cervello non sotto controllo ci sono molti modi di esserlo e delle situazioni «borderline», che giustificano la grande variabilità individuale a riguardo.

Dalla prospettiva del cervello le decisioni sono solo emozioni, memoria, valutazione, predizioni o temperamento. Per la società contano dei sottoinsiemi di tutto questo: le decisioni che coinvolgono gli interessi di altre persone, cioé le decisioni morali. È chiaro che un criterio interno di decisione pratica non crea demarcazioni tra decisioni morali e non morali. Il problema nasce perché l'idea del libero arbitrio è legata a una concezione contro-causale, altresì detta libertarismo. L'assunzione generale di questa concezione di cui abbiamo discusso è che, affinché si sia effettivamente liberi, la scelta deve aver luogo indipendentemente dagli eventi causali del cervello, come risultato dell'esercizio di un agente puro libero da qualsiasi antecedente causale fisico. Ovvero, che sarebbe ingiusto e immorale giudicare qualcuno responsabile di qualcosa se le sue decisioni sono causate da fattori antecedenti.

La Churchland liquida la teoria del libertarismo e lo fa seguendo un famoso argomento di David Hume (1739). Il ragionamento di Hume era in termini psicologici, ma basta una sostituzione con termini neuroscientifici per renderlo comunque valido. Le nostre scelte, diceva Hume, sono causate dai nostri stati mentali, ovvero desideri, paure, speranze, intenzioni, credenze e così via: se scegliessi senza tutto questo, la scelta non sarebbe libera. In termini neuroscientifici: se la scelta non è il prodotto dell'elaborazione del mio cervello, cioè un cervello sotto controllo, non è una scelta mia. Questa posizione ha delle implicazioni per quanto riguarda la possibilità di usare in modo socialmente utile i concetti di *mens rea* e di incapacità di intendere e di volere. Se il nostro comportamento è determinato da operazioni su cui non esiste qualcuno che abbia il controllo, ma che possono essere più o meno controllate in virtù di una adeguata manutenzione delle esperienze che entrano nei circuiti computazionali che producono le azioni, quindi anche quelle lesive o illegali, definire con sicurezza l'assenza di *mens rea* diventa problematico. Anche per questo con la riforma del codice penale federale del 1962, negli Stati Uniti sono stati introdotti criteri per stabilire l'imputabilità e la colpevolezza che sono simili al nostro concetto di incapacità di intendere e volere. E, comunque, anche per quanto riguarda la capacità individuale di comprendere le conseguenze di un atto, e saper controllare la sua produzione in diversi contesti, questa, con gli sviluppi delle neuroscienze, sarà sempre meno il problema di diagnosticare una sorta di integrità funzionale di qualche indefinita facoltà psicologica, ma probabilmente si tratterà di quantificare il livello di efficienza funzionale di processi computazionali che danno la misura di quanto il sistema era «sotto controllo». E, date tali premesse, si dovrebbe prevedere che anche azioni illegali o lesive compiute senza un controllo cosciente possano ricadere nella sfera degli atti che per motivi di convivenza sociale vanno sanzionati.

Per Patricia Churchland, la parte interessante del pensiero di Hume riguarda il fatto che, una volta stabilito che decisioni e scelte *sono* causate, il vero interrogativo cui prestare attenzione è un altro. E cioè: quali sono le differenze tra le cause del comportamento volontario e quello involontario, ovvero che profili causali differenti esprimono decisioni per cui c'è responsabilità e decisioni per cui la responsabilità non c'è o è diminuita. Per il diritto penale e civile, ma per la società in genere, come la Churchland fa notare, queste questioni hanno una rilevanza enorme.

Ecco come la neurofilosofa riassume la sua posizione:

> la mia ipotesi è che il ritenere responsabili le persone e il punirle se colpevoli non sono radicati in una qualche astratta relazione tra una concezione platonica della giustizia e una concezione contro-causale della volontà, ma nel bisogno sociale fondamentale per il comportamento civile (come qualcuno ha detto una volta in modo stravagante: non c'è nessuna *giustizia*, ci siamo *soltanto noi*). Gli esseri umani sono predisposti biologicamente a essere animali sociali e, in generale, le chance di sopravvivere e avere successo sono migliori in un gruppo sociale che vivendo un'esistenza solitaria. A questo proposito, siamo più simili ai lupi e meno ai puma. Nei gruppi sociali, la cooperazione, la suddivisione del lavoro, la condivisione e la reciprocità sono essenziali al buon funzionamento – alla civiltà del gruppo. Per conservare la civiltà è necessario che i

> bambini riescano ad acquisire le abilità sociali di cooperazione e ciò che segue, e questa acquisizione tipicamente coinvolge sia l'inflizione del dolore sia la concessione di ricompense. I giovani imparano a dare valore alla condivisione, per esempio, e a pagare le conseguenze quando falliscono nella reciprocazione.[5]

Questa idea apre a uno scenario che potrebbe essere accolto con un certo sospetto. Supponiamo che un giorno sia possibile mettere a punto un insieme di test in grado di determinare, con un alto grado di precisione e mediante macchine ben progettate, i parametri per valutare lo stato di controllo di un agente. Che fare nel caso in cui, come evidenziato per esempio nel capitolo sul neurodiritto riguardo alla *lie detection*, le macchine rilevassero con estrema precisione che l'agente è sotto controllo (dunque «responsabile» a livello di capacità, nei termini riduzionistici) quando questo afferma di non esserlo? O viceversa. A chi l'ultima parola? Per essere responsabili, bisogna «sentirsi responsabili»?

Non sempre riteniamo che una persona debba *sentirsi* responsabile per essere responsabile di un atto. Possiamo ritenere responsabili (per gradi) anche persone che convintamente e sinceramente sostengono di non aver agito intenzionalmente, purché non sia dimostrato che sono del tutto incapaci di esserlo (per la presenza per esempio di un disturbo del cervello o del comportamento). In questo, il dibattito aperto dalla psicoanalisi freudiana ci ha preparato a dimensioni di responsabilità che vanno al di sotto del livello della coscienza. Nel nostro codice penale, la «capacità di intendere e di volere» cui si fa riferimento (art. 85) sembra piuttosto identificare maturità e sanità psichica, mentre si prevedono gradi di colpevolezza a seconda del livello con cui la coscienza (che conterrebbe l'intenzionalità e la volontarietà) è coinvolta nel reato (per esempio, reato doloso, colposo, preterintenzionale).

Si dimentica troppo spesso che può accadere anche il contrario, ovvero trovarsi in situazioni in cui ci si percepisce come re-

[5] Churchland, 2006, p. 10.

sponsabili, ma non lo si è affatto. In un esperimento (Wegner e Wheatley, 1999) si è chiesto ad alcune persone di pensare intensamente a qualcosa (la parola *cigno* ascoltata da una registrazione a ripetizione) che aveva una rilevanza con l'azione che dovevano compiere (selezionare su uno schermo mediante un cursore la fotografia di un cigno); il movimento non era tuttavia il loro, perché il mouse del computer era condiviso con uno sperimentatore che forzava, senza che il soggetto ne fosse a conoscenza e senza farsene accorgere, la direzione del cursore. Eppure, i soggetti dichiaravano comunque di *sentire* di aver agito intenzionalmente, ma *solo* nel caso in cui la registrazione veniva ascoltata tra 1 e 5 secondi prima dell'azione (cosa che non accadeva se la registrazione partiva 30 secondi prima o 1 secondo dopo l'azione forzata). Dunque, la percezione di un intervento causale sull'azione può essere apparente, e questo è ovvio, ma, secondo gli autori dell'esperimento, l'esperienza della paternità di un'azione richiede che siano rispettati alcuni principi che legano il pensiero cosciente e l'azione: *priorità* (il pensiero deve precedere l'azione per un certo intervallo), *consistenza* (il pensiero dovrebbe essere compatibile con l'azione), *esclusività* (il pensiero deve sembrare l'unica causa apparente dell'azione). Altro esempio di influenza sui giudizi di paternità delle azioni viene dalla presentazione di stimoli subliminali (Dijksterhuuis *et al.*, 2004). Il nostro *sentirci* responsabili è una costruzione, che abbiamo visto nelle teorie più recenti prendere forma grazie a complesse confabulazioni a posteriori.

Il «sentirsi» responsabile equivale tradizionalmente a una dimensione interiore, uno stato mentale, in cui il soggetto si percepisce attore volontario, consapevole e libero della propria scelta e del proprio comportamento. L'idea della necessità di «*sentirsi* responsabili» nasconde un'insidiosa versione della teoria deontologica della morale, che abbiamo già descritto; una concezione cioè in cui sono le *intenzioni* dell'agente (le sue disposizioni interiori) a essere il discrimine per giudicare moralmente un'azione che ha compiuto. Il senso comune sembra preferire la deontologia e giustificare moralmente chi dimostra di non avere intenzione esplicita di compiere l'azione (ciò non vale per la giurisprudenza, per cui ciò che importa è che si possegga la *capacità* di agire intenzionalmente e, per il resto, è buona prassi attenersi ai fatti). Esiste prova del fatto che la deontologia – sebbene non è chiaro che la versione sia proprio quella della massima kantiana[6] – sia un atteggiamento intuitivo alla moralità già nei bambini (Nichols, 2004), i quali pensano che le persone *debbano* comportarsi in certi modi e applicano dunque la nozione di «obbligo» a svariati contesti (trasgressioni morali, convenzionali o semplici consigli). Ma, sulla base del fatto che in campo morale si preferisce spontaneamente la deontologia, bisogna anche ritenere che essa sia la sola concezione a comportare una genuina dimensione *etica* di responsabilità? Se non si possono attribuire intenzioni, allora è impossibile pensare a un'etica della responsabilità?

Nel valutare la questione, può essere chiamata in causa la distinzione weberiana tra *etica delle intenzioni* (*Gesinnungsethik*, traducibile anche in etica dei principi o dei sentimenti) ed *etica della responsabilità* (*Verantwortungsethik*) (Weber, 1919). Come fa notare Giovanni Jervis (2002, cap. 2), proprio perché questa distinzione ha una valenza importante anche nel dibattito cognitivista dell'attribuzione di intenzioni a sé stessi e agli altri e traduce l'idea della possibilità di costruire un'etica anche nell'incertezza di attribuire intenzioni. Giudicare sulla base delle intenzioni, non dei risultati, produce un'ovvia conseguenza: intenzioni buone (o atteggiamento di buonafede) possono produrre risultati dannosi. Pertanto l'etica della responsabilità consiste piuttosto nel chiedersi quali sono le conseguenze, gli effetti, delle proprie scelte o di quelle degli altri e farsene carico. Ciò vale anche nel giudizio morale, che guardando alle intenzioni può eccedere in moralismo o in estrema indulgenza. E tanto più in contesti giuridici, in cui il rischio dello stigma insito nella profilazione per-

[6] Nichols (2008) fa notare che se i bambini applicano qualche nozione di obbligo che comporta un'implicazione kantiana del tipo «si sarebbe potuto agire in modo diverso» (in un senso indeterministico), allora i bambini possiedono gli ingredienti essenziali per arrivare a credere che le nozioni siano non determinate. Questo dà conto di come può essere intesa una versione spontanea del libero arbitrio.

sonologica (espressamente bandita nei codici) può allontanare il giudice o il giurato dalla rigorosità della valutazione della pena.

È anche vero che la responsabilità, nel suo collegamento a una dimensione che come ci insegna John Locke (1689) è tutta giuridica, quella della «persona», è un'attribuzione convenzionale. Questo perché è la stessa «persona» a essere un'attribuzione che poggia su convenzioni e senso comune, cioè un riconoscimento sì, ma del tutto arbitrario. Un artifizio retorico. Come abbiamo osservato nel capitolo 6, in questo orizzonte ha senso l'affermazione di Michael Gazzaniga (2005) secondo cui la responsabilità non è tanto nelle strutture neuronali. Si tratta di una costruzione sociale, da ricercarsi al di fuori, nelle azioni, nei fatti. Tanto più perché, come ci ha insegnato la psicoanalisi, il «sentimento della colpa», legato a una concezione intenzionale dell'azione morale, non coincide necessariamente con un agire «responsabile». Questo sentimento, che sembra essere qualcosa di primario, veniva visto dalla teoria psicoanalitica come un'introiezione dell'autorità esterna (la madre, il padre), cui segue la paura di essere puniti, o addirittura scacciati e abbandonati, segnalando il segno di dipendenza. Nel senso di colpa, l'autorità esterna diventa autorità interna (sono io che giudico e punisco me stesso) e buona parte del discorso di responsabilità corrisponde al provare rimorso e alla necessità di provvedere a un pentimento o un'espiazione (le religioni lo utilizzano attraverso il fanatismo correlato al concetto di «peccato»). Questo è un ragionamento fallace per un'etica di responsabilità perché fa riferimento alle intenzioni, potendo chiaramente sfuggirne con la scusante della buona fede, e non alla capacità dell'individuo di appropriarsi successivamente delle conseguenze della sua azione. Il sentirsi colpevole ha poco a che fare con l'atteggiamento di responsabilità, che è una maturazione successiva che prevede che l'individuo possegga capacità cognitive di astrazione abbastanza elevate – non a caso gli illetterati, come mettevano già in luce gli studi di Lurjia sui contadini dell'Uzbekistan e di De Martino sugli analfabeti del Sud Italia, sembrano esserne del tutto privi.

La responsabilità coincide quindi con la capacità di un cervello di valutare le conseguenze delle proprie azioni, e non nel possedere un «carattere virtuoso». Il senso di responsabilità è diverso dal senso di colpa; è meno tormentato o è più sereno. Ciò su cui il senso comune commette un errore è che non è il sentimento del tormento a rendere le persone responsabili (cfr. Jervis, 1998). L'educazione alla colpevolezza finisce col produrre, come evidenzia la teoria dell'attaccamento riguardo allo sviluppo del sistema motivazionale interno (cfr. Liotti e Farina, 2011), personalità insicure, che si sentono cioé in colpa, preferiscono tormentarsi e scelgono la strada dell'espiazione interiore, ma a conti fatti non si assumono serenamente la responsabilità delle proprie azioni. Come abbiamo visto nel capitolo 6, anche i sistemi della pena di tipo retributivo sono improntati a un modello etico di tipo deontologico. La cronaca nera e la sua popolarizzazione mediatica alimentano, per lo più, quella semantica della pena come una «punizione», per cui la natura ci ha programmati, sulla base del nostro sistema cognitivo del rango: il reo omicida deve «scontare» la pena, per esempio la detenzione, «la deve pagare» perché «se lo merita». Ma la pena, come abbiamo visto, se concepita in questo modo, che poteva anche avere una valenza adattativa presso i piccoli gruppi di cacciatori raccoglitori, non migliora la qualità dell'amministrazione della giustizia. Perché nell'attuale situazione di mismatch e alla luce di quello che sappiamo sul cervello, la pena intesa come retribuzione, non coglie nel segno. Una sanzione dovrebbe piuttosto preservare la società da conseguenze negative ed essere davvero proporzionata non tanto al reato commesso, ma alla effettiva pericolosità sociale del reo o alla sua recuperabilità. Qualcosa che purtroppo è molto difficile da appurare, anche con le migliori metodologie scientifiche oggi disponibili, se non in modo probabilistico. E per la funzione sociale che svolge il diritto, si tratta di una sfera di ragionamento che rifugge l'incertezza.

E così veniamo rigettati nell'unica sfera della psicologia individuale, dove è possibile aiutare la maturazione di un'idea coerente ed efficiente di responsabilità, cioè l'ambito dell'apprendimento e in particolare dell'apprendimento nell'età adolescenziale. In un orizzonte neuroetico ed evoluzionistico, si capisce che è certo socialmente funzionale sentirsi in colpa, ma è soprattutto necessario saper attribuire in un contesto sociale «colpevolezza» (nel senso di responsabilità) mediante un processo non fallace di conoscenza: i due concetti sono distinti, poiché solo il secondo è neutrale e ha importanza etico-sociale, nonché ovviamente giuridica. Si torna al ruolo che può svolgere un'educazione, più onesta, alla responsabilità coltivando quelle attività, come la formazione scientifica e il pensiero razionale, che favoriscono lo sviluppo di alcune strutture neurali fondamentali per la capacità di pensiero critico, ma al contempo rigoroso, e contribuiscono alla diffusione di valori e regole fondamentali per una convivenza civile democratica in una società giusta e fatta di cittadini autenticamente responsabili: l'eguaglianza morale di tutti e di ciascuno, e lo stato di diritto.

Bibliografia

Ackil J.K., Zaragoza M.S. (1998), *Memorial consequences of forced confabulation: Age differences in susceptibility to false memories*, «Developmental Psychology», 34, pp. 1358-1372.

Adamo P., Benzoni S. (2005), *Psychofarmers*, ISBN Edizioni, Milano.

Adelman G. (2010), *The Neuroscience Research Program at MIT and the beginning of the modern field of neuroscience*, «Journal of the History of the Neurosciences», 19(1), pp. 15-23.

Allhoff F. (2010), *What Are Applied Ethics?*, «Science and Engineering Ethics» 17(1), pp. 1-19.

American Psychiatric Association (2000), *Diagnostic and statistical manual of mental disorders, 4th edition Text Revision* (DSM-IV-TR), *American Psychiatric Press, Washington;* trad. it. DSM IV-TR *Manuale diagnostico e statistico dei disturbi mentali*, Masson, Milano, 2002.

Annas G.J. (2007), *Foreword: Imagining a New Era of Neuroimaging, Neuroethics, and Neurolaw*, «American Journal of Law and Medicine», 33, pp. 163-170.

Aragona M. (2006), *Aspettando la rivoluzione, Oltre il* DSM-V*: le nuove idee sulla diagnosi tra filosofia della scienza e psicopatologia*, Editori Riuniti, Roma.

Aristotele, *Etica Nicomachea*, Laterza, Roma-Bari, 2005.

Attili G. (2007), *Attaccamento e costruzione evoluzionistica della mente*, Raffaello Cortina, Milano.

Attili V. (2007), *Colpa penale*, in *Il diritto: Enciclopedia giuridica*, a cura di S. Patti, Il Sole 24 Ore, Milano, pp. 296-312.

Bailey C.J., Karhu J., Ilmoniemi R.J. (2001), *Transcranial magnetic stimulation as a tool for cognitive studies*, «Scandinavian Journal of Psychology», 42, pp. 297-306.

Bailly, L. (2005), *Stimulant medication for the treatment of attention-deficit hyperactivity disorder: evidence-b(i)ased practice?*, «Psychiatric Bulletin» 29(8), pp. 284-287.

Ban T.A. (2001), *Pharmacotherapy of mental illness: a historical analysis*, «Progress in Neuro-Psychopharmacology and Biological Psychiatry», 25, pp 709-727.

Barker R.A., Coles A. (2011), *The ethical issues of trials of neural grafting in patients with neurodegenerative conditions*, in *The Oxford Handbook of Neuroethics*, a cura di J. Illes, B.J. Sahakian, Oxford University Press, New York.

Baron J. (2006), *Against Bioethics*, The MIT Press, Cambridge MA (trad. it. 2008).

Bechtel W. (2002), *Aligning multiple research techniques in cognitive neuroscience: Why is it important?*, «Philosophy of Science», 69, S48-S58.

Bechtel W. (2004), *The epistemology of evidence in cognitive neuroscience*, in *Philosophy and the Life Sciences: A Reader*, a cura di R. Skipper Jr., C. Allen, R.A. Ankeny, C.F. Craver, L. Darden, G. Mikkelson, R. Richardson, MIT Press, Cambridge, MA.

Bechtel W. (2008), *Mental mechanisms: Philosophical Perspectives on Cognitive Neuroscience*, Routledge, London.

Bechtel W., Abrahamsen A., Graham G. (1998), *The Life of Cognitive Science*, in *A Companion to Cognitive Science*, a cura di W. Bechtel, G. Graham, Blackwell Publishers, Oxford, Malden, MA; trad. it. *Menti, cervelli e calcolatori, Storia della scienza cognitiva*, Laterza, Roma-Bari, 2004.

Bechtel W., Hamilton A. (2007), *Reductionism, integration, and the unity of the sciences*, in *Philosophy of Science: Focal Issues* (Volume 1 of the Handbook of the Philosophy of Science), a cura di T. Kuipers, Elsevier, New York.

Bechtel W., Richardson R.C. (1993), *Discovering complexity: Decomposition and localization as strategies in scientific research*, Princeton University Press, Princeton.

Bechtel W., Richardson R.C. (2010), *Neuroimaging as a tool for functionally decomposing cognitive processes*, in *Foundational is-*

sues in human brain mapping, a cura di S. J. Hanson and M. Bunzl, MIT Press, Cambridge, MA, pp. 241-262.

Bechtel W., Stufflebeam R.S. (2001), *Epistemic Issues in Procuring Evidence about the Brain: The Importance of Research Instruments and Techniques*, in *Philosophy and the Neurosciences: A Reader*, a cura di W. Bechtel, P. Mandik, J. Mundale, R.S. Stufflebeam, Basil Blackwell, Oxford.

Beddington J., Cooper L., Field J., Goswami U., Hupper F. A., Jerkins R., Jones H.S., Kirkwood T.B., Sahakian B.J., Thomas S.N. (2008), *The mental wealth of nations*, «Nature», 455, pp. 1057-1060.

Beecher H.K. (1966), *Ethics and clinical research*, «The New England Journal of Medicine», 274(24), pp. 367-372.

Bergamasco C. (2007), *Colpevolezza*, in *Il diritto: Enciclopedia giuridica*, a cura di S. Patti, Il Sole 24 Ore, Milano, pp. 313-324.

Bickle J., Mandik P., Landreth A. (2010), *The Philosophy of Neuroscience*, in *Stanford Encyclopedia of Philosophy*, a cura di E. Zalta: http://plato.stanford.edu/entries/neuroscience/

Blair J.R. (1995), *A cognitive developmental approach to morality: investigating the psychopath*, «Cognition», 57, pp. 1-29.

Blair J.R. (2001), *Neurocognitive models of aggression, the antisocial personality disorders, and psychopathy*, «Journal of Neurology, Neurosurgery and Psychiatry», 71, pp. 727-731.

Blair J.R. (2007), *The amygdala and ventromedial prefrontal cortex in morality and psychopathy*, «Trends in Cognitive Science», 11 (9), pp. 387-392.

Blair J.R., Mitchell D., Blair K. (2005), *The psychopath: emotion and the brain*, Blackwell, Malden MA.

Boehm C. (2012), *Moral Origins: The Evolution of Virtue, Altruism, and Shame?*, Basic Books, New York.

Boella L. (2008), *Neuroetica, La morale prima della morale*, Raffaello Cortina, Milano.

Bookheimer S.Y., Strojwas M.H., Cohen M.S., Saunders A.M., Pericak-Vance M.A., Mazziotta J.C., Small G.W. (2000), *Patterns of brain activation in people at risk for Alzheimer's disease*, « The New England Journal of Medicine », 343, pp. 450-456.

Bortolotti L. (2005), *Delusions and the Background of Rationality*, «Mind and Language», 20(2), pp. 189-208.

Boseley S. (2001), *Parkinson's miracle cure turns into a catastrophe*, «The Guardian», March 13.

Bowles S. (2006), *Group Competition, Reproductive Leveling, and the Evolution of Human Altruism*, «Science», 314, 5805, pp. 1569-72.

Bowles S. (2009), *Did Warfare among Ancestral Hunter-Gatherers Affect the Evolution of Human Social Behaviors*, «Science», 324, 5932, pp. 1293-98.

Boyer P. (2001), *Religion Explained*, Heinemann, London.

Brunner H.G. (1996), MAOA *deficiency and abnormal behavior: perspectives on an association*, «Ciba Foundation symposium», 194, pp. 155-164.

Brunner H.G., Nelen M., Breakefield X.O., Ropers H.H., Van Oost B.A. (1993), *Abnormal behavior associated with a point mutation in the structural gene for monoamine oxidase A*, «Science», 261(5133), pp. 578-580.

Bucchi M., Mazzolini R.G. (2003), *Big Science, Little News: Science Coverage in the Italian Daily Press, 1946-1997*, «Public Understanding of Science», 12, pp. 7-24.

Buckholtz J., Asplund C.L., Dux P.E., Zald D.H., Gore J.C., Jones O.D., Marois R. (2008), *The Neural Correlates of Third-Party Punishment*, « Neuron», 60, pp. 940-950.

Buckholz J.W., Marois R. (2012), *The roots of modern justice: cognitive and neural foundations of social norms and their enforcement*, «Nature Neuroscience», 15, pp. 655-661.

Buckner R.L., Logan J.M. (2006), *Functional Neuroimaging Methods: PET and fMRI*, in *Handbook of Functional Neuroimaging of Cognition, 2nd Edition*, a cura di R. Cabeza, A. Kingstone, MIT Press, Cambridge, MA.

Buller T. (2006), *Brain, lies, and psychological explanations*, in *Neuroethics: Defining the Issues in Theory, Practice and Policy*, a cura di J. Illes, Oxford University Press, Oxford, pp. 51-59.

Burckhardt, Gottlieb (1891), *Ueber Rindenexcisionen, als Beitrag zur operativen Therapie der Psychosen*, «Allgemeine Zeitschift für Psychiatrie», 47, pp. 463-548.

Caplan A. (2002), *No-Brainer: Can We Cope with the Ethical Ramifications of New Knowledge of the Human Brain?*, in *Neuroethics.*

Mapping the field, a cura di S.J. Marcus, The Dana Press, New York, pp. 95-106.

Caplan A. (2003), *Is better best?*, «Scientific American», 389, pp. 84-85.

Carruthers P. (2011), *The opacity of mind, An integrative theory of self-knowledge*, Oxford University Press, Oxford.

Carruthers P. (2013), *Mindreading the self*, in *Understanding Other Minds*, a cura di S. Baron-Cohen, H. Tager-Flusberg, M. Lombardo, Oxford University Press, Oxford.

Casebeer W.D. (2003), *Natural Ethical Facts: Evolution, Connectionism, and Moral Cognition*, MIT Press, Cambridge.

Casebeer W.D., Churchland P.S. (2003), *The neural mechanisms of moral cognition*, «Biology and Philosophy», 18, pp. 169-194.

Caspi A., McClay J., Moffitt T.E., Mill J., Martin J., Craig I.W., *et al.* (2002), *Role of genotype in the cycle of violence in maltreated children*, «Science», 297, pp. 851-854.

Cerroni A., Rufo F. (a cura di) (2009), *Neuroetica: tra neuroscienze, etica e società*, Utet, Torino.

Chatterjee A. (2004), *Cosmetic neurology. Controversy over enhancing movement, mentation, and mood*, «Neurology», 63, pp. 968-74.

Churchland P.M. (1988), *Matter and consciousness: a contemporary introduction to the philosophy of mind*, MIT Press, Cambridge MA.

Churchland P.M. (1989), *A Neurocomputational Perspective, The Nature of Mind and the Structure of Science*, MIT Press, Cambridge, MA; trad. it. parz. *La natura della mente e la struttura della scienza, Una prospettiva computazionale*, Il Mulino, Bologna, 1992.

Churchland P.S. (1986), *Neurophilosophy: Towards a Unified Understanding of the Mind-Brain*, MIT Press, Cambridge, MA.

Churchland P.S. (1991), *Our brains, our selves: reflections of neuroethical questions*, in *Bioscience and Society*, a cura di D.J. Roy, B.E. Wynne, Wiley, New York, pp. 77-96.

Churchland P.S. (2002), *Brain-Wise: Studies in Neurophilosophy*, The MIT Press, Cambridge, MA.

Churchland P.S. (2006), *Moral decision-making and the brain*, in *Neuroethics: Defining the Issues in Theory, Practice and Policy*, a cura di J. Illes, Oxford University Press, Oxford, pp. 3-16.

Churchland, Patricia S. (2011), *Braintrust: What Neuroscience Tells Us*

About. Morality, Princeton University Press, Princeton, NJ; trad. it. *Neurobiologia della morale*, Raffaello Cortina, Milano, 2012.
Clausen J. (2010), *Ethical brain stimulation – neuroethics of deep brain stimulation in research and clinical practice*, «European Journal of Neuroscience», 32, pp. 1152-1162.
Cohen Kadosh R., Levy N., O'Shea J., Shea N., Savulescu J. (2011), *The neuroethics of non-invasive brain stimulation*, «Current Biology», 22(4), pp. R108-111.
Cook M. (2011a), *Can you morally enhance a hoodie?*, August 14, online: http://www.bioedge.org/index.php/bioethics/bioethics_article/9687/#comments
Cook M. (2011b), *What happened to hug-a-hoodie?*, August 14 , online: http://www.bioedge.org/index.php/pointedremarks/view/9688/#comments
Corbellini G. (2009), *Perché gli scienziati non sono pericolosi, Scienza, etica e politica*, Longanesi, Milano.
Corbellini G. (2011), *Scienza, quindi democrazia*, Einaudi, Torino.
Corbellini G. (2013), *Scienza*, Bollati Boringhieri, Torino.
Corbellini G., Jervis G. (2008), *La razionalità negata, Psichiatria e antipsichiatria in Italia*, Bollati Boringhieri, Torino.
Corbellini G., Sirgiovanni E. (2010), *Psichiatria e neuroscienze verso l'incontro fatale*, «Darwin», Marzo/Aprile, 36(6), pp. 84-89.
Corbellini G., Sirgiovanni E. (2011), *Oltre la neuromania e la neurofobia*, «Darwin», 41(8), pp. 74-81.
Corbellini G., Sirgiovanni E. (2012), *Science, Society and Democracy, Freedom of Science as a Catalyzer of Liberty*, in *Scientific Freedom, An Anthology on Freedom of Scientific Research*, a cura di S. Giordano, J. Coggon, M. Cappato, Bloomsbury Academic, London, pp. 113-127.
Cosmides L. (1989), *The logic of social exchange: Has natural selection shaped how humans reason*, «Cognition», 31, pp. 187-276.
Cosmides L., Tooby J. (1989), *Evolutionary psychology and the generation of culture: Part II. Case study: A computational theory of social exchange*, «Ethology and Sociobiology», 10, pp. 51-97.
Cosmides L., Tooby J. (1992), *Cognitive adaptations for social exchange*, in *The adapted mind*, a cura di J. Barkow, L. Cosmides, J. Tooby, Oxford University Press, New York, pp. 163-228.

Cosmides L., Tooby J. (2005), *Neurocognitive adaptations designed for social exchange*, in *Evolutionary Psychology Handbook*, a cura di D.M. Buss, Wiley, New York, pp. 584-627.

Cranford R.E. (1989), *The neurologist as ethics consultant and as a member of the institutional ethics committtee*, «Neurologic Clinics», 7, pp. 435-437.

Crockett M.J., Clark L., Hauser M.D., Robbins T.W. (2010), *Serotonin selectively influences moral judgment and behavior through effects on harm aversion*, «Proceedings of the National Academy of Sciences», 107(40), pp. 17433-17438.

Damasio A.R. (1994), *Descartes' Error: Emotion, Reason, and the Human Brain*, Vintage, London; trad. it. *L'errore di Cartesio: Emozione, ragione e cervello*, Adelphi, Milano, 1995.

Damasio, A.R., Tranel, D., Damasio, H. (1990), *Individuals with sociopathic behavior caused by frontal damage fail to respond autonomically to social stimuli*, «Behavioural Brain Research», 41, pp. 81-94.

Davidson D. (1980), *Essays on Actions and Events*, Oxford University Press, New York, trad. it. *Azioni ed eventi*, Il Mulino, Bologna, 2003.

Davidson R.J., Irwin W. (1999), *The functional neuroanatomy of emotion and affective style*, «Trends in Cognitive Sciences», 3(1), pp. 11-21.

Davis M., Myers K.M., Ressler K.J., Rothbaum B.O. (2005), *Facilitation of Extinction of Conditioned Fear by D-Cycloserine*, «American Psychological Society», 14(4), pp. 214-219.

Dawkins R. (2006), *Let's all stop beating Basil's car*. Online: http://www.edge.org/q2006/q06_9.html

De Caro M., Lavazza A., Sartori G. (2010), *Siamo davvero liberi?Le neuroscienze e il mistero del libero arbitrio*, Codice Edizioni, Torino.

De Cataldo Neuburger L. (2009), *Neuroscienze e diritto penale. La scienza come, quando, perché*, in *Le neuroscienze e il diritto*, a cura di A. Santosuosso, Ibis, Pavia.

De Leo G. (1996), *Psicologia della responsabilità*, Laterza, Roma-Bari.

De Mondenard J.-P. (2000), *Dopage: l'imposture des performances*, Chiron, Paris.

Dean R. (2010), *Does Neuroscience Undermine Deontological Theory?*, «Neuroethics», 3, pp. 43-60.

Delgado J.M., Anshen R.N. (1969), *Physical Control of the Mind: Toward a Psychocivilized Society*, Harper and Row, New York.

Dennett D.C. (1987), *Intentional Stance*, MIT, Cambridge, MA, trad. it. *L'atteggiamento intenzionale*, Il Mulino, Bologna, 1993.

Dennett D.C. (1991), *Consciousness explained*, Little, Brown and Co., Boston; trad. it. *Coscienza: che cos'è*, Laterza, Roma-Bari, 2009.

Denno D.W. (2005), *Criminal law in a post-Freudian world*, «Illinois Law Review», 3, pp. 601-697.

Denno D.W. (2009), *Behavioral genetics evidence in Criminal Cases: 1994-2007*, in *The Impact of Behavioral Science on Criminal Law*, a cura di N. Farahany, Oxford University Press, Oxford, pp. 317-354.

DeWitt I., Rauschecker J.P. (2012), *Phoneme and word recognition in the auditory ventral stream*, «Proceedings of the National Academies of Science (USA)», online: http://www.pnas.org/content/early/2012/01/31/1113427109

Di Cesare G. (1975), *A proposito del cosiddetto delinquente per tendenza con particolare riferimento alle personalità abnormi*, Boccone del povero, Palermo.

Di Francesco M. (2000), *La coscienza*, Laterza, Roma-Bari.

Di Francesco M., Meini C. (2010), *Patologie della coscienza e identità personale*, in *Filosofia della medicina: epistemologia, ontologia, etica e diritto*, a cura di A. Pagnini, Carocci, Roma.

Diefenbach G.J., Diefenbach D., Baumeister A., West M. (1999), *Portrayal of lobotomy in the popular press: 1935-1960*, «Journal of the History of the Neurosciences», 8, pp. 60-69.

Dijksterhuis A., Preston J.. Wegner D.M., Aarts H. (2004), *Effects of subliminal priming of natural and supernatural agents on judgments of authorship*, Manuscript submitted for publication.

Diller L.H (2010), *The Run on Ritalin: Attention Deficit Disorder and Stimulant Treatment in the 1990s*, in *Neuroethics: An Introduction with Readings*, a cura di M.J. Farah, MIT Press, Cambridge, MA, pp. 42-47.

Doris J.M., Stich S.P. (2005), *As a Matter of Fact: Empirical Perspectives on Ethics*, in *The Oxford Handbook of Contemporary Analytic*

Philosophy, a cura di F. Jackson and M. Smith, Oxford University Press, Oxford, pp. 114-152.

Douglas T. (2008), *Moral Enhancement*, «Journal of Applied Philosophy», 25(3), pp. 228-245.

Dubiel H. (2009), *Deep Within the Brain: Living with Parkinson's Disease*, Europa editions, New York.

Dubiel H. (2011), *What is 'narrative bioethics'*, «Frontiers in Integrative neuroscience», 5(10), pp. 1-2.

Dywan J. (1995), *The illusion of familiarity: An alternative to the report-criterion account of hypnotic recall*, «International Journal of Clinical and Experimental Hypnosis», 43, pp. 194-211.

Dywan J. (1998), *Toward a neurophysiological model of hypnotic memory effects*, «American Journal of Clinical Hypnosis», 40, pp. 217-230.

Edelman G. (1985), *Neural Darwinism*, Basic Books, New York (trad. it. 1995).

Edelman G. (2006), *Second nature: Brain science and human knowledge*, Yale University Press, New Haven; trad. it. *Seconda natura, Scienza del cervello e conoscenza umana*, Raffaello Cortina, 2007.

Edelman G.M., Tononi, G. (2000), *A Universe of Consciousness: How Matter Becomes Imagination*, Basic Books, New York; tr. it. *Un universo di coscienza. Come la materia diventa immaginazione*, Einaudi, Torino, 2000.

Egan M.F., Goldberg T.E., Kolachana B.S., Callicott J.H., Mazzanti C.M., Straub R.E., Goldman D., Weinberger D.R. (2001), *Effect of COMT Val108/158 Met genotype on frontal lobe function and risk for schizophrenia*, «Proceedings of the National Academies of Science (USA)», 98, pp. 6917-6922.

Ellis H.D., Young A.W. (1990), *Accounting for delusional misidentifications*, «British Journal of Psychiatry», 157, pp. 239-48.

Epstein D. (2013), *The Sports Gene: Inside the Science of Extraordinary Athletic Performance*, Current, New York.

Ermer E., Cosmides L., Tooby J. (2007), *Cheater detection mechanism*, in *Encyclopedia of Social Psychology*, a cura di R.F. Baumiester, K. D. Vohs, Sage Publications, Thousand Oaks, CA, pp. 138-140.

European Commission (2005a), *Europeans and science and technol-*

ogy, Special Eurobarometer 224, European Commission, Brussels.
European Commission (2005b), *Social values, Science and Technology*, Special Eurobarometer 225, European Commission, Brussels.
European Commission (2010), *Science and Technology*, Special Eurobarometer 340, European Commission, Brussels.
European Parliament (2009), *Human Enhancement Study*, IP/A/STOA/FWC/2005-28/SC35, 41 & 45, http://www.itas.kit.edu/downloads/etag_coua09a.pdf
Evers K. (2009), *Neuroéthque, Quand la matière s'éveille*, Odile Jacob, Paris.
Farah M.J. (2005), *Neuroethics: the practical and the philosophical*, «Trends in Cognitive Sciences», 9(1), pp. 34-40.
Farah M.J. (a cura di) (2010), *Neuroethics: An Introduction with Readings*, MIT Press, Cambridge, MA.
Farah M.J., Heberlein A. (2010), *Personhood: An Illusion Rooted in Brain Function?*, in *Neuroethics: An Introduction with Readings*, a cura di M.J. Farah, MIT Press, Cambridge, MA.
Farah M.J., Rabinowitz C., Quinn G., Liu G. (2000), Early commitment of the neural substrates of face recognition, *Cognitive Neuropsychology*, 17, 117-123.
Farah M.J., Wolpe P. (2004), *Neuroethics: toward broader discussion (author reply)*, «Hasting Center Report», 34, p. 4-5,
Farahany N. (a cura di) (2009), *The Impact of Behavioral Science on Criminal Law*, Oxford University Press, London.
Farina B., Liotti G. (2011), *Sviluppi traumatici. Eziopatogenesi, clinica e terapia della dimensione dissociativa*, Raffaello Cortina, Milano.
Fedrigo G. (2005), *«Cosa può un uomo?». Potenzialità biologica, selezione naturale e cervello da Paul Valéry a Gerald Edelman*, L'Harmattan Italia, Torino.
Fehr E., Gächter S. (2002), *Altruistic punishment in humans*, «Nature», 415(6868), pp. 137-140.
Feresin E. (2009), *Lighter Sentence for Murderer with 'Bad Genes'*, «Nature News», 30 October 2009.
Fine C. (2006), *Is the emotional dog wagging its rational tail, or chasing it?*, «Philosophical Explorations», 9, pp. 83-98.
Flanagan O., Sarkissian H. Wong D. (2007), *Naturalizing Ethics*, in *Moral Psychology, vol. I, The Evolution of Morality: Adaptation*

and Innateness, a cura di W. Sinnott-Armstrong, The MIT Press, Cambridge, MA.

Flower R. (2010), *Lifestyle Drygs: Pharmacology and the Social Agenda*, in M.J. Farah (a cura di) (2010), pp. 19-29.

Fornari U., Galliani I. (2003), *Il caso giudiziario di Gianfranco Stevanin*, Centro Scientifico Editore, Torino.

Forzano F., Borry P., Cambon-Thomsen A., Hodgson S.V., Tibben A., de Vries P., van El C., Cornel M. (2010), *Italian appeal court: a genetic predisposition to commit murder?*, «European Journal of Human Genetics», 18(5), pp. 519-21.

Frazzetto G., Anker S. (2009), *Neuroculture*, «Nature Reviews Neuroscience», 10, pp. 815-822.

Freeman W. (1948), *Transorbital leucotomy*, «Lancet», 2, pp. 371-373.

Freud S. (1930), *Das Unbehagen in der Kultur*, Fischer, Frankfurt am Main; trad. it. *Il disagio della civiltà*, Bollati Boringhieri, 1999.

Friedman W., Kremer M, Miguel E. e Thorton R. (2011), *Education as liberation*, NBER Working Paper 36939.

Fulford K. W. M., Thornthon T., Graham G. (2006), *Oxford Textbook of Philosophy and Psychiatry*, Oxford University Press, Oxford.

Garland B. (a cura di) (2004), *Neuroscience and the Law*, Dana Press, Washington DC.

Garland B., Frankel M.S. (2006), *Considering Convergence: A Policy Dialogue About Behavioral Genetics, Neuroscience and Law*, «Law and Contemporary Probs.», 68(101), pp. 101-113.

Gatti U., Verde A. (2012), *Cesare Lombroso: Methodological ambiguities and brilliant intuitions*, «International Journal of Law and Psychiatry», 35, pp. 19-26.

Gazzaniga M.S. (2005), *The Ethical Brain*, Dana Press, New York/Washington DC; trad. it. *La mente etica*, Codice Edizioni, Torino, 2006.

Gazzaniga M.S. (2008), *The Law and the Neuroscience*, «Neuron», 60(6), pp. 412-415.

George M.S., Sackeim H.A., Rush A.J., Marangell L.B., Nahas Z., Husain M.M., Lisanby S., Burt T., Goldman J., Ballenger J.C. (2000), *Vagus Nerve Stimulation: A New Tool for Brain Research and Therapy*, «Biological Psychiatry», 47, pp. 287-295.

Gigerenzer G. (1991), *How to make cognitive illusions disappear: beyond heuristic and biases*, in *European Review of Social Psychology, vol. II*, a cura di W. Stroebe e M. Hewstone, Wiley, New York.

Gilbert D., Walley T., New B. (2000), *Lifestyle medicines*, «British Medical Journal», 321, pp. 1341-1344.

Giordano J.J., Gordijin B. (2010), *Scientific and Philosophical Perspectives in Neuroethics*, Cambridge University Press, Cambridge.

Gjedde A. (2008), *Functional brain imaging celebrates 30th anniversary*, «Acta Neurologica Scandinavica», 117 (4), pp. 219-223.

Gozzano S. (2007), *Pensieri materiali. Corpo, mente e causalità*, UTET, Torino.

Greene J.D. (2008), *The secret joke of Kant's soul*, in *Moral psychology, volume 3, the neuroscience of morality:Emotion, brain disorders, and development*, a cura di W. Sinnott-Armstrong, MIT Press, Cambridge CA, pp. 35-79.

Greene J.D. (2009), *The cognitive neuroscience of moral judgment*, in *The Cognitive Neurosciences IV*, a cura di M.S. Gazzaniga, MIT Press, Cambridge, MA.

Greene J.D., Cohen J. (2004), *For the law, neuroscience changes nothing and everything*, «Philosophical Transactions of the Royal Society B: Biological Sciences», 359, pp. 1775-1785.

Greene J.D., Haidt J. (2002), *How (and where) does moral judgment work?*, «Trends in Cognitive Sciences», 6(12), pp. 517-523.

Greene J.D., Nystrom L.E., Engell A.D., Darley J.M., Cohen J.D. (2004), *The Neural Bases of Cognitive Conflict and Control in Moral Judgment*, «Neuron», 44, pp. 389-400.

Greene, J.D., Sommerville R.B., Leigh E.N., Darley J.M., Cohen J.D. (2001), *An fMRI investigation of emotional engagement in moral judgment*, «Science», 293, pp. 2105-2108.

Grön G., Kirstein M., Thielscher A., Riepe M.W., Spitzer M. (2005), *Cholinergic enhancement of episodic memory in healthy young adults*, «Psychopharmacology», 182(1), pp. 170-179.

Grünbaum A. (1986), *The Placebo Concept in Medicine and Psychiatry*, «Psychological Medicine», 16(1), pp.19-38.

Gulotta G. (2005), *Psicoanalisi e responsabilità penale*, Giuffré Editore, Torino.

Habermas J. (2003), *The Future of Human Nature*, Polity Press, Cambridge UK.

Hacking I. (1995), *Rewriting the Soul: Multiple Personality and the Sciences of Memory*, Princeton University Press, Princeton; trad. it *La riscoperta dell'anima: Personalità multipla e scienze della memoria*, Feltrinelli, Milano, 1996.

Haidt J. (2001), *The emotional dog and its rational tail: A social intuitionist approach to moral judgment*, «Psychological Review», 108, pp. 814-834.

Haidt J. (2007), *The new synthesis in moral psychology*, «Science», 316, pp. 998-1002.

Haidt J. (2012), *The Righteous Mind: Why Good People Are Divided by Politics and Religion*, Pantheon, New York.

Haidt J., Bjorklund F., Murphy S. (2000), *Moral Dumbfounding: When Intuition Finds No Reason*, Unpublished manuscript.

Haidt J., Koller S.H., Dias M.G. (1993), *Affect, culture, and morality, or is it wrong to eat your dog*, «Journal of Personality and Social Psychology», 65(4), pp. 613-628.

Haidt J., Sabini J., Gromet D., Darley J. (2010), *What exactly makes revenge sweet? How anger is satisfied in real life and at the movies*, online: http://faculty.virginia.edu/haidtlab/articles/manuscripts/haidt. sabini.submitted.sweet-revenge.pub615.doc

Hallett M. (2007), *Transcranial Magnetic Stimulation: A Primer*, «Neuron», 55 (2), pp. 187-199.

Hare B., Melis A.P., Woods V., Hastings S.,Wrangham R. (2007), *Tolerance allows bonobos to outperform chimapnzees on a cooperative task*, «Current Biology», 17(7), 619-23.

Hare R. (1998), *Psychopaths and their nature*, in *Psychopathy: Antisocial, Criminal and Violent Behavior*, a cura di T. Millon *et al.*, Guilford Press, New York.

Hare R. (2003), *The Hare Psychopathy Checklists*, Multi-Health Systems, Toronto.

Hariri A.R., Drabant E.M., Munoz K.E., Kolachana B.S., Mattay V.S., Egan M.F., Weinberger D.R. (2005), *A susceptibility gene for affective disorders and the response of the human amygdale*, «Archives of General Psychiatry», 62, pp. 146-152.

Hariri A.R., Drabant E.M., Weinberger D.R. (2006), *Imaging genetics: perspectives from studies of genetically driven variation in serotonin function and corticolimbic affective processing*, «Biological Psychiatry», 59, pp. 888-897.

Harris J. (2007), *Enhancing Evolution: The Ethical Case for Making Better People*, Princeton University Press, Princeton, NJ.

Harris J. (2011a), *Chemical cognitive enhancement: is it unfair, unjust, discriminatory, or cheating for healthy adults to use smart drugs*, in *Oxford Handbook of Neuroethics*, a cura di J. Illes e B.J. Sahakian, Oxford University Press, New York, pp. 265-272.

Harris J. (2011b), *Moral Enhancement and Freedom*, «Bioethics», 25(2), pp. 102-111.

Hart H.L.A. (1968), *Postscript: Responsibility and Retribution*, in *Punishment and Responsibility*, Oxford University Press, Oxford.

Hassin R.R., Uleman J.S., Bargh J.A. (2005), *The new unconscious*, Oxford University Press, New York.

Hauser M.D. (2006a), *The liver and the moral organ*, «Social Cognitive and Affective Neuroscience» 1(3), pp. 214-220.

Hauser M.D. (2006b), *Moral Minds: How Nature Designed Our Universal Sense of Right and Wrong*, HarperCollins, New York; trad. it. *Menti morali: Le origini naturali del bene e del male*, Il Saggiatore, Milano, 2010.

Haxby J.V., Grady C.L., Horwitz B., Ungerleider L. G., Mishkin M., Carson R.E., Herscovitch P., Schapiro M.B., Rapoport S.I. (1991), *Dissociation of Object and Spatial Visual Processing Pathways in Human Extrastriate Cortex*, «Proceedings of the National Academy of Sciences (USA)», 88, pp. 1621-1625.

Hirstein W. (2006), *Brain fiction, Self-deception and the riddle of confabulation*, MIT Press, Cambridge MA.

Horwitz, A.V., Wakefield J.C. (2007), *The Loss of Sadness. How Psychiatry Transformed Normal Sorrow into Depressive Disorder*, Oxford University Press, New York; trad. it. *La medicalizzazione della tristezza: come la psichiatria ha trasformato una semplice emozione in un disturbo mentale*, Franco Angeli, 2009.

Hrdy S.B. (2009), *Mothers and Others: The Evolutionary Origins of Mutual Understanding*, Belknap Press of Harvard University Press, Cambridge MA.

Hume A.L., Barbour M.M., Lapane K.L., Carleton R.A. (1995), *Is Antidepressant Use Changing? Prevalence and Clinical Correlates in Two New England Communities*, «Pharmacotherapy: The Journal of Human Pharmacology and Drug Therapy», 15(1), pp. 78-84.

Hume D. (1740), *Trattato sulla natura umana*, Laterza, Roma-Bari, 1987.

Illes J. (2003), *Neuroethics in a new era of neuroimaging*, «American journal of neuroradiology», 24, pp. 1739-1741.

Illes J. (2006), *Neuroethics, defining the issues in theory practice, and policy*, Oxford University Press, Oxford.

Illes J. (2007), *Empirical neuroethics. Can brain imaging visualize human thought? Why is neuroethics interested in such a possibility?*, «EMBO Reports», 8, S57-S61.

Illes J. (a cura di) (2006), *Neuroethics: Defining the Issues in Theory, Practice, and Policy*, Oxford University Press, New York.

Illes J., Bird S.J. (2006), *Neuroethics: a modern context for ethics in neuroscience*, «Trends in Neurosciences», 29(9), pp. 511-517.

Illes J., Blakemore C., Hansson M.G. (2005), *International perspectives on engaging the public in neuroethics*, «Nature Review Neuroscience», 6(12), pp. 977-982.

Illes J., Racine E. (2005), *Imaging or imagining? A neuroethics challenge informed by genetics*, «American Journal of Bioethics», 5(2), pp. 5-18.

Illes J., Sahakian B.J. (a cura di) (2011), *The Oxford Handbook of Neuroethics*, Oxford University Press, Oxford.

Illes J., Raffin T.A. (2002), *Neuroethics: an emerging new discipline in the study of brain and cognition*, «Brain Cognition», 50(3), pp. 341-4.

Janicak P.G., Nahas Z., Lisanby S.H., Solvason H.B., Sampson S.M., McDonald W.M., Marangell L.B., Rosenquist P., McCall W.V., Kimball J., O'Reardon J.P., Loo C., Husain M.H., Krystal A., Gilmer W., Dowd S.M., Demitrack M.A., Schatzberg A.F. (2010), *Durability of clinical benefit with transcranial magnetic stimulation (TMS) in the treatment of pharmacoresistant major depression: assessment of relapse during a 6-month, multisite, open-label study*, «Brain Stimulation», 3, pp. 187-99.

Jervis G. (1992), *Presenza e identità, Lezioni di psicologia*, Garzanti Libri, Milano.

Jervis G. (1998), *Colpa e responsabilità individuale*, Intervista a «Il Grillo», Rai Educational: http://www.emsf.rai.it/grillo/trasmissioni.asp?d=175

Jervis G. (2002), *Individualismo e cooperazione, Psicologia della politica*, Laterza, Roma-Bari.

Jervis G. (2011), *Il mito dell'interiorità: tra psicologia e filosofia*, a cura di M. Marraffa e G. Corbellini, Bollati Boringhieri, Torino.

Johnson M.H., Dziurawiec S., Ellis H., Morton J. (1991), *Newborns' preferential tracking of face-like stimuli and its subsequent decline*, «Cognition», 40, 1-19.

Johnstone E.C., Crow T.J., Frith C.D., Husband J., Kreel L. (1976), *Cerebral ventricular size and cognitive impairment in chronic schizophrenia*, «Lancet», 2, pp. 924-926.

Jonsen A.R. (1998), *The birth of bioethics*, Oxford University Press, Oxford.

Jonsen A.R. (2000), *Why has Bioethics Become so Boring?*, «Journal of Medicine and Philosophy», 25(6), pp. 689-699.

Jonsen A.R. (2002), *Neuroethics: from Plato's republic to today*, in *Neuroethics: Mapping The Field*, a cura di S.J. Marcus, Dana Press, New York, pp. 273-277.

Jones O.D., Shen F.X. (2012), *Law and neuroscience in the United State*, in *International Law: A Comparative Analysis*, a cura di T.M. Spranger, Springer-Verlag, Berlin-Heidelberg, pp. 349-380.

Kalis A. (2010), *Improving moral judgments: Philosophical considerations*, «Journal of Theoretical and Philosophical Psychology», 30(2), pp. 94-108.

Kandel E.R. (1998), *A new intellectual framework for psychiatry*, «American Journal of Psychiatry», 155, pp. 457-469.

Kandel E.R. (1999), *Biology and the future of psychoanalysis: a new intellectual framework for psychiatry revisited*, «American Journal of Psychiatry», 156, pp. 505-524.

Kant I. (1787), *Critica della ragion pratica*, Laterza, Roma-Bari, 1997.

Kant I. (1800), *Logica, Un manuale per lezioni*, a cura di M. Capozzi, Bibliopolis, Napoli, 1990.

Kapur S., Craik F.I.M., Tulving E., Wilson A.A., Houle S., Brown

G.M. (1994), *Neuroanatomical correlates of encoding in episodic memory: Levels of processing effect*, «Proceedings of the National Academy of Sciences (USA)», 91, pp. 2008-2111.

Karenberg A. (2006), *Neurosciences and the Third Reich, Introduction*, «Journal of the History of the Neurosciences», 15, pp. 168-172,

Kass L. (2003), *Beyond Therapy: Biotechnology and the Pursuit of Happiness*, The President's Council on Bioethics, Washington D.C.

Kayser B., Mauron A., Miah A. (2007), *Current anti-doping policy: a critical appraisal*, «BMC Medical Ethics», 8, p. 2.

Kayser M., Schneider P.M. (2009), DNA-*based prediction of human externally visible characteristics in forensics: Motivations, scientific challenges, and ethical considerations*, «Forensic Science International: Genetics», 3, pp. 154-161.

Kendell R.E. (1975), *The Role of Diagnosis in Psychiatry*, Blackwell, Oxford; trad. it. *Il ruolo della diagnosi in psichiatria*, Il Pensiero Scientifico Editore, Roma, 1977.

Khosbin L.S., Khosbin S. (2007), *Imaging the mind, minding the image: an historical introduction to brain imaging and the law*, «American Journal of Law and Medicine», 33, pp. 171-192.

Khushf G. (2011), *The ethics of nano/neuro convergence*, in *The Oxford Handbook of Neuroethics*, a cura di J. Illes, B.J. Sahakian, Oxford University Press, Oxford.

Kim J. (1998), *Mind in a Physical World*, MIT Press, Cambridge, MA; trad. it. *La mente e il mondo fisico*, McGraw-Hill, Milano, 2000.

Kim J. (2005), *Physicalism, or something near enough*, Princeton University Press, Princeton and Oxford.

King M., Carruthers P. (2012), *Moral responsibility and consciousness*, «Journal of Moral Philosophy», 9, pp. 200-28.

Knobe J. (2003), *Intentional action in folk psychology: an experimental investigation*, «Philosophical Psychology», 16, 309-324.

Knobe J.M., Nichols S. (2008), *Experimental philosophy*, Oxford University Press, Oxford.

Koenigs M., Trane D. (2007), *Irrational economic decision making after ventromedial prefrontal damage: evidence from the Ultimatum Game*, «Journal of Neuroscience», 27(4), pp. 951-956.

Kohlberg L. (1958), *The Development of Modes of Thinking and Choices in Years 10 to 16*, Ph. D. Dissertation, University of Chicago, Chicago.

Kraemer, F. (2010), *Authenticity Anyone? The Enhancement of Emotions via Neuro-Psychopharmacology*, «Neuroethics», 4, pp. 51-64.

Kwong K.K., Belliveau J.W., Chesler D.A., Goldberg I.E., Weisskoff R.M., Poncelet B.P., Kennedy D.N., Hoppel B.E., Cohen M.S., Turner R., Cheng H.-M., Brady T.J., Rosen B.R. (1992), *Dynamic magnetic resonance imaging of human brain activity during primary sensory stimulation*, «Proceedings of the National Academy of Sciences (USA)», 89, pp. 5675-5679.

Kuhn T. S. (1962), *The Structure of Scientific Revolutions*, The University of Chicago Press, Chicago; trad. it. *La struttura delle rivoluzioni scientifiche*, Einaudi 1999.

Lader M. (1968), *Benzondiazepines – the opium of masses?*, «Neuroscience», 165, pp. 159-163.

Lanni C., Lenzken S.C., Pascale A., Del Vecchio I., Racchi M., Pistoia F., Govoni S. (2008), *Cognition enhancers between treating and doping the mind*, «Pharmacological Research», 57, pp. 196-213.

Lavazza A., Inglese S. (2013), *Manipolare la memoria. Scienza ed etica della rimozione dei ricordi*, Mondadori, Milano.

Lavazza A., Sammicheli L. (2012), *Il delitto del cervello, La mente tra scienza e diritto*, Codice Edizioni, Torino.

Lavazza A., Sartori G. (a cura di) (2011), *Neuroetica, Scienze del cervello, filosofia e libero arbitrio*, Il Mulino, Bologna.

LeDoux J. (1996), *The emotional brain*, Simon & Schuster, New York; trad. it. *Il cervello emotivo*, Dalai-Editore, Milano.

Legrenzi P., Umiltà C. (2009), *Neuro-mania, Il cervello non spiega chi siamo*, Il Mulino, Bologna.

Levy N. (2007), *Neuroethics, Challenges for 21st Century*, Cambridge University Press, New York, trad. it. *Neuroetica, Le basi neurologiche del senso morale*, Apogeo, Milano, 2009.

Levy N. (2009), *Empirically Informed Moral Theory: A Sketch of the Landscape*, «Ethical Theory and Moral Practice» 12, pp. 3-8.

Levy N. (2011), *Neuroethics: A New Way of Doing Ethics*, «AJOB Neuroscience», 2(2), pp. 3-9,

Libet B. (1985), *Unconsciuos Cerebral Initiative and the Role of Conscious Will in Voluntary Action*, «Behavioral and Brain Sciences», 8, pp. 529-566.
Libet B. (2004), *Mind Time: The Temporal Factor in Consciousness*, Harvard University Press, Cambridge, MA; trad. it. *Mind Time: Il fattore fattore temporale della coscienza*, Raffaello Cortina, Milano, 2007.
Libet B., Gleason C.A., Wright E.W., Pearl D.K. (1983), *Subjective Referral of the Timing for Consciuos Sensory Experience: A Functional Role for the Somatosensory Specific Projection System in Man*, «Brain», 102, pp. 193-224.
Linden D.E. (2012), *The Challenges and Promise of Neuroimaging in Psychiatry*, «Neuron», 12, 73(1), pp. 8-22.
Liotti G., Farina B. (2011), *Sviluppi traumatici, Eziopatogenesi, clinica e terapia della dimensione dissociative*, Raffaello Cortina, Milano.
Locke J. (1689), *Saggio sull'intelligenza umana*, Biblioteca Universale Laterza, Roma-Bari, 1988.
Lombroso C. (1876), *L'uomo delinquente in rapporto all'antropologia, alla giurisprudenza ed alla psichiatria (cause e rimedi)*, Hoepli, Milano.
Maher B. (2008), *Poll results: look who's doping*, «Nature», 452, pp. 674-675.
Mallon R., Nichols S. (2010), *Rules*, in *The Moral Psychology Handbook*, a cura di J.M. Doris, Oxford University Press, Oxford.
Marcus S. (2002), *Neuroethics: Mapping the Field*, Dana Press, New York.
Marcus G. (2012), *Neuroscience fiction*, http://www.newyorker.com/online/blogs/newsdesk/2012/12/what-neuroscience-really-teaches-us-and-what-it-doesnt.html
Mark V.H. and F.R. Ervin (1970), *Violence and the Brain*, Harper and Row, New York.
Marraffa M. (2011), *Evoluzione, cognizione e cultura*, in *Neuroetica, Scienze del cervello, filosofia e libero arbitrio*, a cura di A. Lavazza, G. Sartori, Il Mulino, Bologna, pp. 165-190.
Marraffa M., Paternoster A. (2013), *Sentirsi esistere, Inconscio, coscienza, autocoscienza*, Laterza, Roma-Bari.
Mashour G.A., Walker E.E., Martuza R.L. (2005), *Psychosurgery:*

past, present, and future, «Brain Research Reviews», 48, pp. 409-419.

McCabe S. E., Knight J. R., Teter C. J., Wechsler H. (2005), *Non-medical use of prescription stimulants among US college students: prevalence and correlates from a national survey*, «Addiction», 99, pp. 96-106.

McDonald C., Marshall N., Sham P.C., Bullmore E.T., Schulze K., Chapple B., Bramon E., Filbey F., Quraishi S., Walshe M., Murray R.M. (2006), *Regional brain morphometry in patients with schizophrenia or bipolar disorder and their unaffected relatives*, «American Journal of Psychiatry», 163, pp. 478-487.

McNeil J.E., Warrington, E.K. (1993), *Prosopagnosia: A face-specific disorder*, «Quarterly Journal of Experimental Psychology», 46A, pp. 1-10.

Merzagora Betsos I. (2012), *Colpevoli si nasce? Criminologia, determinismo, neuroscienze*, Raffaello Cortina, Milano.

Mishkin M., Ungerleider L.G., Macko K.A. (1983), *Object vision and spatial vision: Two cortical pathways*, «Trends in Neurosciences», 6, pp. 414-417.

Moll J., De Oliveira-Souza R. (2007), *Moral judgments, emotions and the utilitarian brain*, «Trends in Cognitive Sciences», 11(8), pp. 319-321.

Moll J., De Oliveira-Souza R., Eslinger P.J., Bramati I.E., Mourao-Miranda J., Andreiuolo P.A., Pessoa L. (2002), *The Neural Correlates of Moral Sensitivity: A Functional Magnetic Resonance Imaging Investigation of Basic and Moral Emotions*, «Journal of Neuroscience» 22 (7), pp. 2730-2736.

Moll J., De Oliveira-Souza R., Zahn R. (2008), *The Neural Basis of Moral Cognition, Sentiments, Concepts, and Values*, «Annals of the New York Academy of Sciences»,1124, pp. 161-180.

Moll J., Zahn R., De Oliveira-Souza R., Krueger F., Grafman J. (2005), *Opinion: The neural basis of human moral cognition*, «Nature Reviews Neuroscience», 6, 10, pp. 799-809.

Moniz E. (1937), *Prefrontal leucotomy in the treatment of mental disorders*, «American Journal of Psychiatry», 93, pp. 1379-1385.

Montaldo S., Tappero P. (a cura di) (2009), *Cesare Lombroso cento anni dopo*, UTET, Milano.

Moran R. (2001), *Authority and Estrangement: An Essay on Self-Knowledge*, Princeton University Press, Princeton.

Moreno J.D. (1999), *Bioethics is a Naturalism*, in *Pragmatic Bioethics*, a cura di G. McGee, Vanderbilt University Press, Nashville, Tenn.

Moreno J.D. (2006), *Mind Wars: Brain Research and National Defense*, Dana Press, New York/Washington, D.C.

Morse S.J. (2006), *Moral and legal responsibility and the new neuroscience*, in *Neuroethics: defining the issues in theory, practice and policies*, a cura di J. Illes, Oxford University Press, NY, pp. 33-50.

Morse S.J. (2011a), *Lost in Translation? An Essay on Law and Neuroscience*, in *Law and neuroscience, Current Legal Issues 2010*, a cura di M. Freeman, volume 13, Oxford University Press, NY, pp. 529-562.

Morse S.J. (2011b), *Avoiding Irrational NeuroLaw Exuberance: A Plea for Neuromodesty*, «Mercer Law Review», 62, pp. 837-859.

Mosconi L., Berti V., Glodzik L., Pupi A., De Santi S.. de Leon M.J. (2010), *Pre-clinical detection of Alzheimer's disease using FDG-PET, with or without amyloid imaging*, «Journal of Alzheimer's Disease», 20(3), pp. 843-854.

Murphy D.N., Boggio P., Fregni F. (2009), *Transcranial direct current stimulation as a therapeutic tool for the treatment of major depression: insights from past and recent clinical studies*, «Current Opinion in Psychiatry», 22, pp. 306-311.

Nannini S. (2007), *Naturalismo cognitivo, Per una teoria naturalistica della mente*, Quodlibet, Macerata.

Nesse R.M. (2007), *Runaway Social Selection for Displays of Partner Value and Altruism*, «Biological Theory 2», 2, 143-55.

Nichols S. (2004), *The Folk Psychology of Free Will: Fits and Starts*, «Mind & Language», 19(5), pp. 473-502.

Nichols S. (2008), *How Can Psychology Contribute to the Free Will Debate?*, in *Are We Free?*, a cura di J. Baer, J. Kaufman, R. Baumeister, Oxford University Press, pp. 10-31.

Nichols S., Mallon R. (2006), *Moral dilemmas and moral rules*, «Cognition», 100, pp. 530-542.

Nietzsche F. (1882), *La gaia scienza*, Rizzoli, Milano, 2000.

Nietzsche F. (1889), *L'anticristo. Maledizione del Cristianesimo*, Adelphi, Milano, 1977.

Nisbett R.E., Wilson T.D. (1977), *Telling more than we can know: Verbal reports on mental processes*, «Psychological Review», 84, pp. 231-259.

Northoff G. (2009), *What is neuroethics? Empirical and theoretical neuroethics*, «Current Opinion in Psychiatry», 22(6), pp. 565-9.

Northoff G., Bermpohl F. (2004), *Cortical midline structures and the self*, «Trends in Cognitive Sciences», 8(3), pp. 102-7

Nuffield Council on Bioethics (2002), *Genetics and human behaviour: the ethical context*, Nuffield Council on Bioethics, London, online: http://www.nuffieldbioethics.org/genetics-and-behaviour

Nutt D.J., King L.A., Phillips L.D. (2010), *Drug harms in the UK: a multicriteria decision analysis*, «The Lancet», 376 (9752), pp. 1558-1565.

Nutt D. (2012), *Drugs – without hot air*, UIT Cambridge Ltd, London.

Olfson M., Marcus S.C. (2010), *National Trends in Outpatient Psychotherapy*, «American Journal of Psychiatry», 167, pp. 1456-146.

Olson E. (2010), *Personal Identity*, in *Stanford Encyclopedia of Philosophy*, a cura di E. Zalta, online: plato.stanford.edu/entries/identity-personal/

Pappworth M.H. (1967), *Human Guinea Pigs: Experimentation on Man*, Routledge and Kegan Paul, London.

Persson I., Savulescu J. (2008), *The Perils of Cognitive Enhancement and the Urgent Imperative to Enhance the Moral Character of Humanity*, «Journal of Applied Philosophy», 25(3), pp. 162-167.

Persson I., Savulescu J. (2011), *Getting moral enhancement right: the desiderability of moral enhancement*, «Bioethics», online July 19.

Piaget J. (1932), *Le jugement moral chez l'enfant*, Alcan, Paris; trad. it. *Il giudizio morale nel fanciullo*, Giunti e Barbera, Firenze, 1993.

Picozza E., Capraro L., Cuzzocrea V., Terracina D. (2011), *Neurodiritto. Una introduzione*, Giappichelli Editore, Torino.

Pinker S. (2003), *Human Nature and Its Future*, Presentation at the President's Council on Bioethics, Washington, D.C., March 6.

Pinker S. (2011), *The Better Angels of our Nature, Why Violence has declined*, Viking, New York.

Pontius A.A. (1973), *Neuro-ethics of 'walking' in the newborn*, «Perceptual Motor Skills», 37, pp. 235-245.

Pontius A.A. (1993), *Neuroethics vs neurophysiologically and neuropsychologically uninformed influences in child-rearing, education, emerging hunter-gatherers, and artificial intelligence models of the brain*, «Psychological Report», 72, pp. 451-458.

Pontius A.A. (2000), *Educational Neuro-Ethics*, «Medicine, Health Care and Philosophy», 3, p. 368.

Quine W.V.O. (1960), *Word and Object*, MIT, Cambridge, Massachusetts; trad. it. *Parola e oggetto*, Il Saggiatore, Milano, 1970.

Quine, W.V.O. (1969), *Epistemology naturalized*, in *Ontological Relativity and Other Essays*, a cura di W.V.O. Quine, Columbia University Press, New York.

Racine E. (2008), *Which naturalism for bioethics? A defense of moderate (pragmatic) naturalism*, «Bioethics», 22, pp. 92-100.

Racine E. (2010), *Pragmatic Neuroethics, Improving treatment and understanding of the mind-brain*, MIT Press, Cambridge, MA.

Racine E., Illes J. (2008), *Neuroethics*, in *Cambridge Textbook of Bioethics*, a cura di P. Singer e A. Viens, Cambridge University Press, Cambridge, pp. 495-503.

Racine E.R, Waldmang S., Rosenberg J., Illes J. (2010), *Contemporary neuroscience in the media*. «Social Science & Medicine», 71, pp. 725-733.

Racine E.R., Bar-Illan O., Illes J. (2005), *fMRI in the public eye*, «Nature Reviews Neuroscience», 6, pp. 159-164.

Raichle M.E. (2009), *A brief history of human brain mapping*, «Trends in Neurosciences», 32(2), pp. 118-126.

Ravenscroft I. (2010), *Folk Psychology as a Theory*, in *Stanford Encyclopedia of Philosophy*, a cura di E. Zalta: http://plato.stanford.edu/entries/folkpsych-theory/

Rawls J. (1971), *A Theory of Justice*, Harvard University Press, Cambridge, MA.

Reiman E.M. (1997), *The application of positron emission tomography to the study of normal and pathologic emotions*, «Journal of Clinical Psychiatry», 58, pp. 4-12.

Reiman E.M. (2007), *Linking brain imaging and genomics in the study of Alzheimer's disease and aging*, «Annals of the New York Academy of Sciences», 1097, p. 94.

Reiman E.M., Caselli R.J., Chen K., Alexander G.E., Bandy D., Frost J. (2001), *Declining brain activity in cognitively normal apolipoprotein E epsilon 4 heterozygotes: a foundation for using positron emission tomography to efficiently test treatments to prevent Alzheimer's disease*, «Proceedings of the National Academy of Sciences (USA)», 98, pp. 3334-3339.

Rilling J.K., Scholz J.,Preuss T.M., Glasser M.F., Errangi B.K., Behrens T.E. (2011), *Differences between chimpanzees and bonobos in neural systems supporting social cognition*, «Social Cognive and Affective Neuroscience», 7(4), pp. 369-79.

Rissman J., Greely H.T., Wagner A.D. (2010), *Detecting individual memories through the neural decoding of memory states and past experience*, «Proceedings of the National Academy of Sciences of the United States of America», 107(21), pp. 9849-54.

Rosen G. (2002), *The case for incompatibilism*, «Philosophy and Phenomenological Research», 64, pp. 699-706.

Rosenberg A. (2011), *The Atheist's Guide to Reality, Enjoying Life Without Illusions*, W. W. Norton & Company, New York.

Roskies A.L. (2002), *Neuroethics for the New Millennium*, «Neuron» 35 (1), pp. 21-23.

Roskies A.L. (2006), *Neuroscientific challenges to free will and responsibility*, «Trends in Cognitive Sciences», 10(9), pp. 419-423.

Roskies A.L. (2007), *Are neuroimages like photographs of the brain?*, «Philosophy of Science», 74, pp. 860-872.

Roskies A.L., Nichols S. (2008), *Bringing moral responsibility down to earth*, «Journal of Philosophy», 105(7), pp. 371-388.

Royal Society (2011), *Brain Waves Module 4: Neuroscience and the law*, online: http://royalsociety.org/policy/projects/brain-waves/responsibility-law/

Rozin P., Haidt J., Fincher K. (2009), *From oral to moral*, «Science», 323, pp. 1179-1180.

Sackeim H.A., Rush A.J., George M.S., Marangell L.B., Husain M.M., Nahas Z., Johnson C.R., Seidman S., Giller C., Haines S., Simpson R.K., Goodman R.R. (2001), *Vagus nerve stimulation (VNS) for treatment-resistant depression: efficacy, side effects, and predictors of outcome*, «Neuropsychopharmacology», 25(5), pp. 713-28.

Safire W. (2002), *Neuroethics belongs in the public eye*, «Dayton Daily News», May 17.

Safire W. (2003), *A fatal operation raises troubling questions: Neuroethics*, «International Herald Tribune», July 11.

Sammicheli L., Sartori G. (2010), *Delitto, geni e follia*, in *Neodarwinismo e scienze sociali*, a cura di R. Vignera, Franco Angeli, Milano.

Sandel M. (2002), *What's Wrong with Enhancement*, Paper prepared for the President's Council on Bioethics, Washington, D.C., December 12.

Sandrini M., Manenti R. (2009), *Transcranial magnetic stimulation as a tool for cognitive studies*, «Giornale Italiano di Psicologia», 2, pp. 347-374.

Santosuosso A. (2009), *Le neuroscienze e il diritto*, Ibis, Pavia.

Sapolsky R.M. (2004), *The frontal cortex and the criminal justice system, Social Status and Health In Humans and Other Animals*, «Philosophical Transactions of the Royal Society of London», 359, pp. 1787-1796.

Saver J.L., Damasio A.R. (1991), *Preserved Access and Processing of Social Knowledge in a Patient with Acquired Sociopathy due to Ventromedial Frontal damage*, «Neuropsychologia», 29(12), pp. 1241-1249.

Savulescu J., Bostrom N. (a cura di) (2009), *Human Enhancement*, Oxford University Press, Oxford.

Schleim S., Schirmann F. (2011), *Philosophical implications and multidisciplinary challenges of moral physiology*, «Trames», 15(65/60), 2, pp. 127-146.

Schnabel U. (2003), *God's Formula and Devil's Contribution: Science in the Press*, «Public Understanding of. Science», 12, pp. 255-59.

Schweitzer N.J., Saks M., Murphy E., Roskies A., Sinnott-Armstrong W., Gaudet L. (2011), *Neuroimages as evidence in a mens rea defense: no impact*, «Psychology, Public Policy, and Law», 17, pp. 357-392.

Shallice T. (2001), *'Theory of mind' and the prefrontal cortex*, «Brain», 124, pp. 247-248.

Sharma H.S. (2007), *Nanoneuroscience: emerging concepts on nanoneurotoxicity and nanoneuroprotection*, «Nanomedicine», 2(6), pp. 753-758.

Simon H. (1962), *The architecture of complexity*, «Proceedings of the American Philosophical Society», 106, pp. 467-482.

Singh I. (2008), *Beyond polemics: science and ethics of ADHD*, «Nature Reviews Neuroscience», 9, pp. 957-964.

Sinnott-Armstrong W. (2006), *Moral Skepticism*, Oxford University Press, Oxford-New York.

Sinnott-Armstrong W., Roskies A., Brown T., Murphy E. (2008), *Brain images as legal evidence*, «Episteme: A Journal of Social Epistemology», 5, pp. 359-373.

Sirgiovanni E. (2008), *Il* DSM *e la Psichiatria occidentale, Quali auspici futuri per la classificazione dei disturbi mentali*, «L'Arco di Giano», 57, pp. 125-138.

Sirgiovanni E. (2011), *Neuroscienze cognitive e psichiatria: un futuro meccanicistico per nosografia e diagnosi*, «Sistemi Intelligenti», XXIII, 1, pp. 94-101.

Sironi V., Di Francesco M. (a cura di) (2011), *Neuroetica, La nuova sfida delle neuroscienze*, Laterza, Roma-Bari.

Skolnick Weisberg D., Keil F., Goodstein J., Rawson E., Gray J.R. (2008), *The seductive allure of neuroscience explanation*, «Journal of Cognitive Neuroscience», 20, pp. 470-477.

Soon C.S., Brass M., Heinze H.J., Haynes J.-D. (2008), *Unconscious Determinants of Free Decisions in the Human Brain*, «Nature and Neuroscience», 11, pp. 543-545.

Sperber D. (1996), *Explaining culture, A naturalistic approach*, Cambridge University Press, Cambridge UK; trad. it. *Il contagio delle idee*, Feltrinelli, Milano, 1999.

Sperry R.W. (1981), *Nobel lecture: some effects of disconnecting the cerebral hemispheres*, online: http://nobelprize.org/nobel_prizes/medicine/laureates/1981/sperry-lecture.html

Spranger T.D. (a cura di) (2012), *International Neurolaw: A Comparative Analysis*, Springer-Verlag, Berlin-Heidelberg.

Stayton, D.J., Hogan R, Ainsworth M.D.S. (1971), *Infant obedience and maternal behavior: The origins of socialization reconsidered*, «Child Development», 42, pp. 1057-1069.

Steger F. (2006), *Neuropathological Research at the 'Deutsche Forschungsanstalt fuer Psychiatrie' (German Institute for Psychiatric Research) in Munich (Kaiser-Wilhelm-Institute). Scientific Utiliza-*

tion of Children's Organs from the 'Kinderfachabteilungen' (Children's Special Departments) at Bavarian State Hospitals, «Journal of the History of the Neurosciences», 15, pp. 173-185.

Steven M.S., Pascual-Leone A. (2006), *Transcranial magnetic stimulation and the human brain: an ethical evaluation*, in *Neuroethics, defining the issues in theory practice, and policy*, a cura di J. Illes, Oxford University Press, Oxford, pp. 123-140.

Stich S., Nichols S. (2003), *Folk Psychology*, in *The Blackwell Guide to Philosophy of Mind*, a cura di S. Stich and T. Warfield, Blackwell, Oxford, pp. 235-55.

Storms M. D., Nisbett R.E (1970), *Insomnia and the attribution process*, «Journal of Personality and Social Psychology», 2, pp. 319-328.

Strawson G. (1998), *Free will*, in *Routledge Encyclopedia of Philosophy*, a cura di E. Craig, Routledge, London, pp. 743-753.

Tairyan K., Illes J. (2009), *Imaging genetics and the power of combined technologies: a perspective from neuroethics*, «Neuroscience», 164, pp. 7-15.

Toulmin S. (1982), *How Medicine Saved the Life of Ethics*, «Perspectives in Biology and Medicine», 25, pp. 736-750.

Trivers R.L. (1971), *The evolution of reciprocal altruism*, «Quarterly Review of Biology» 46, pp. 35-57.

Trivers R.L. (2011), *Deceit and Self-Deception: Fooling yourself the better to fool others*, Penguin Books, London.

Tversky A., Kahneman D. (1974), *Judgment Under Uncertainty: heuristics and biases*, «Science», 185, pp. 1124-1131.

Urruela Mora A. (2010), *Genetics as a relevant factor for the purpose of judging criminal imputability. Status of the issue and critical perspective. Considering particularly the Decision of the Trieste Court of Appeals (Italy) of September 18, 2009*, «Law and the Human Genome Review», 32, pp. 165-91.

Van Essen D.C., Gallant J.L. (1994), *Neural mechanisms of form and motion processing in the primate visual system*, «Neuron», 13, pp. 1-10.

Vargha-Khadem F., Gadian D.G., Watkins K.E., Connelly A., Van Paesschen W., Mishkin M. (1997), *Differential effects of early hippocampal pathology on episodicand semantic memory*, «Science», 277, pp. 376-380.

Vincent D.J. (1995), *Ethics and neuroscience*, in International Bioethics Committee of UNESCO, *Proceedings*, Third Session, pp. 1-8.

Vincent N. (2010), *A structured taxonomy of responsibility concepts*, «Library of Ethics and Applied Philosophy», 27, pp. 15-35.

Vrecko S. (2010), *Neuroscience, power and culture: an introduction*, «History of Human Sciences», 23(1), pp. 1-10.

Vyas N.S., Patel N.H., Nijran K.S., Al-Nahhas A., Puri B.K. (2011), *The use of PET imaging in studying cognition, genetics and pharmacotherapeutic interventions in schizophrenia*, «Expert Review of Neurotherapeutics», 11(1), pp. 37-51.

Wahlund K., Kristiansson M. (2009), *Aggression, psychopathy and brain imaging - Review and future recommendations*, «International Journal of Law and Psychiatry», 32, pp. 266-271.

Wakefield J.C. (1992), *Disorder as Harmful Dysfunction: A Conceptual Critique of* DSM-III-R*'s Definition of Mental Disorder*, «Psychological Review», 99, 2, pp. 232-247.

Waldbauer J.R., Gazzaniga M.S. (2001), *The Divergence of Neuroscience and Law*, in «Jurimetrics», 4, p. 357.

Warner Report (2005), *Report of the Ad Hoc Advisory Group on the operation of NHS research ethics committees*, Department of Health, London.

Wassermann E.M., Grafman J. (2005), *Recharging cognition with DC brain polarization*, «Trends in Cognitive Sciences», 9, pp. 503-505.

Weber M. (1904-5), *L'etica protestante e lo spirito del capitalismo*, Sansoni, Firenze, 1965.

Weber M. (1919), *La politica come professione*, Comunità, Torino, 2001.

Wegner D.M. (2002), *The illusion of conscious will*, MIT Press, Cambridge, MA.

Wegner D.M., Wheatley T. (1999), *Apparent mental causation: Sources of the experience of the will*, «American Psychologist», 54, pp. 480-491.

Weick J.P., Weicka Y.L., Zhanga S.-C. (2011), *Human embryonic stem cell-derived neurons adopt and regulate the activity of an established neural network*, «Proceedings of the National Academy of Sciences (USA)», 108 (50) pp. 20189-20194.

Widom C. S., Brzustowicz L. M. (2006), MAOA *and the «Cycle of Violence»: Childhood Abuse and Neglect,* MAOA *Genotype, and Risk for Violent and Antisocial Behavior*, «Biological Psychiatry», 60, pp. 684-689.

Wolpe R.P. (2002), *The neuroscience revolution*, «Hastings Center Report», 32, p. 8.

Wolpe P.R. (2004), *Neuroethics*, in *The Encyclopedia of Bioethics*, a cura di S.G. Post, Mac Millan Reference, New York, pp. 1894-1898.

Young M.E., Norman G.R., Humphreys K.R. (2008), *Medicine in the Popular Press: The Influence of the Media on Perceptions of Disease*, «PLoS ONE», 3(10): e3552, doi:10.1371/journal.pone.0003552

Young L., Camprodon J.A., Hauser M., Pascual-Leone A., Saxe R. (2010), *Disruption of the right temporoparietal junction with transcranial magnetic stimulation reduces the role of beliefs in moral judgments*, «Proceedings of the National Academy of Sciences (USA)», 107(15), pp. 6753-6758.

Zamiska N. (2007), *In China, brain surgery is pushed on the mentally ill*, «Wall Street Journal», November 2.

Zawidzki T., Bechtel W. (2004), *Gall's Legacy Revisited Decomposition and Localization in Cognitive Neuroscience*, in *Mind as a Scientific Object: Between Brain and Culture*, a cura di C. E. Erneling, D. M. Johnson, Oxford University Press, Oxford.

Zerbini M. (2001), *Alle fonti del doping. Fortuna e prospettive di un tema storico-religioso*, «L'Erma» di Bretschneider, Roma.

Zimbardo P. (2008), *L'effetto Lucifero. Cattivi si diventa?*, Raffaello Cortina, Milano.

Scienza e filosofia

collana diretta da *Armando Massarenti*

Volumi pubblicati:

Carlo Rovelli, *Che cos'è la scienza. La rivoluzione di Anassimandro*
Anna Meldolesi, *Mai nate. Perché il mondo ha perso 100 milioni di donne*
Giorgio Vallortigara, *La mente che scodinzola. Storie di animali e di cervelli*
Elena Pasquinelli, *Irresistibili schermi. Fatti e misfatti della realtà virtuale*
Luciano Maiani, *A caccia del bosone di Higgs, Magneti, governi, scienziati e particelle nell'impresa scientifica del secolo*, con la collaborazione di Romeo Bassoli

Made in United States
North Haven, CT
10 November 2026

22091247R00153